S H I P I N D I A O K E J I E X I Y U

餐饮行业职业技能培训教程

孔令海◎著

食品雕刻解析与造型设计（第二版）

Z A O X I N G S H E J I

中国轻工业出版社

图书在版编目（CIP）数据

食品雕刻解析与造型设计 / 孔令海著. —2版.
—北京：中国轻工业出版社，2024.8
餐饮行业职业技能培训教程
ISBN 978-7-5184-0546-6

Ⅰ.①食… Ⅱ.①孔… Ⅲ.①食品雕塑—技术培训—教材 Ⅳ.①TS972.114

中国版本图书馆CIP数据核字（2015）第180881号

责任编辑：史祖福　　责任终审：劳国强　　设计制作：锋尚设计
策划编辑：史祖福　　责任校对：吴大朋　　责任监印：张　可

出版发行：中国轻工业出版社（北京鲁谷东街5号，邮编：100040）
印　　刷：三河市万龙印装有限公司
经　　销：各地新华书店
版　　次：2024年8月第2版第6次印刷
开　　本：889×1194　1/16　印张：16　插页：1
字　　数：358千字
书　　号：ISBN 978-7-5184-0546-6　定价：45.00元
邮购电话：010-85119873
发行电话：010-85119832　010-85119912
网　　址：http://www.chlip.com.cn
Email：club@chlip.com.cn

241398J4C206ZBW

前言
PREFACE

中国食品雕刻艺术历史悠久，随着时代的发展进步，其独特的风格、精湛的刀法、漂亮的造型，赢得了众多食客的喜爱，食品雕刻技艺已经成为中国餐饮行业中重要的食品装饰手段。

本书第一版于2010年出版，图书面世以后获得了读者的认可，还被部分烹饪学校选作食品雕刻教材。近年来，食品雕刻得到了全新的发展提升。社会餐饮使用食品雕刻作品的数量虽在下降，但对食品雕刻的应用更加注重质量。国内相关烹饪专业职业院校也逐渐调整食品雕刻课程的教学内容，更加注重食品雕刻基本功的训练和食品雕刻造型设计、色彩搭配的练习，从而提高学生的动手能力和审美水平。目前，国内的食品雕刻从业者，也从原来的果蔬雕、黄油雕、冰雕、泡沫雕发展到糖艺、巧克力雕、盘饰围边等多种新型的食品装饰技术，而且得到了业内外的认可。食品雕刻的概念也从原来仅仅是果蔬雕刻发展到现在的食品装饰技术的代名词。虽然纯粹的、传统的食品雕刻内容在现代餐饮业中应用越来越少，但是食品雕刻却已经成为餐饮技术从业者需要掌握的基本技能之一。只有学习和掌握了食品雕刻的基本功，才能将食品雕刻的技术、造型设计、色彩搭配等手段运用到更多、更广的食品装饰技术中。

本书在第一版的基础上，在保持原有编写框架不变的情况下，对书中的内容进行了修订。删去了一些现在很少使用的食品雕刻造型设计，增加了一些新的、能运用到更多食品装饰技术上的造型设计，让餐饮从业技术人员，能从书中学到更多的食品装饰造型设计，不断提升餐饮行业的审美水平，最大限度地吸引消费者。

由于时间仓促，书中难免会有疏漏之处，欢迎广大读者提出宝贵意见。

编者

2015年5月

目　录

CONTENTS

概　述

SUMMARIZE

（一）食品雕刻的发展

我国食品雕刻的制作，历史悠久、源远流长，由于文字记载远远落后于实际生活，有关食品雕刻形成的准确时期难以考证，但丰富的文字史料还是可以基本厘清其形成与发展的轨迹。

在《礼记·表记》中有“殷人尊神，率民以事神，先鬼而后礼”的记载。这说的是在三千多年前的殷商时期，各代殷王为了加强统治地位，利用敬信鬼神，亲自率领其宰臣们去祭祀他们的祖先，就用牛鼎、鹿鼎等盛器和食器来供奉经精细选料、加工、雕饰的祭品，以示敬意。祭祀以后，参加者便围在那些装满食物的祭器旁尽情吃喝，饱餐一顿。

在经历了殷商时期、春秋战国时期、先秦时期一直到明清时期，雕刻的发展已经逐步完善，特别是在明清时期，食品雕刻技艺得到了全新的发展，制作技艺日臻完善。

时至今日，食品雕刻已成为人们饮食生活中不可缺少的一部分，无论国宴、大众酒席还是冷餐酒会均少不了食品雕刻，尽管规格、标准和形式不一样，食品雕刻在调节人们生活、增添生活情趣，渲染喜庆气氛、烘托节日乐趣，增进朋友情谊等方面，都起到积极的作用。

近年来，食品雕刻的使用已经大幅减少，只有在一些高档的宴会中能见到大件的食品雕刻作品，其他的餐饮活动中，多数呈现的是一些小型雕刻作品。虽然食品雕刻的使用在减少，但是食品雕刻作为一门历史悠久的技艺，更是作为文化传承和厨师基本功的训练手段之一。

（二）食品雕刻的定义

食品雕刻是以食品为原料的一种雕刻艺术，它是选用根茎类的瓜果、蔬菜等原料，经过巧妙构思，精心雕刻出禽鸟、花卉、兽类、人物、器皿等一系列作品。

（三）食品雕刻的种类

食品雕刻的种类大致分为整雕、浮雕、镂空雕、组合雕、悬浮雕五类。

1. 整雕

整雕也称完全立体雕或圆雕，就是在一个整体的原料上，用不同的刀具和手法雕刻出完整的具有三度空间的前后左右都能欣赏的全立体形象。比如，在一根萝卜或南瓜上雕刻出一只鸟或一只凤凰。

2. 浮雕

浮雕就是在瓜果、蔬菜的表皮上，利用不同的手法及刀具表现出一种单面的半立体形象，这种作品只能单面欣赏，比如在西瓜或圆南瓜上，利用其表皮刻画出所需要的造型及图案。

3. 镂空雕

镂空雕就是在所雕的原料表皮上，采用不同的刀具及手法雕刻出所需要的物体形象，再将原料里面挖空，出现玲珑剔透的感觉。比如，在圆南瓜表面上雕刻完毕后，再用刀将里面掏空，即出其效果。

4. 组合雕

组合雕就是以一个主体果蔬为原料，将其雕出所需要的形象，再利用其他原料雕出一些附属的形象或装饰配件进行组装成形。比如雕一群十只左右展翅飞翔的仙鹤或“八仙过海”中的八仙人物，不但要配人物还要有浪花及云彩，所以都要靠零雕整装来完成。

5. 悬浮雕

悬浮雕就是利用果蔬原料的表面，雕刻出不同的图案造型，用刀起出，空悬在原料的表面外侧。例如，瓜雕中龟背瓜盅和其他瓜雕中的套环图案，起出后都是悬浮在原料的表面。

（四）食品雕刻的原料要求

在食品雕刻中最好的原料就数南瓜了，其次是芋头、地瓜、萝卜、西瓜等，这些都是在雕刻中较常见的原料。

1. 南瓜

南瓜在南方称为南瓜、北方称为牛腿瓜，南北方都有生产，瓜肉呈金黄色，质地细腻，用此原料雕出的作品细腻、富有食欲感，是上等的雕刻原料（图0-1）。

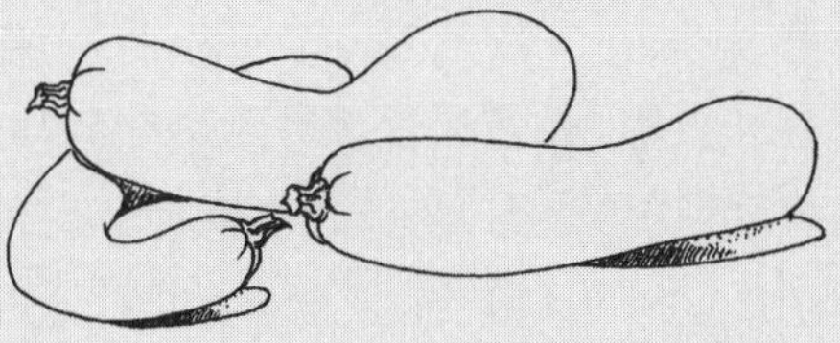

图 0–1 牛腿瓜

2. 芋头

芋头主要产自南方，质地略差于南瓜，瓜肉略有斑点，颜色呈乳白色，含有淀粉，作为食雕原料仅次于南瓜（图0-2）。

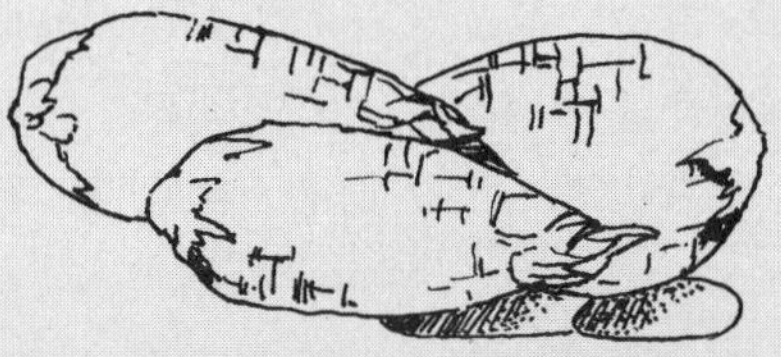

图 0–2 芋头

3. 地瓜

地瓜又称红薯，全国各地均有生产，瓜肉颜色分为白、粉白或暗红色，质地细腻、较脆，为第三选择的雕刻原料（图0-3）。

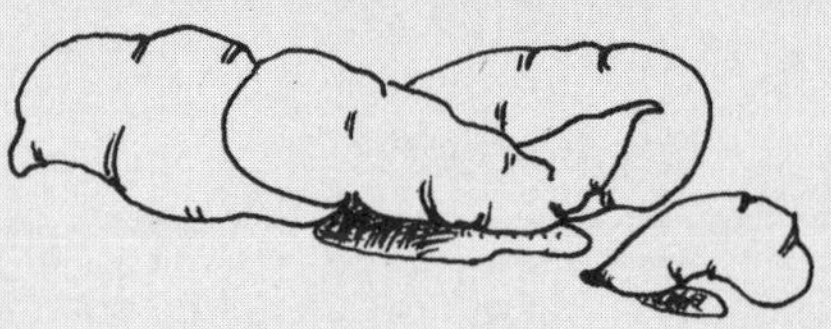

图 0–3 地瓜

4. 萝卜

萝卜产自全国各地，品种较多，有北方的青萝卜、南方的象牙白，还有红皮白萝卜。萝卜作为食雕原料，其自身水分较多，略透明。一般形容青萝卜雕出的作品好似玉雕，白萝卜雕出的作品洁白干净，都有自身的效果（图0-4）。

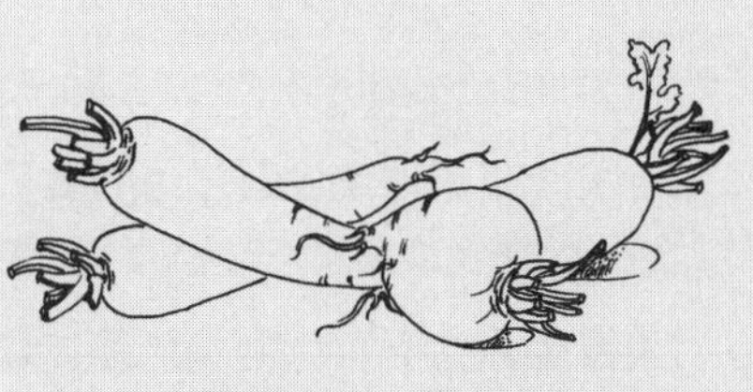

图 0–4 萝卜

5. 胡萝卜

胡萝卜在全国各地都有生产，质地细腻、颜色鲜艳。其体积偏小，较适合小型整雕、做盘头或用于雕刻一些附属件（图0-5）。

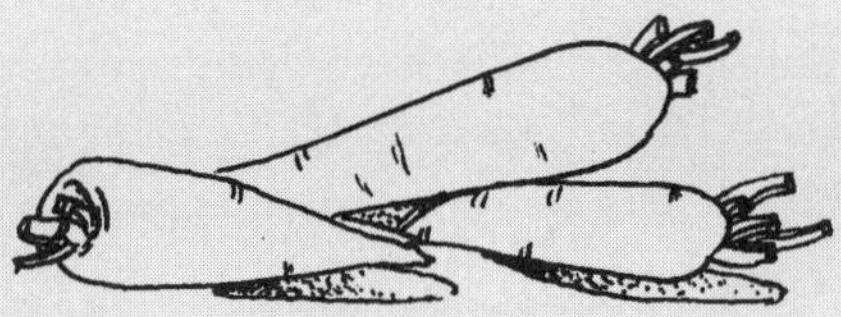

图 0–5 胡萝卜

6. 圆南瓜

圆南瓜分为大圆南瓜和小黄金瓜，瓜肉呈金黄色，全国各地都有生产。大圆南瓜较适合雕一些浮雕、镂空雕；小黄金瓜较适于浮雕，用作装菜器皿（图0-6）。

7. 西瓜

西瓜产自全国各地，西瓜雕的选料主要是依表面的颜色而定，或根据其不同的瓜形雕刻出不同的瓜灯、瓜盅等，深颜色的瓜皮雕出的线条能够清晰些，会产生鲜明对比（图0-7）。

8. 苹果

苹果属于蔷薇科。叶椭圆形、有锯齿、果实球形、甜脆、是世界四大水果之冠。苹果（图0-8）在中国已经有两千多年的栽培历史，苹果的品种数以千计，可以分为酒用品种、烹调品种、尾食品种3大类。苹果原产欧洲中部、东南部、中亚细亚及中国新疆。中国吃苹果也有“平平安安”的说法。

9. 樱桃

樱桃属落叶乔木、蔷薇科、别名车厘子。山东省新泰市天宝大樱桃属中华樱桃正宗产地，已有一千多年的历史，樱桃被誉为“果之珍品”（图0-9）。

10. 鸡蛋、鹌鹑蛋

鸡蛋又名鸡卵，是母鸡所产的卵，富含胆固醇、营养丰富，是人类食用的食物之一。鹌鹑蛋又名鹑鸟蛋、鹌鹑卵，鹌鹑蛋被认为是世界“动物中的人参”，宜常食，为滋补食疗品（图0-10）。

图 0-6　圆南瓜

图 0-7　西瓜

图 0-8　苹果

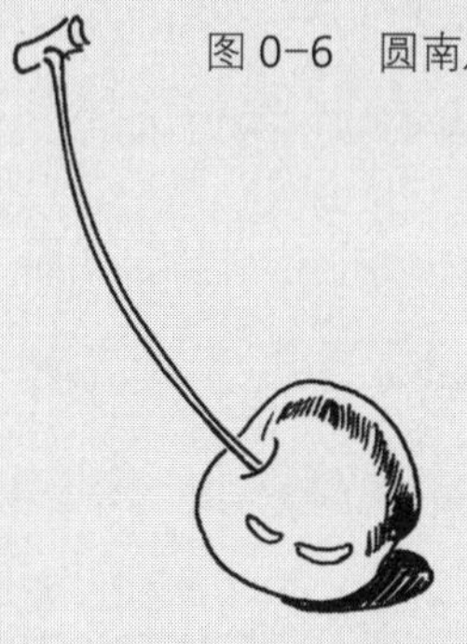
图 0-9　樱桃

图 0-10　鸡蛋和鹌鹑蛋

（五）食品雕刻工具分类与用途

1. 食品雕刻刀的分类与用途

（1）切刀（图0-11）　主要用于切出原料的大形，如去掉原料的头与尾部，或切出底座使其平稳，切出的原料面较平整。

（2）平口刀（图0-12）　是雕刻中最常用的刀具，主要用于下大形、雕刻雏形以及雕刻细节部位。

（3）大号U形刀（图0-13）　主要用于戳出作品的大形凹面或山石等。

（4）中号U形刀（图0-14）　主要用于戳出山石或作品的凹面等。

（5）小号U形刀（图0-15）　主要用于戳出鸟类的翅膀或其他作品的凹面等。

（6）特小号U形刀（图0-16）　主要用于钻鸟眼或将小型作品镂空等。

（7）小号V形刀（图0-17）　主要用于戳出人物的发型纹路或其他有纹路的作品。

（8）中号V形刀（图0-18）　主要用于戳出大型作品的纹路。

（9）刻线刀（图0-19）　主要用于瓜灯的套环雕刻。

（10）分规（图0-20）　主要用于雕刻瓜灯的圆形图案或其他作品的画圆。

（11）划线刀（图0-21）　主要用于较弯曲、变化较大的弧线或深槽的挖雕。

（12）打皮刀（图0-22）　主要用于原料在雕刻前的去皮。

2. 食品雕刻模具介绍及用途

食品雕刻的模型刀具（图0-23～图0-43）种类也比较多，在实际的雕刻运用中也比较频繁。一般常用的模具有动植物造型模具、文字造型模具以及其他造型模具。通过模具的应用能够快速、有效地将想要呈现的食品雕刻作品制作完成，使用起来十分便捷。通过模具制作的作品多用于小型的盘饰围边或其他作品的物件装饰。

（六）食品雕刻的保存

食品雕刻主要原料是采用新鲜的瓜果或果蔬的根茎，这些原料都有一定的水分和植物纤维，雕刻好的作品最怕用水长时间浸泡，因为长时间浸泡后，蔬菜中的植物纤维会膨胀，造成作品严重变形。最好是将作品喷湿后用保鲜袋罩上，放入冷藏箱，这样作品不易变形，也不会干裂。

（七）食品雕刻在餐饮中的作用

食品雕刻在餐饮中的作用主要是用作观赏，大体可分为两类。

（1）一类是专供欣赏用的，又叫看盘，放在餐桌的正中间，雕刻的作品可略大一些，或者用作大型展台观赏。

（2）另一类是与菜肴相搭配，作为一种小型盘头雕的形式存在，起到点缀、烘托菜肴的作用，给人们视觉上的刺激和艺术上的享受。

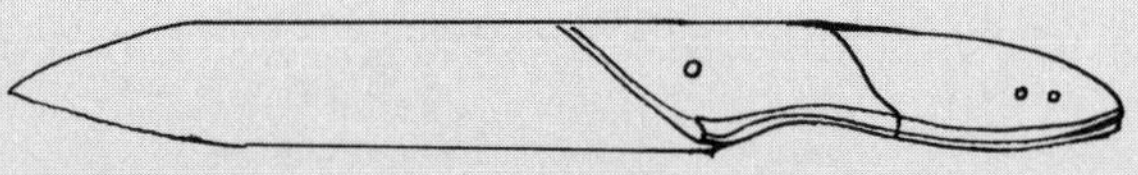
图0-11　切刀

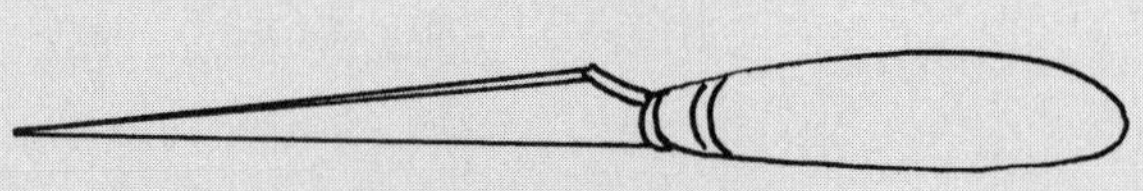
图0-12　平口刀

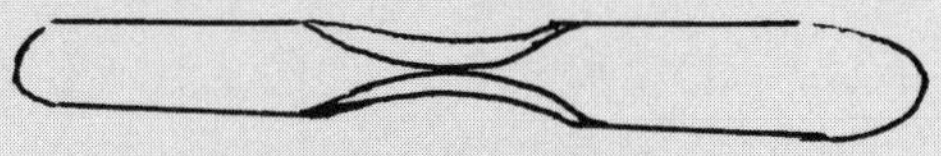
图0-13　大号U形刀

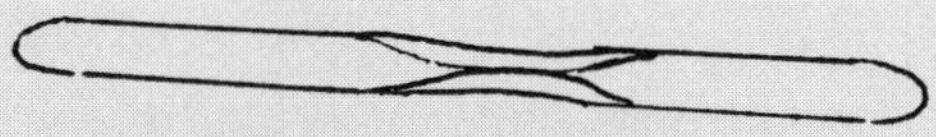
图0-14　中号U形刀

图0-15　小号U形刀

图0-16　特小号U形刀

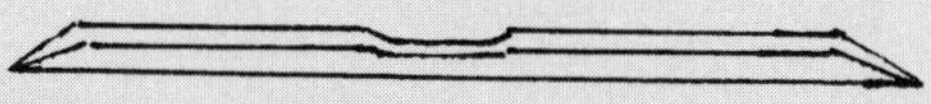
图0-17　小号V形刀

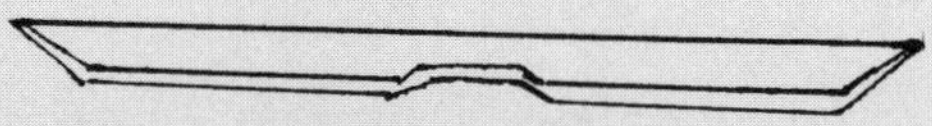
图0-18　中号V形刀

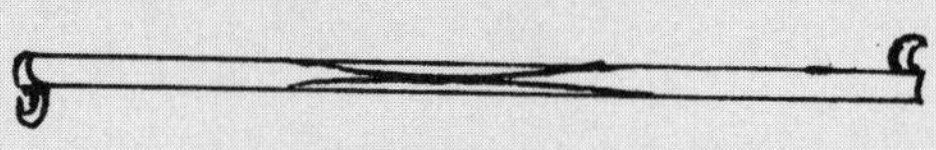
图0-19　刻线刀

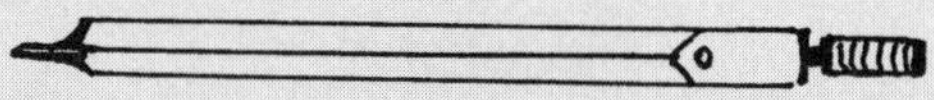
图0-20　分规

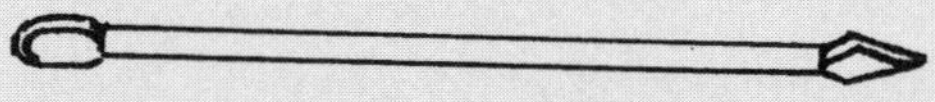
图0-21　划线刀

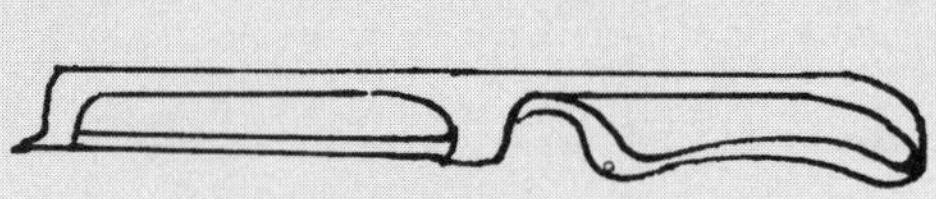
图0-22　打皮刀

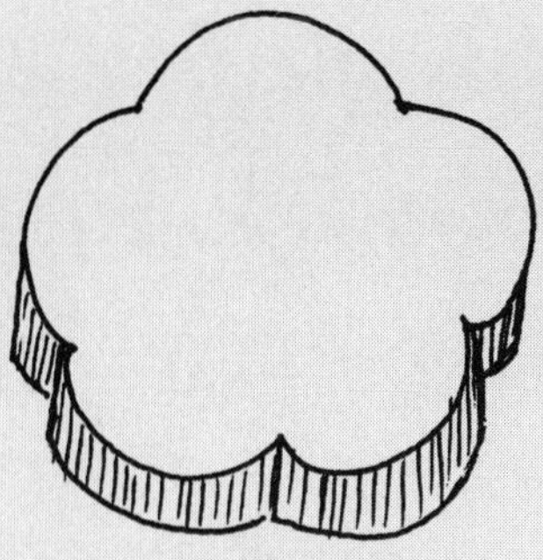
图 0-23 梅花

图 0-24 心形

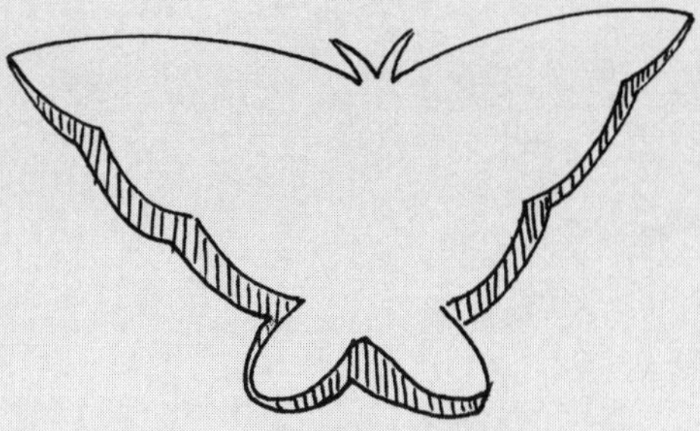
图 0-25 蝴蝶

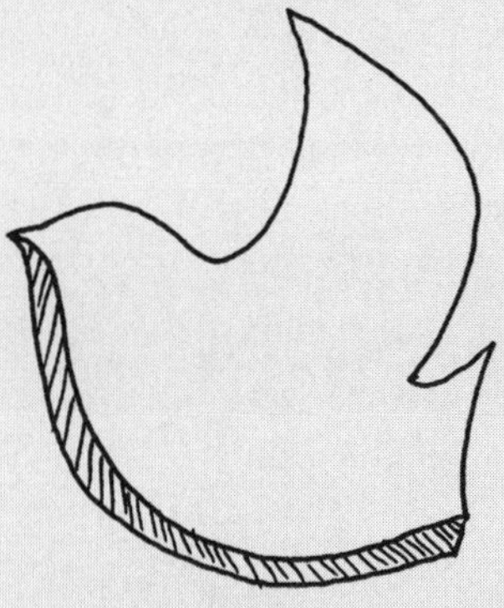
图 0-26 鸟

图 0-27 苹果

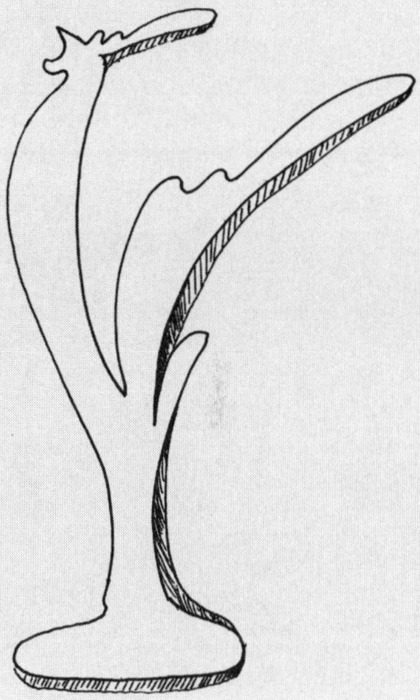
图 0-28 鸡

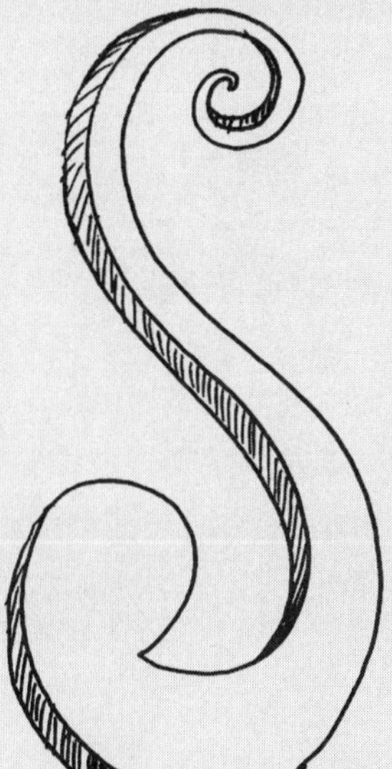
图 0-29 抽象造型

图 0-30 寿

图 0-31 龙

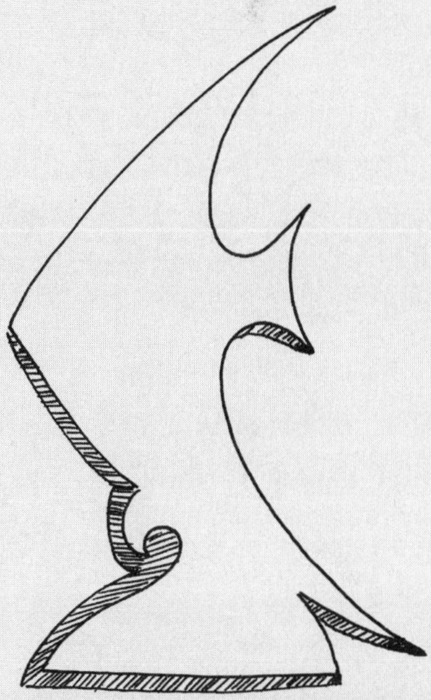
图 0-32 燕鱼

图 0–33　女人头像

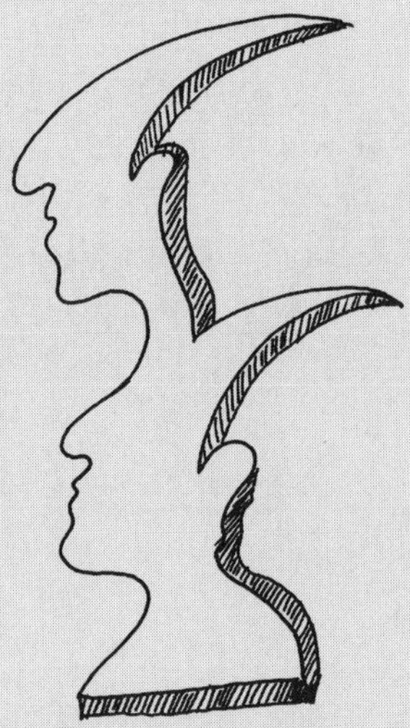

图 0–34　抽象头像

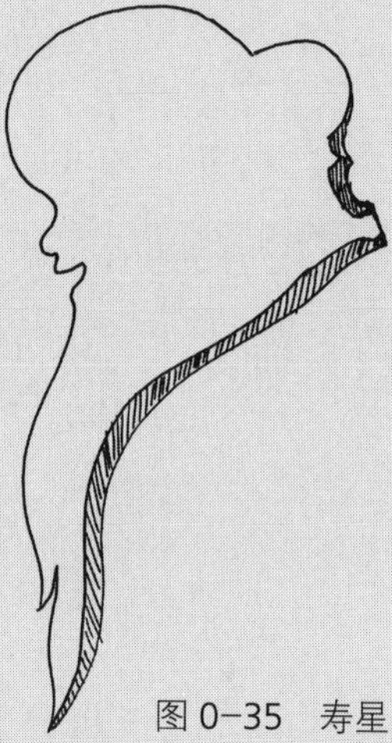

图 0–35　寿星

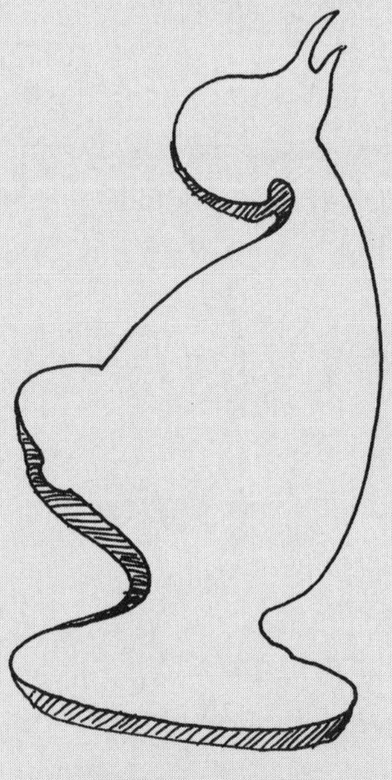

图 0–36　女人体

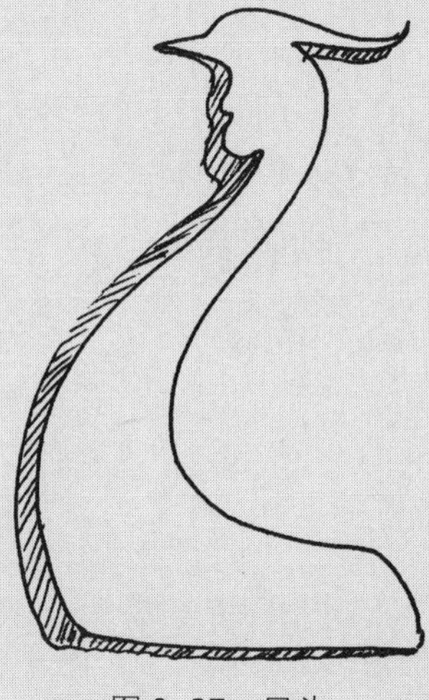

图 0–37　凤头

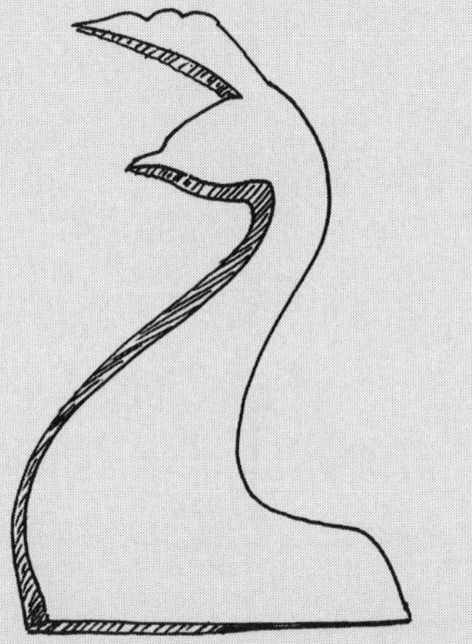

图 0–38　孔雀头

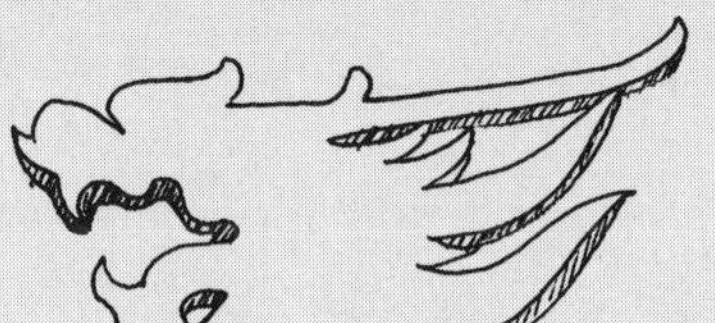

图 0–39　龙头

图 0–40　龙尾

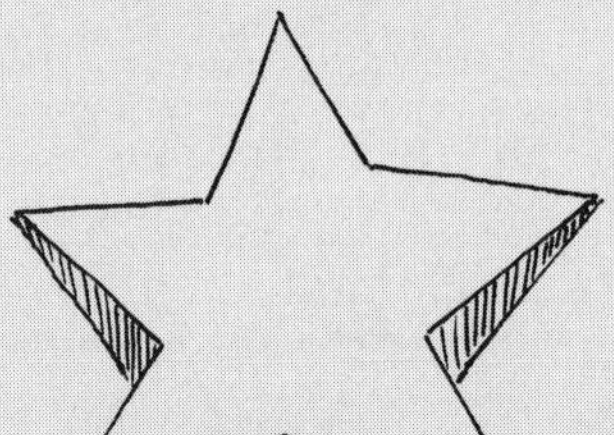

图 0–41　五角星

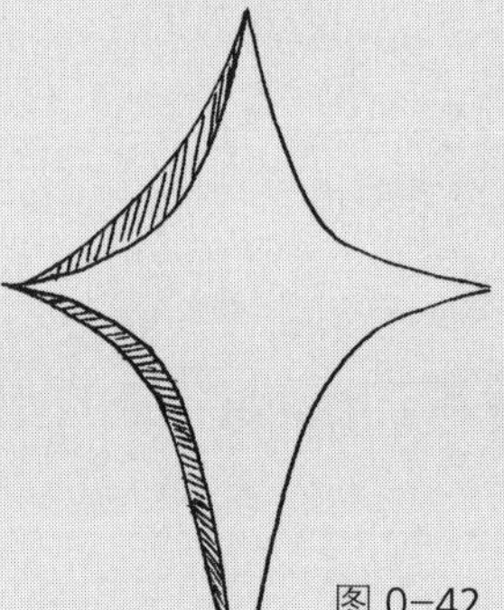

图 0–42　星星

图 0–43　鹿

第一章　食品雕刻基础知识

第一节　形体的观察与分析

一、形

形是指物象的形状是由点和线组成的，具有高度和宽度的二度空间，属于平面观察（图1–1、图1–2）。

二、体

体是指物象的体积，是由点、线、面所组成的具有高度、宽度和深度的三度空间，是以体积方式占有空间（图1–3、图1–4）。

图1–3正方体：按明暗关系划分为亮面、灰面、暗面三大面。

图1–4球体：按明暗关系可分为高光、亮面、明暗交界线、反光、投影五大调。

三、基本形体构成

在造型训练中，要用形的观念去分析，比如在自然界中，许多物象的形都与几何形状相似，并将其运用到物象立体空间的概括造型和块面分析中（图1–5、图1–6、图1–7）。

图 1–1　正方形

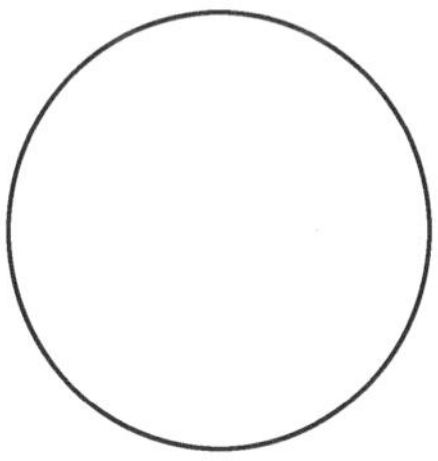

图 1–2　圆形

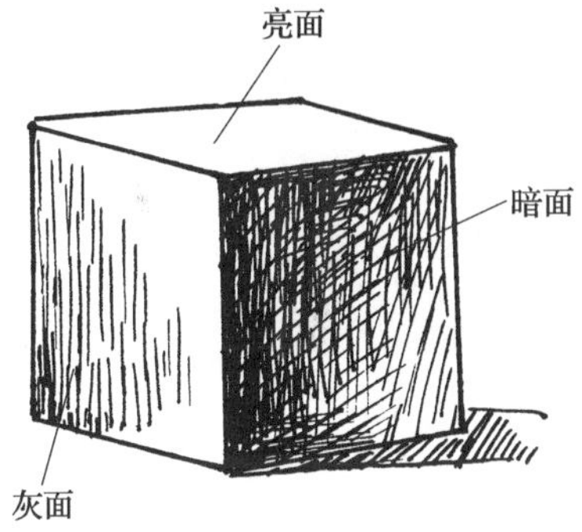

图 1–3　正方体

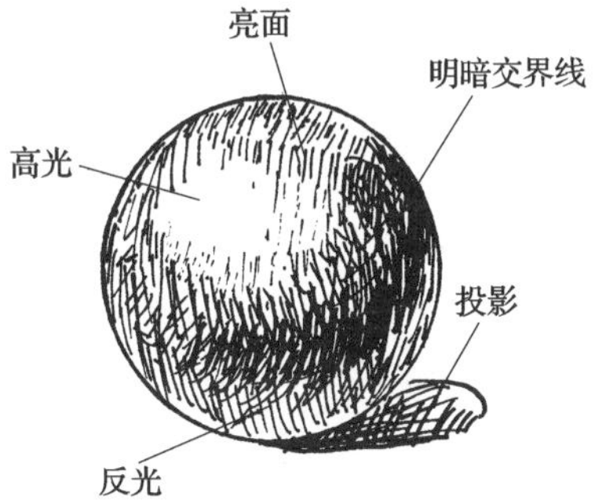

图 1–4　球体

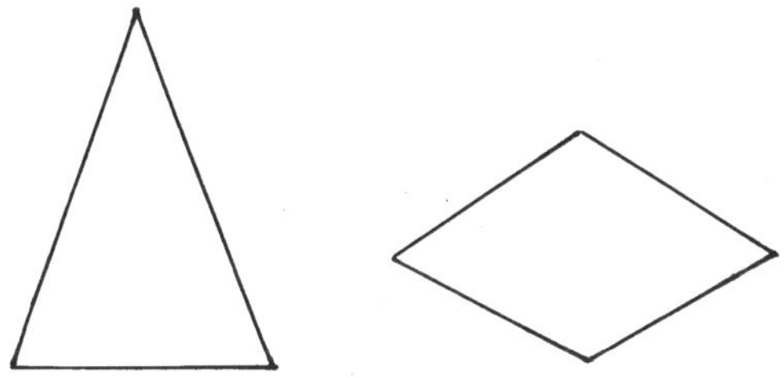

图 1–5　直线形

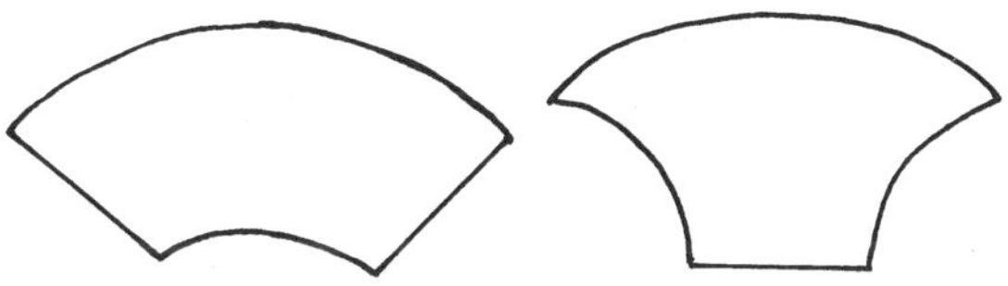

图 1–6　直曲线形

图 1–7　曲线形

四、形体透视

我们向前方眺望时，可以看到同样大小的物体，在视平线上越远越小；同样高低的东西，在视平线上方的越远越低，在视平线下面的越远越高，最后消失在视平线上，这种现象叫做透视现象（图1-8）。

五、形体的整体与宽度的表现

表现形体应该记住开始时是从整体到局部，然后再回到整体的基本原则，每一块物体的宽度、长度都不一样，注意长与短、高与低的变化（图1-9、图1-10）。

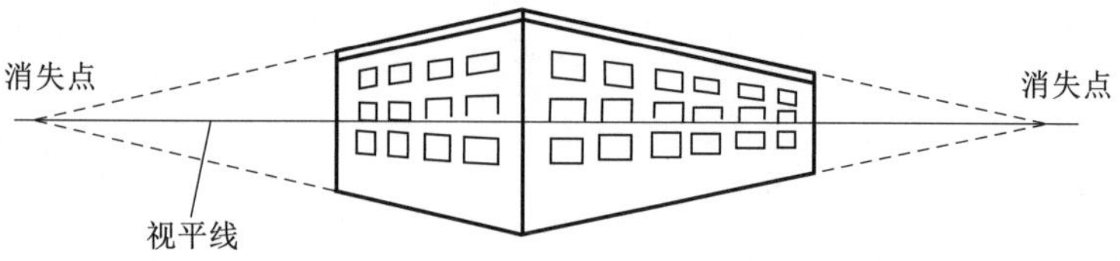

图 1-8

图 1-9

图 1-10　静态物象形体分析

六、线在造型上的表现特征（表1-1）

表1-1

直线型		曲线型	
丨	垂直线给人以庄重、正直、向上的感觉	∪	凹曲线：自由活泼，有收缩感
—	水平线具有稳定、和平、静的感觉	∩	凸曲线：自由活泼，有扩张感
/	斜线给人以不安全要倒的感觉	S	S形曲线：由弧线和反弧线构成，灵活自由，富有韵律性

续表

直线型		曲线型	
	45° 角斜线，较有规律，具有均衡感		涡卷线：灵动活泼，有视觉诱导力
	正三角斜线：相互支撑给人以安定感		波状线有活泼、柔和之感
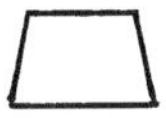	梯形斜线具有稳定之感		自由曲线：活泼自由、变化丰富，有随意感
	倒三角斜线：相互排斥、抗衡，给人舒展、开阔之感		几何曲线：规律整齐，具有秩序感

七、色彩的基本规律与应用

（一）色彩

色彩是由光的作用而产生的。光由七色光谱所组成，即赤、橙、黄、绿、青、蓝、紫，这七种颜色为自然界的基本色，也称为标准色。当光照射在物体上被物体吸收并反射出剩余部分后，就形成了人们肉眼所见的色彩。

（二）色彩的种类

1. 三原色

三原色是最基本的色彩，也是最原始的。宇宙间的颜色都可以由红、黄、蓝三种颜色混合而来，所以人们通常说的三原色就是红色、黄色、蓝色（图1–11）。

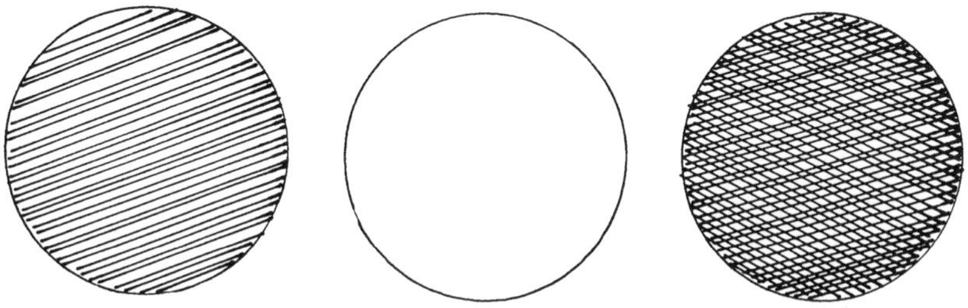

红色　黄色　蓝色

图 1–11　三原色

2. 间色

间色是指由两种原色相混合调配出来的颜色。如红加黄变成橙色，黄加蓝变成绿色，蓝加红变成紫色，从而形成的橙、绿、紫三种间色（表1–2、图1–12）。在两种原色相混合时，不断改变色彩的比例，又可以调配出很多颜色，这些颜色不如间色纯正，称为次间色（表1–2）。

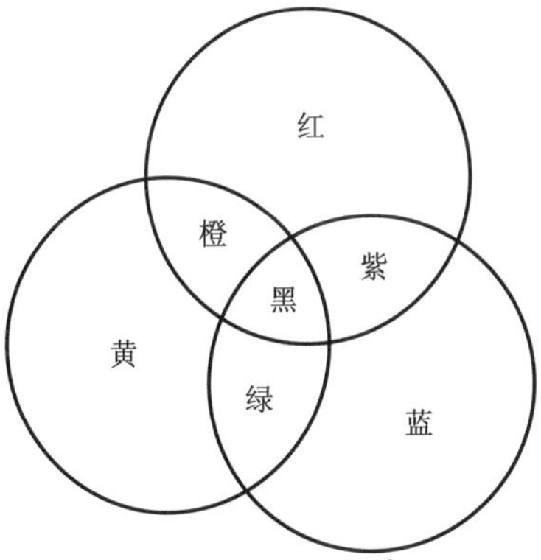

图 1–12　间色

3. 复色

复色是由两种间色混合调配出的第三色称为复色。如橙加绿变成黄灰色，绿加紫变成青褐色，黑色中含有一定的红、黄、蓝，所以在黑色中加入某种原色，同样可以得到黄青褐、红褐等复色（图1–13）。

表1–2

原色相混	间色	次间色
红+黄	橙	（红多于黄）变成橙红，（黄多于红）变成中黄
红+蓝	紫	（红多于蓝）变成紫红，（蓝多于红）变成蓝紫
黄+蓝	绿	（黄多于蓝）变成草绿，（蓝多于黄）变成蓝绿

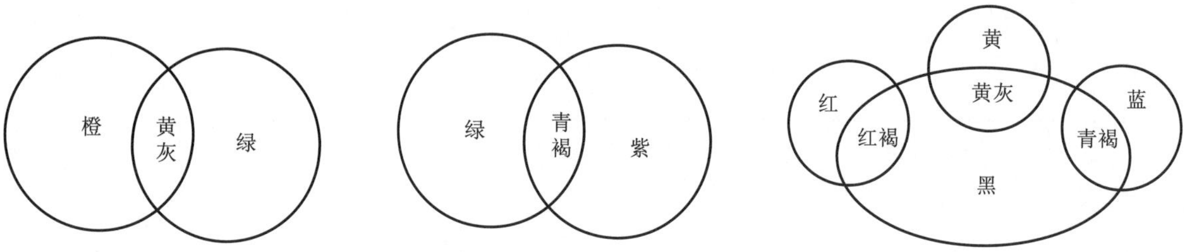

图 1–13　复色

4. 色彩的三要素

色相、明度、纯度统称为色彩三要素（表1–3）。

表1–3　色彩的三要素

<table>
<tr><td>色相</td><td colspan="2">色相是指色彩的面貌。各种颜色都呈现出各种不同的面貌，称之为色相，如红颜色、黄颜色、蓝颜色等</td></tr>
<tr><td rowspan="2">明度</td><td colspan="2">明度指颜色明暗深浅的程度。浅而亮的颜色明度高，深而暗的颜色明度低，一切颜色都有一定的明度。
明度又包括两个含义</td></tr>
<tr><td>① 颜色本身的明暗
明度高——明度低
如：浅黄—黄—深黄
浅红—红—深红
浅蓝—蓝—深蓝</td><td>② 颜色相互比较的明暗
如：明度高—明度低
黄—橙/绿—红/青—紫</td></tr>
<tr><td>纯度</td><td colspan="2">纯度即色彩的鲜艳程度。
纯度高————纯度低
如：原色—间色—复合色—灰浊色。标准色调入不纯成分，则纯度降低</td></tr>
</table>

5. 物体的基本色彩

物体的基本色彩主要包括光源色、固有色和环境色。

（1）光源色　是指光源本身的色彩。没有光源便无物体色，光源的变化也必然导致照射下的物体色的变化。比如一个花瓶，一束光打在花瓶上，最亮的部分便会产生光源色彩，即是光源色部分。

（2）固有色　是指物体本身的色。每一个物体都有它自身的颜色，在通常情况下颜色稳定，受外界条件影响会引起颜色变化，但动摇不了本身的固有颜色。如一个苹果，在光源的照射下，苹果虽然产生光源色彩变化，但其本身还有固有颜色，没有明显变化，这就是本身的固有色彩。

（3）环境色　是指物体本身受到周围环境的影响所产生的反射和物体本身颜色的改变，所形成的色彩称为环境色。如一个水杯，把它放在一块红布上，水杯立刻有一部分明显出现了偏红色彩，这部分色彩是受到周围红布的影响反射上去的，所呈现出的颜色即为环境色。

6. 色彩的性质

不同的色彩给人以不同的感受，色彩有冷色、暖色、中性色等区别的倾向性，即为色彩的性质。比如我们看到的冷色，指黑、白、蓝等色彩，有一种寒冷、沉静的感觉；当看到暖色，指红、黄、橙等颜色，会有温暖、热烈的感觉；中性色是冷色与暖色之间的色彩，如绿色、紫色等。

7. 色彩的情感与味觉（表1–4）

表1–4

	情感	味觉
红色	活泼、热烈、兴奋、吉祥、温暖	感觉味浓、干香、甜美
绿色	希望、生机、和平、兴旺、安全	感觉清新、新鲜
黄色	权威、温暖、亲切、成熟	感觉酸甜、脆嫩
白色	雅洁、光明、纯洁、高尚	感觉清淡、软嫩、洁净
黑色	阴郁、刚健、庄严、坚实	感觉味浓、味长、干香
褐色	健康、稳定、刚劲	感觉干香、味长、朴实
紫色	庄严、娇艳、爱情	感觉鲜香、幽雅、高贵

第二节　花卉、昆虫、禽鸟和龙凤等在雕刻造型上的形体表现

一、花卉

1. 花朵的造型分析

花朵造型是花卉造型的最基本的一种形式，以一株花为对象，其形态特征有以下几个方面。

（1）按视线角度划分　正面、侧面、反面；

（2）按动态方向划分　上下、左右、转折；

（3）按外形轮廓划分　厚薄、方圆、长短；

（4）按内部组织划分　瓣蕊、叶、蒂、蕾；

（5）按局部组织划分　芽、苞、枝、茎、梗。

2. 花的组成部分（图1–14、图1–15）

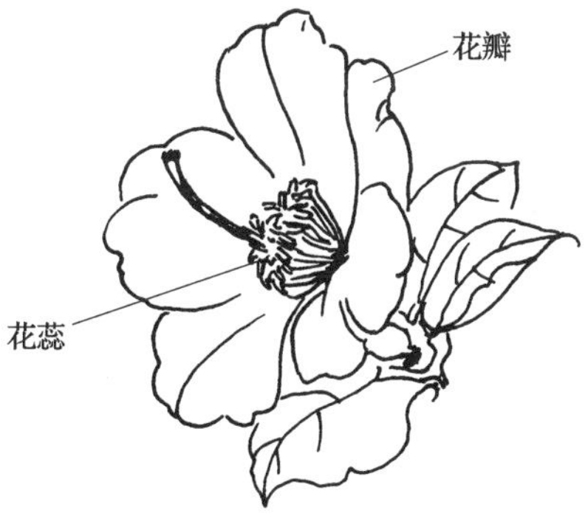

图1–14　花朵

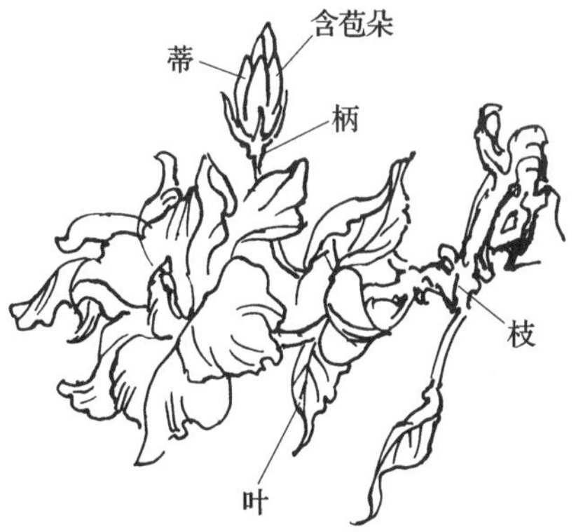

图1–15　完整的花

3. 花的结构与形态

（1）花的结构（图1-16） 以桃花为例，在花的下部有花柄，柄上有花托，花托上有五枚萼片，花萼里由花枚、花瓣组成花冠，花冠护着花蕊。

（2）花冠形体　常见花有单瓣（图1-17）和复瓣（图1-18）的变化。

（3）花序　花在花轴上不同形式的序列叫花序。常见的如桃花、牡丹、荷花等。

（4）花蕊　花蕊是花的组成部分，分为雌蕊和雄蕊。如玉兰的雌蕊为柱形，高出雄蕊之上。

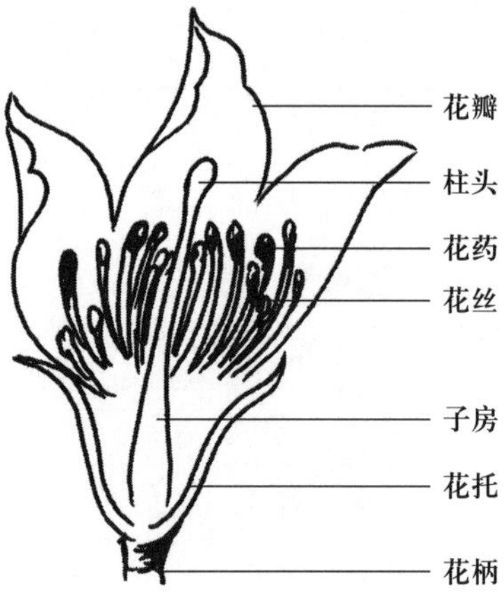

图 1-16　花的结构

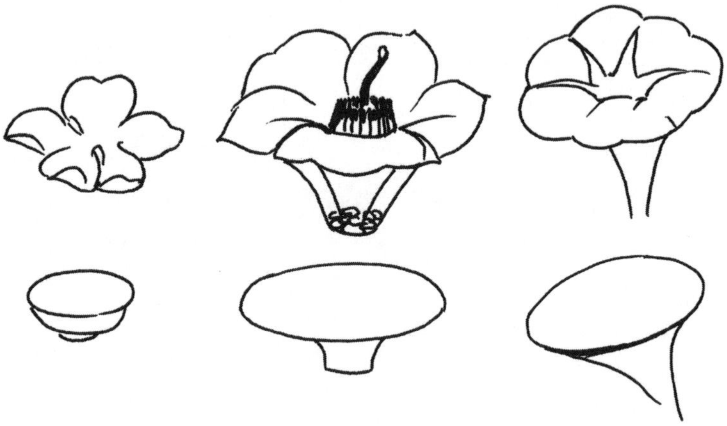

图 1-17　单瓣花的形体

图 1-18　复瓣花的形体

4. 叶子的造型步骤（图1-19）

（1）用美术绘画的方法可将叶子理解成直线外形。

（2）找出叶子的中心，划出叶筋。

（3）用曲线将叶子外边缘的大小曲线刻画出来，再表现出叶筋。

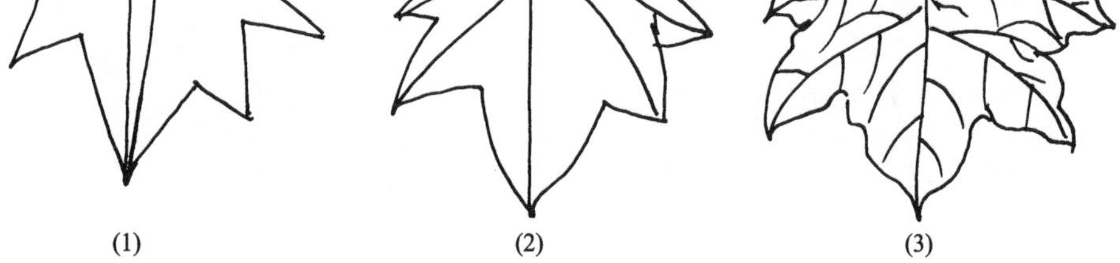

图 1-19　叶子造型步骤

5. 叶子的结构变化

花卉的叶子（图1-20 ~ 图1-29）由叶片、叶柄和叶托组成，分单叶和复叶两种。

（1）单叶　有针形叶（如松类树叶）、剑形叶（如鸢尾十样锦）、针形叶（如桃、柳、竹）等。

（2）复叶　在一个总叶柄上着生多数小叶叫复叶，由于排列不同，可分为奇数羽状复叶（如月季、紫藤等）。

（3）叶脉　叶脉均匀地分布在叶片上，可分为网状脉、平行脉及稀见的叉状脉。

（4）叶柄　叶柄是叶片与茎的连接部分，通常呈圆柱状，也有半圆柱状的，叶柄有长有短，有粗有细。

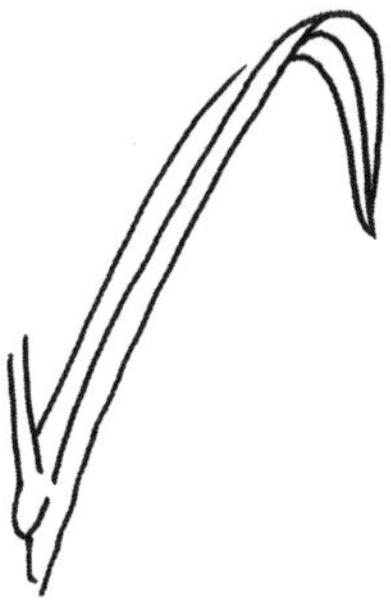

图 1-20　水仙叶

图 1-21　月季叶

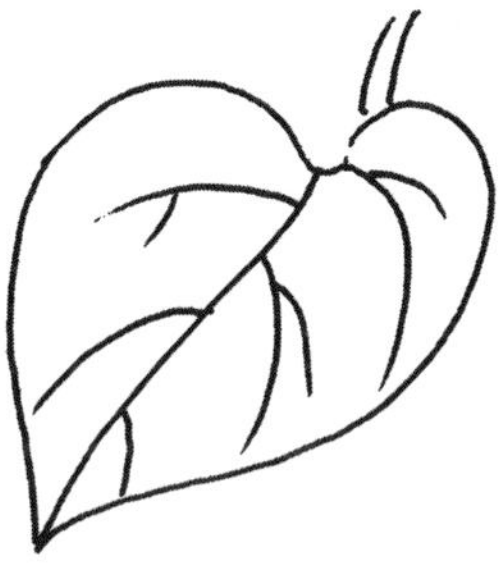

图 1-22　仙客来花叶

图 1-23　牡丹叶

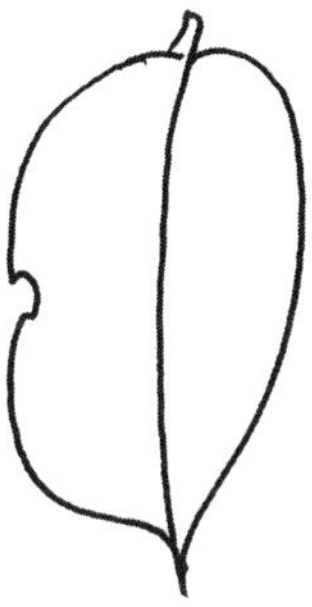

图 1-24　玫瑰叶

图 1-25　桃叶

图 1-26　菊花叶

图 1-27　葡萄叶

图 1-28　荷花叶

图 1-29　芭蕉叶

6. 枝干的变化与布局（图1–30）

（1）粗细　枝干从老枝到小枝，由粗变细，不可忽粗忽细，除了疖疤处，枝干两边要平行。

（2）曲直　如果枝干过于直板（图1–31）会显得死板，但又不能太软（图1–32），太软如蛇形，就没有挺拔的感觉了。

（3）疖疤　树干出枝处必然隆起粗大，而枝干折断处必留下疖疤，疖疤也有大小、方圆、长扁等不同的变化，要避免千篇一律。

图 1–30　比较合理的枝干变化和布局

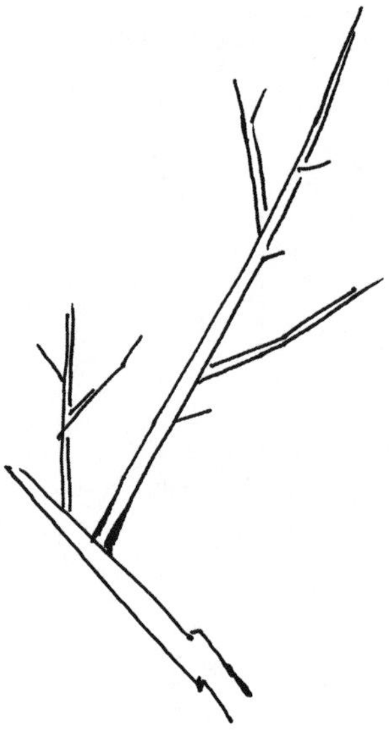

图 1–31　过于直板的枝干

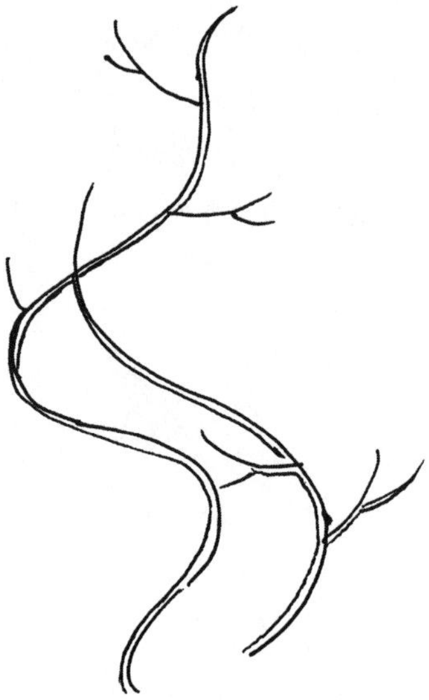

图 1–32　过于柔软的枝干

7. 枝干的穿插与布局

木本出枝有互生、对生、轮生等变化（图1–33），木本枝干前后交叉并且一般要在枝干下部交叉为好（图1–34）。

图 1–33　葡萄藤

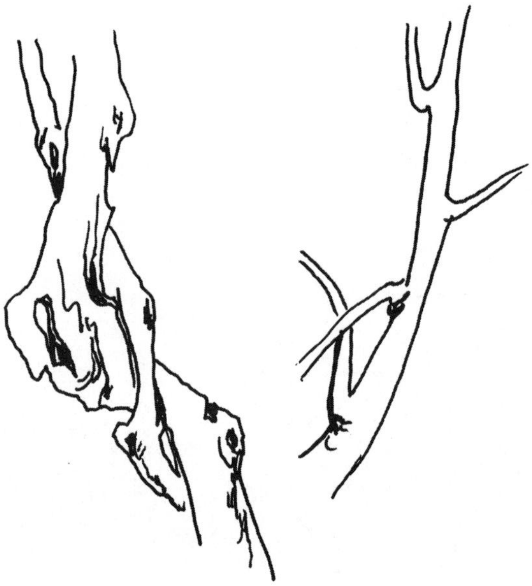

图 1–34　紫藤缠绕茎

8. 对称与平衡的关系

作品造型作为特种立体工艺品，无论从正面、侧面或者顶面观看，不是呈对称状便是呈平衡状，所以对称与平衡这两种形成恰当运用。

（1）对称结构规律性较强，构图严谨，庄严大方，有安静感（图1–35）。

（2）平衡式结构生动活泼、富于变化（图1–36）。

图 1–35　对称结构的图形

图 1–36　平衡式结构图形

二、昆虫

1. 昆虫的造型分析（图1–37）

（1）找准蝴蝶腹部的水平线，用美术中的构图法，可将蝴蝶理解成一个圆形轮廓。

（2）沿蝴蝶腹部水平线采用直线切刀法，切出蝴蝶的轮廓大形。

（3）沿直线切刀法将蝴蝶的翅膀采用曲线完成。

2. 蝴蝶的不同变形（图1–38）

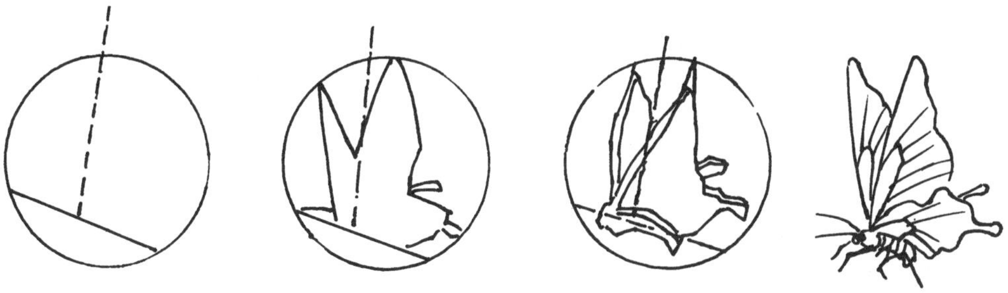

(1) 角度　(2) 大形　(3) 重心　(4) 成品

图 1–37　昆虫的造型

图 1–38　蝴蝶的不同变形

三、禽鸟的造型分析

1. 按中国画中的画总结出一套简便的起稿方法：鸟不离球、蛋、扇，这是说鸟头为球形，鸟的躯体为蛋形，鸟尾为扇形（图1–39）。

图 1–39　鸟的画法

2. 按照块面的形式可将禽鸟划分出四个体面，即鸟背一个面，腹部一个面，躯干两侧两个面合计共四个面，鸟头、鸟尾、鸟腿都可以用四个块面来划分（图1–40）。

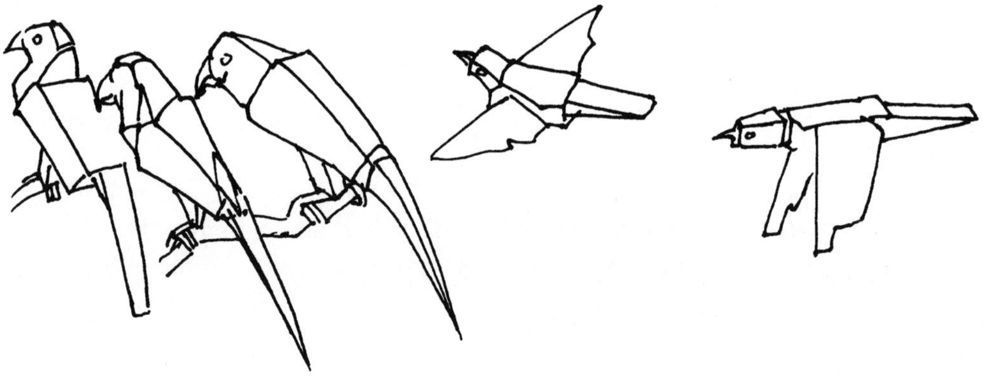

图 1–40　鸟的块面

3. 禽鸟动态的曲线变化（图1–41）。

图 1–41　禽鸟的动态曲线

4. 禽鸟的动态线

禽鸟的动态变化（图1–42）主要在头、尾、爪位置，不同的变换，同一个头形，添加不同角度的体型，也可以产生若干不同的形态。

5. 禽鸟的造型方法展示

禽鸟的种类繁多、外形各异（图1–43～图1–48），体型大小悬殊，羽毛颜色纷繁复杂，千姿百态，但有一个共同点，任何禽鸟基本形都呈卵形，躯干是较大的卵形，头部是较小的卵形。

图 1–42　禽鸟的动态线在颈部

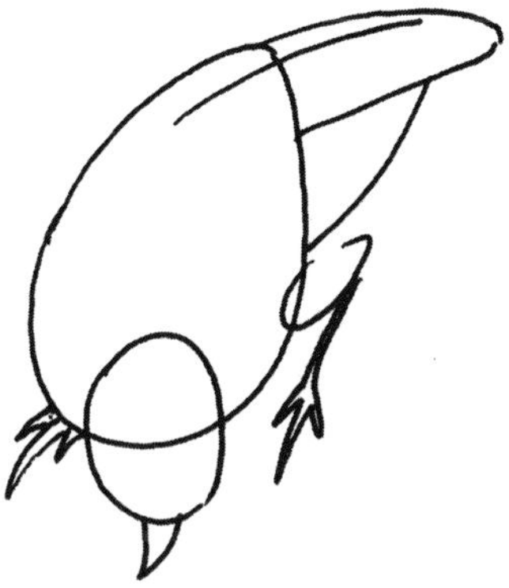

图 1–43　小鸟

图 1–44　鹰

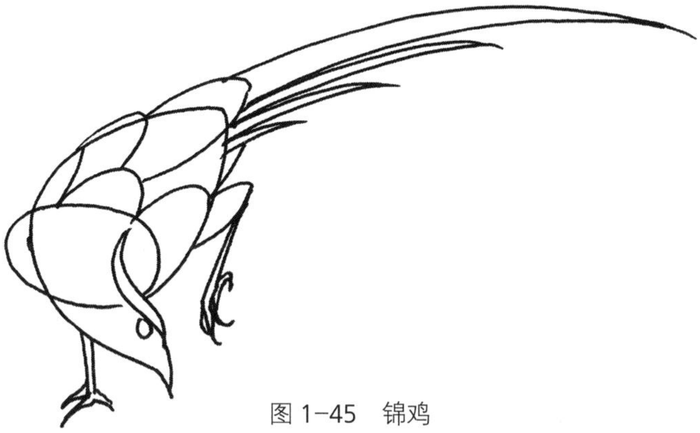

图 1–45　锦鸡

图 1–46　麻雀

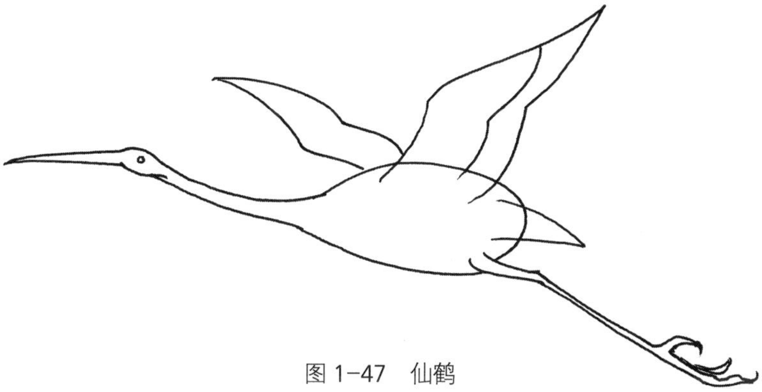

图 1–47　仙鹤

图 1–48　黄鹂

四、禽鸟的整体雕刻设计布局（图1–49）

（1）当雕刻的作品是两只鸟时，最好一只在上，另一只在其对面的下方，这样上边的鸟俯视，下边的鸟仰视，遥相呼应。

（2）两只禽鸟在呼应的同时，首尾随姿态变化而变化，做到灵活多变。

（3）要注意到禽鸟是此作品中的主体物，一定要大一些。树枝是附属体要小一些，树枝只能作为陪衬物来衬托主体。

（4）禽鸟在构图设计时重心一定要稳，在雕刻每一件作品时，都要先考虑到它的重心是否稳定。

（5）雕刻的作品应注意鸟的视线要集中在主题上，要做到聚散得体，尤其是禽鸟，要充分体现食虫、啄食、舒羽、栖、欲飞、戏水，使其富有情趣，形象逼真、传神，有生活习性。

（6）禽鸟陪衬物应与禽鸟生活习性相吻合（表1–5）。

图 1–49　禽鸟整体雕刻设计与布局

表1–5

猛禽类	一般配松柏、怪石、枯木、云彩、水浪等
水禽类	例如鸳鸯、鸭、鹅，可配荷叶、芦苇及其他水生植物
家禽类	例如鸡，一般配瓜果、蔬菜、篱笆、草虫、竹编等
仙鹤	一般配松柏、云朵
凤凰	一般配牡丹、云彩、山石、枯树
孔雀	一般配牡丹、玉兰、月季、山石、树木
各种杂鸟	一般配各种花卉、果实、树木等

五、龙凤的造型与分析

1. 龙的造型与分析（图1–50）

① 表现龙的造型，主要是它身形呈多种弯S形、灵活多变；

② 做到首尾遥相呼应，不能孤立其中的一个；

③ 龙自身的陪衬物主要是以云彩、水浪为主，附属的陪衬物如蛟龙盘玉柱，配有柱子，蛟龙出山配有山石等；

④ 龙的身形千变万化，要做到自然、有气势感，作为龙的陪衬物要搭配协调。

（1）成品　（2）切外轮廓　（3）多曲线S形变化　（4）垂直与重心

图 1–50　龙的造型

2. 凤的造型与分析（图1–51）

① 凤的造型随身形的动感跟龙相似，大体也可以理解为S形；

② 凤的尾翎通常也是头与尾相呼应；

③ 凤的陪衬物主要是云彩和牡丹花等，其次就是与龙相结合，即为龙凤呈祥；

④ 凤的动势变化也非常大，有在天空飞翔的，不管怎样飞翔或站立，它都要配有一定的陪衬物或与龙进行组合。

(1) 成品展示　(2) 外轮廓整体展示　(3) 动态展示　(4) 重心分析

图 1–51　凤的造型

第三节　水族、兽类在雕刻造型上的形体表现

一、水族

鱼的造型分析

（1）金鱼（图1–52）

（2）鲤鱼（图1–53）

（3）燕鱼（图1–54）

（4）鱼的基本构造

鱼的基本构造（图1–55）：鱼有软骨鱼和硬骨鱼之分。软骨鱼如鳗鱼；硬骨鱼如鲫鱼、鲤鱼；硬骨鱼体内都有一个鳔，这样便于硬骨鱼的体重完全被水浮力支持。

(1) 椭圆形设计　(2) 圆形设计　(3) 三角式设计

图 1–52　金鱼

(1) 弯曲较大　(2) 弯曲略小　(3) 稍有弯曲

图 1–53　鲤鱼

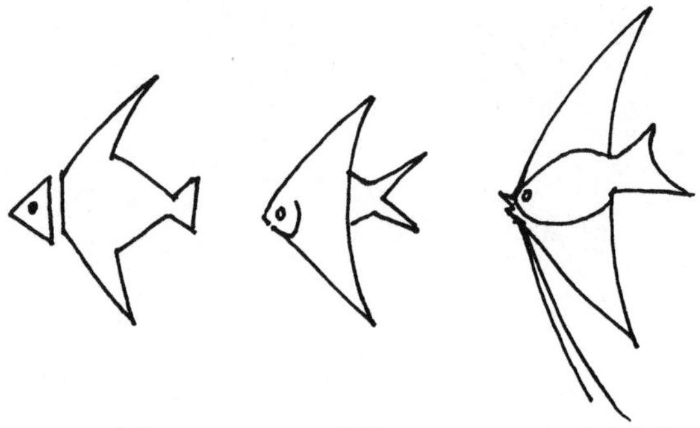

(1) 分体　(2) 整体　(3) 完全整体

图 1–54　燕鱼

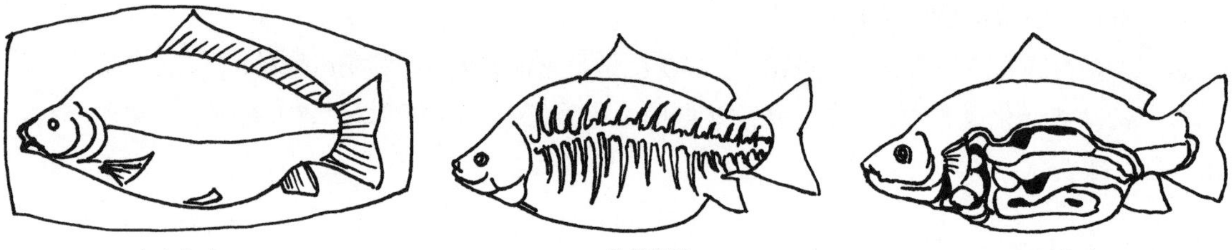

(1) 表皮构造　(2) 骨骼构造　(3) 肠胃构造

图 1–55　鱼的基本构造

（5）鱼的造型构图布局（图1–56）

在鱼的造型构图上要分主次，不能平等对待。在布局上要疏密结合、错落有致、左出右入、呈斜三角形为好，只有这样才能显得生动。

二、兽类

1. 兽类局部形状的观察与对比

兽类局部观察对象可分为头、躯干、尾和前肢等部位，就猫科动物而言，它们脸总是圆的，而犬科动物如狼、狐的脸形偏长尖（图1–57）。

（1）虎可以用一个大圆套一个小圆，大圆代表头部，小圆代表嘴。

（2）马可以用一个圆，但小圆是离开大圆的，这是因为马脸长的缘故。

（3）牛的头部像个铁榔头，嘴部是梯形，牛角是椭圆形。

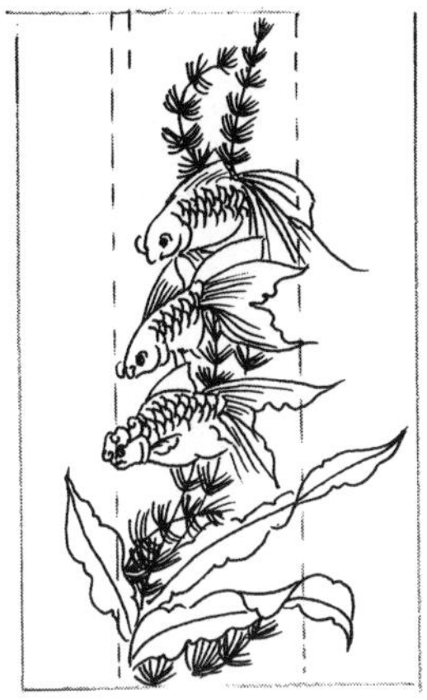

（1）较呆板的造型

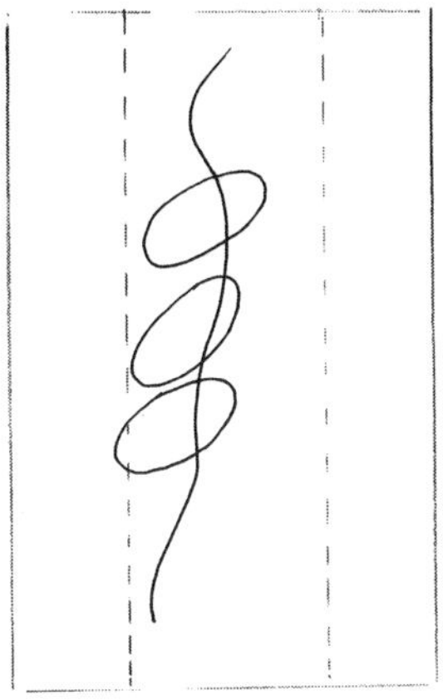

（2）较呆板的构图布局

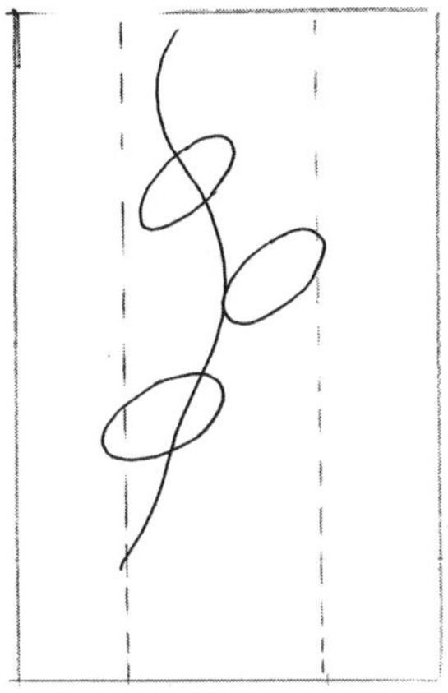

（3）较好的构图布局

（4）较好的造型

图 1–56　鱼的造型构图布局

（1）虎头

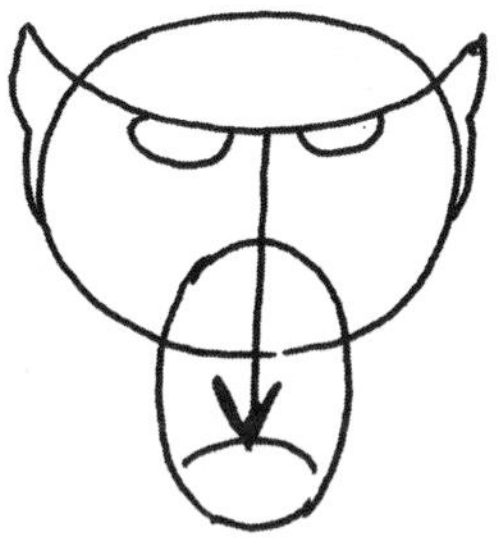

（2）猴头

（3）马头

（4）牛头

图 1–57　兽类局部形状

2. 兽类躯体的比例关系

兽类躯体的比例因动物而异（图1–58）。不同的动物躯体长短、粗细都各不相同。

（1）牛的躯体短而宽大，这样才能显得粗壮有力。

（2）马的躯体以长细为基准，所以马在跳跃时较灵活多变。

（1）牛的躯体

（2）马的躯体

图 1–58　兽类躯体的比例

3. 常见的几种动物的抽象造型

动物可分为脊椎动物和无脊椎动物两大类。而哺乳动物属于脊椎动物中的一类，一般身体分为头、颈、躯干、尾和四肢五部分，一般表皮有毛。由于这类动物是胎生，以乳汁哺育幼儿，故称“哺乳类”。哺乳类也分为兽、畜两种。野生的称为“兽”，圈养的称为“畜”通常称之为“走兽”（图1–59）。

(1) 羊

(2) 海豹

(3) 猫

(4) 骆驼

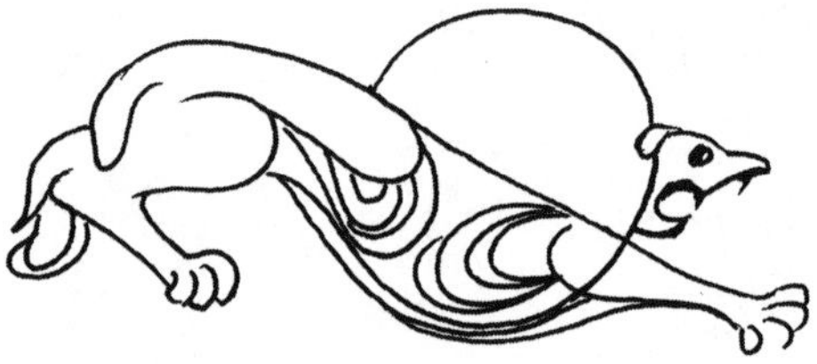

(5) 狮

(6) 熊

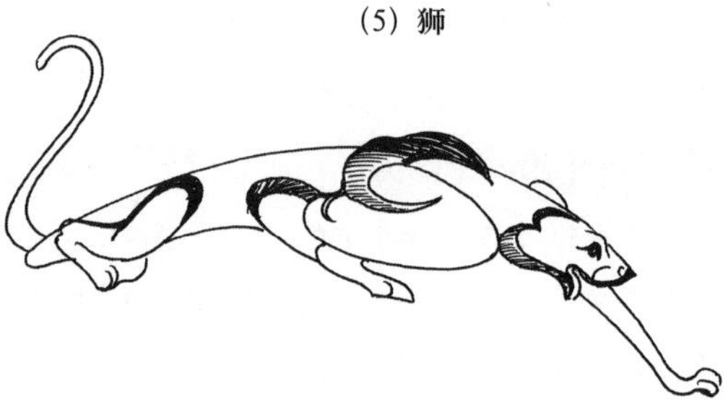

(7) 豹

图 1–59　动物抽象造型

4. 兽类造型特点一览表（表1–6）

表1–6

马	有立、卧、扑、仰、跳、跑、嚎等不同姿势
牛	主要有立式、卧式、顶架、耕种等姿态，牛身粗大
虎	有啸、捕、卧、寻、跑等姿态
羊	有顶架、奔跑、寻、展望等姿态
龙	有啸、翻卷、翻腾、回首、俯冲、吐水、喷火、直冲等姿势
麒麟	有回首、奔跑、立姿、吐玉书、献宝等姿势
兔	有跳跃、跷、卧等姿态，跳跃时身子拉长、尾短

5. 兽类造型体块分析

动物之所以能动，主要在于本身的自然结构，关节的可动性。当动物处于某一个动作时，这些大体块的形状都会随之产生角度的变化，而大体块本身的形状是不变的。我们只要把握住这些不同角度的体块形状就能比较容易地画出动物运动形体的雏形，并在这个基础上深入刻画（图1–60、图1–61）。

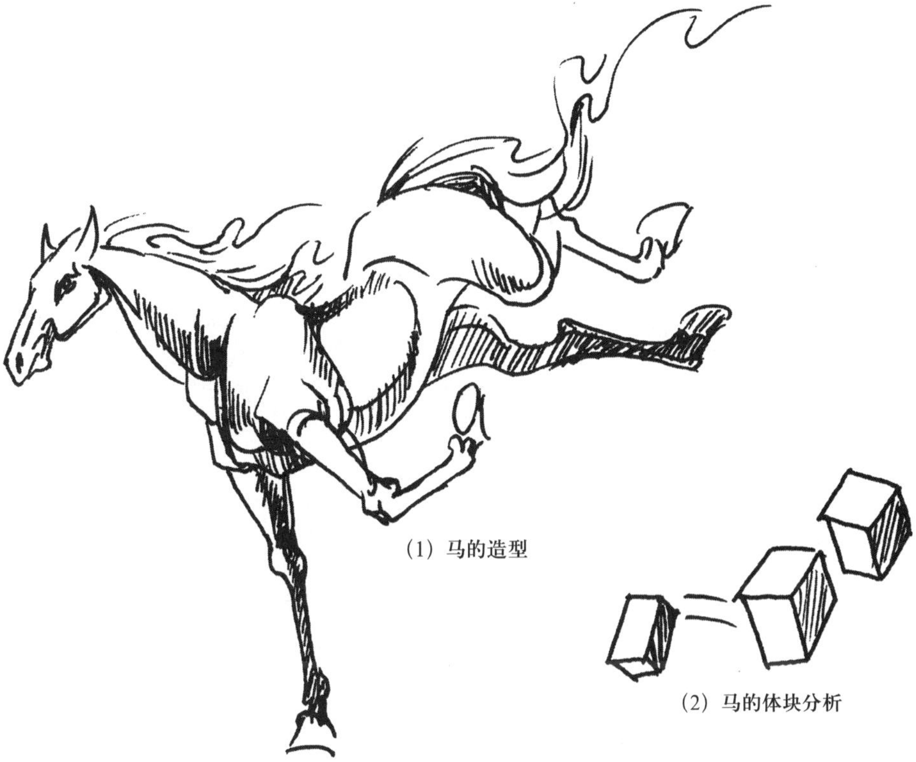

（1）马的造型

（2）马的体块分析

图 1–60　马的造型及体块分析

图 1–61　鹿的整体造型效果

6. 兽类在造型上的形式和表现手法

根据动物的内部结构和外部特点、动物的生活环境和习惯，分析和认识动物的体形、动态性格、习性等，并结合写实、夸张、装饰的手法来塑造好完美的兽类形象（图1–62）。

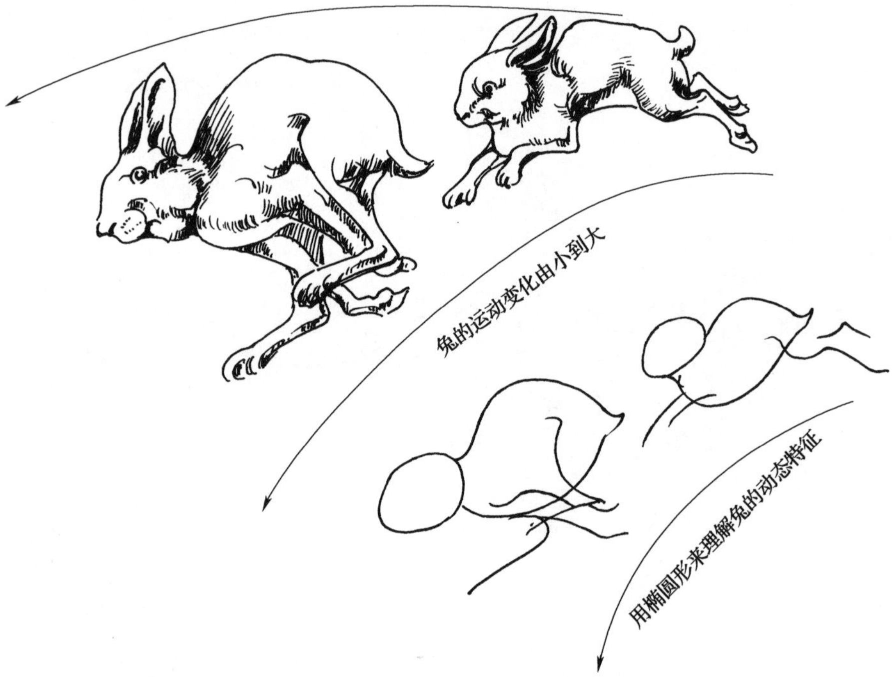

图 1–62 兔的运动造型

（1）结构：是指动物形体的解剖关系不同的动物有各自不同的结构。

（2）比例：世界上的一切动物都有它自身的比例尺度，根据形态的伸展、蜷缩、蹲伏、跳跃等，结构也出现不同的变化。

（3）体型：动物的体型大致可分为三类：肥型、瘦型，肥瘦相间的中间型，往往动作迟钝的兽类体形肥胖，反应敏捷的兽类多偏于瘦型。

（4）兽类的动作神态：势态兽类通常所表现的动态有立、卧、行、奔、跃、抓、挠、蹬、滚、啃、叫、食、扑、咬、舔。神态有竖身、直脖、白眼、张嘴、张鼻孔、翘尾、夹尾、弯腿、抬头、挺胸、低头、垂胯等不同神态。势态有欲飞、欲跳、欲屈、欲伸、欲伏等各种姿势中所含有的不同变化。

（5）兽类在造型上的表现手法（图1–63）。

7. 马的骨骼动感与整体马的动感对比（图1–64）

马的骨骼概括起来是由颅、胸廓、骨盆、颈椎、腰椎及四肢的骨骼构成。

8. 马的动态变化（图1–65）

马无论是静止还是运动，其全身重量都是由它的四肢来承受的。马的躯干和头的形态决定了其四肢的支撑方式。在造型中，一般将马的胸廓、骨盆、肩带、上臂、大腿作为一个整体结构部分，而颈、头和四肢的前臂、小腿、足都做独立变化的结构部分。

9. 马的腿部肌肉（图1–66）的作用

马的腿部肌肉的作用主要有压缩和伸张、形体的拉长和隆凸、动作和抗力。

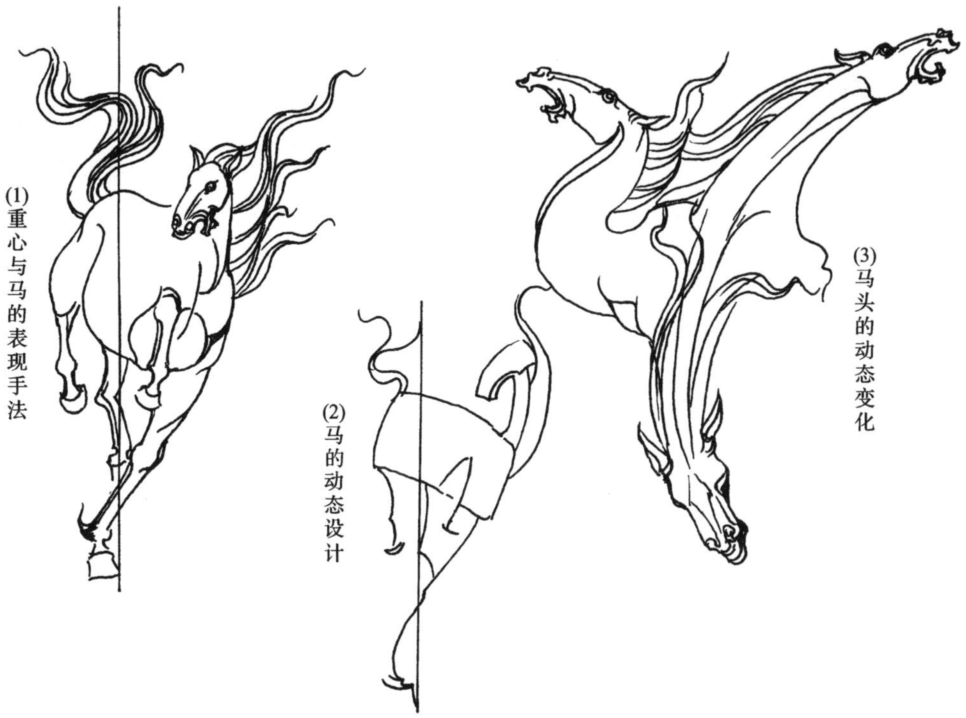

图 1-63

图 1-64　马的骨骼动感与整体马的动感对比

图 1-65　马的动态变化

图 1-66　马的腿部肌肉

10. 兽类的造型设计

（1）对整体姿态及重心垂直的要求：在设计兽类时一定要提前将兽类姿态进行合理安排和布局，然后设计基本动势，作品雕完后重心一定要稳，不能倾斜（图1-67）。

(1) 成品展示

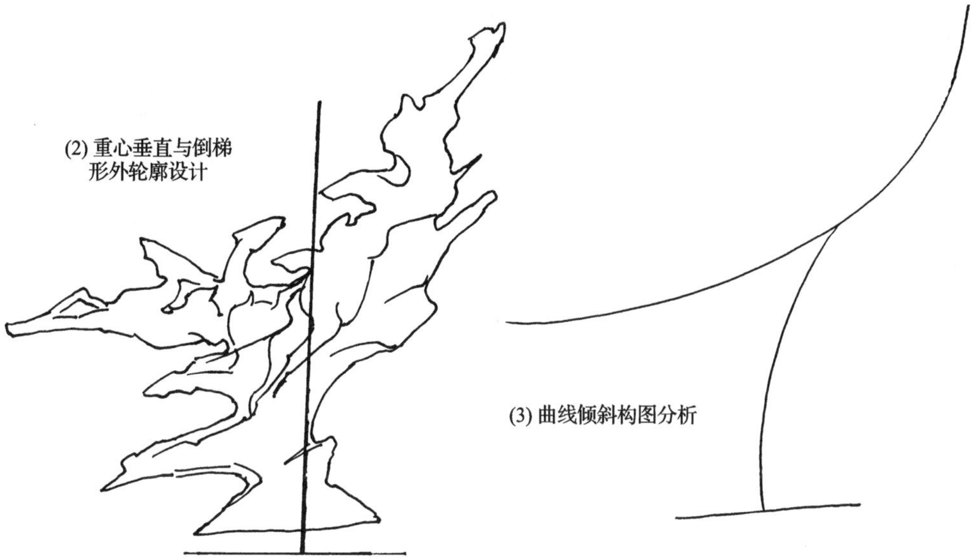

图 1-67 “五鹿同春”造型设计展示

（2）对陪衬物的要求：在设计兽类的造型时，要根据兽类的基本特征、生活习性与陪衬物联系在一起，如设计一头雄师造型，就要想到以杂草、岩石、枯木、森林等加以做陪衬物，从而烘托气氛；如设计马造型最好采用浪花、云朵或杂草，这样更加渲染出马的英雄气势。

第四节　人物在雕刻造型上的形体表现

一、人物头像部分造型结构

人物的头部是人物造型的重要部位，它集中反映了人的性格、特征、精神和面貌。

1. 人的头部结构

人的头部结构主要表现为形体结构、外形特征和头部比例三个方面。

（1）形体结构　指头部的骨架形状，是介于圆球体和立方体之间的一个六面体。头部又分脑颅和面部两部分，脑颅是卵圆形，占头部的1/3，面颅部则由颧骨区的扁平体块、上颌骨区的圆柱体块和下颌部分的三角形体块组成，约占头部的2/3（图1-68）。

（2）外形特征　头部的形状决定着头部的外形特征，它表现出性别、年龄的差别，还包括各种个性差异。

① 男女老幼的外形特征：

男性头部体积较大、趋于方正，前额后倾，眉弓与鼻骨较显著，下颌与颏部带方形、枕部突出，在外貌上男性头部线条趋于刚直、形体起伏较大。

女性头部体积较小，颜面的隆起和结节部位没有男性显著，但额丘较突出，额部平直、下颌带尖、颏部趋圆，在外貌上，女性头部线条趋于柔和、形体起伏较小。

老幼年头部外形特征：老年头部顶丘因毛发稀疏十分显著，牙齿脱落，因而牙床凹陷，面部缩短，五官集中、嘴部收缩，下颏突出前翘，是老年头部的显著特征。

小孩头部的脑颅体积占头部5/6，面颅仅占头部1/6，头顶骨隆起、额丘高而显著、下颌小而圆、脑颅大颏部内收、鼻根到嘴唇距离缩短是小孩头部最显著的特征。

② 男女老幼头像区分和特点（图1-69）：

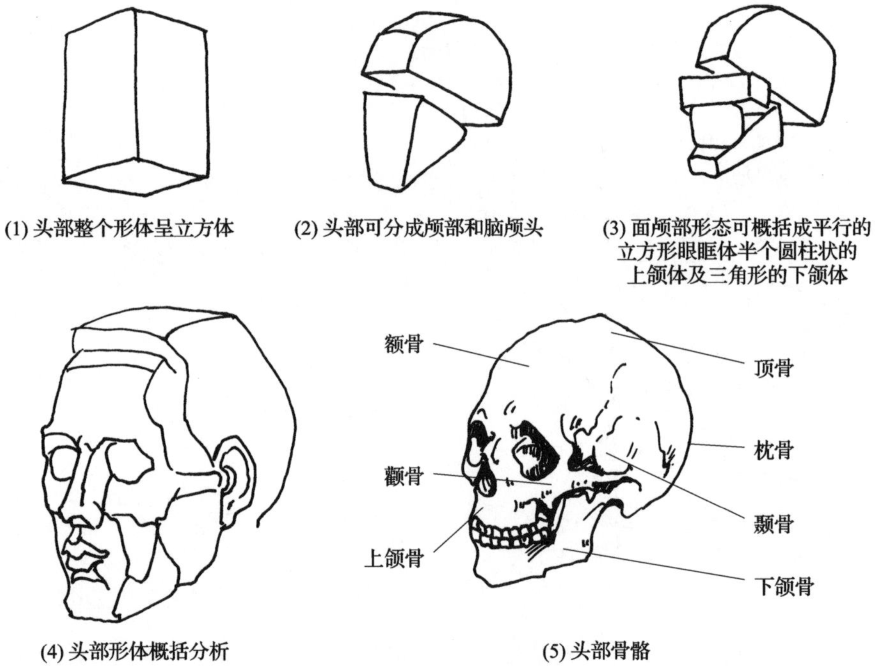

图 1-68　人的头部结构

图 1-69　男女老幼头像

③ 掌握男女头部形象特征：

人的头部肌肉比较浅薄，头的基本造型特征是由头骨的形状决定的，我国传统的人相“八格”之说，是对头部外形特征的极好概括。

分析“八格”的不同特征即可发现有“甲”“由”“申”三种头形；以顶骨与下颌骨形状的尖成方来决定的有“田”“目”“国”三种；头形是由颧骨的宽窄与头长的比例来定格的，“用”“风”两种头形是由下颌骨的宽窄开合来决定的，以下是传统人相中的“八格”一览表（表1–7）。

（3）头部的基本比例与五官位置

① 头部的基本比例：头部的基本比例为“三庭五眼”（图1–70）。

发际至眉间，眉间至鼻尖和鼻尖至下巴这三段长度相等，而通称“三庭”。从正面看脸部最宽的地方为五个眼睛的宽度，两眼间距离为一眼宽，两眼外眦至两耳分别为一眼宽，通称“五眼”。

② 五官的位置关系：眼大均在头部1/2处，两眼外眦至鼻尖构成等腰三角形，这三角的高决定着颜面中部的形体特征。鼻在面部正中突出部分，鼻尖处于额发际线至下颏底1/3的位置，鼻翼的宽度为一眼宽，从眼内眦引垂线可决定鼻翼的宽度。嘴的口裂位于鼻尖至下颌底1/3。耳在左右两个侧面上，耳的长度等于眉到鼻尖的距离，从侧面观看，耳与鼻的倾斜度基本一致（图1–71）。

表1–7

甲 	由 	申 	田 
目 	国 	用 	风 

图 1–70　头部比例

图 1–71　五官位置

③头、颈、胸的关系：头部通过颈部与胸部连接，呈一般圆柱，位于头部和胸部之间（图1–72）。

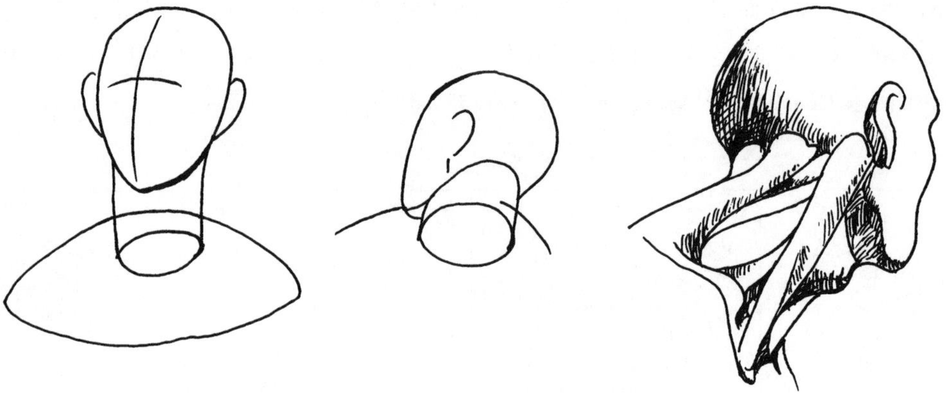

图 1–72 头、颈、胸的关系

2. 人的面部肌肉动作变化与表情（图1–73）

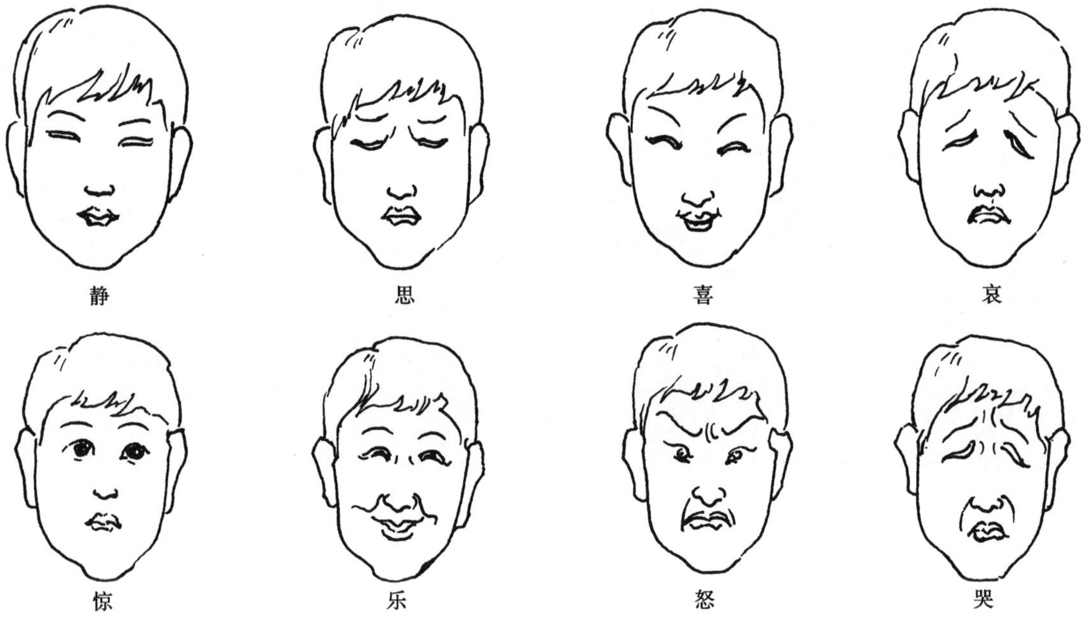

图 1–73 人的面部表情

3. 人的面部肌肉动作变化与表情一览表（表1–8）

表1–8

动作部位	肌名	动作形态	表情
眉部	额肌	收缩时后眉扬起、横皱纹	愉快、惊奇、兴奋
颊部	笑肌	收缩时嘴向外拉	苦笑
鼻部	鼻肌	收缩时鼻翼扩展、鼻孔膨大	愤怒
口部	三角肌	收缩时把鼻唇沟拉下	讨厌
眼部	上唇方肌	收缩	痛苦

4. 五官的形体特征与构造

人的五官包括眼、嘴、眉、鼻、耳。

（1）眼被称为“心灵的窗户”是传神的重要部分。眼包括眼眶、眼睑、眼球三部，眼睑俗称眼皮，分上下眼睑包裹在眼球外，眼睑的开闭依靠上眼睑的活动。眼球是一个球状水晶体，绝大部分被眼睑覆盖，外形呈现球形状（图1–74）。

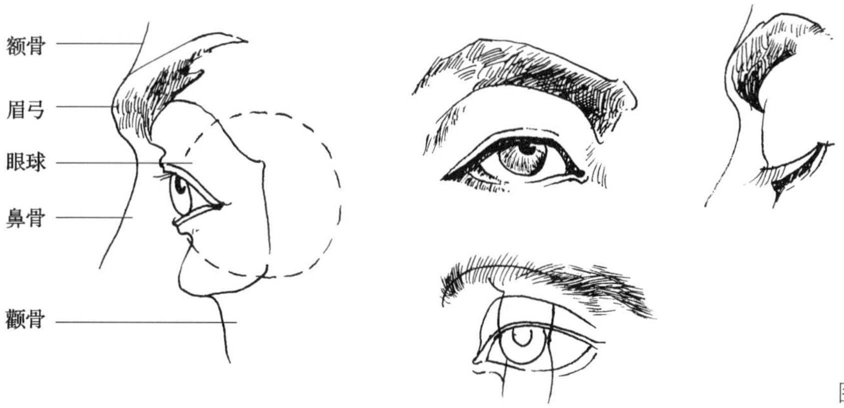

图 1–74 眼睛

（2）鼻 由鼻根、鼻背、鼻尖三部分构成，正视为梯形，鼻的形状取决于鼻根的高度（图1–75）。

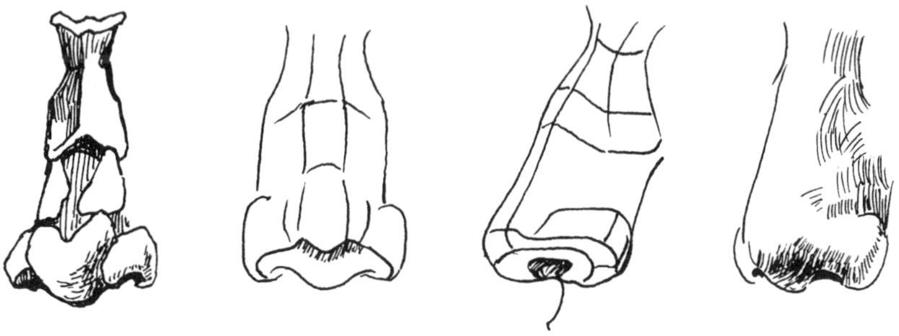

图 1–75 鼻

（3）眉 眉毛依附在眼眶上，眉毛靠近鼻根处，眉毛内端称为眉头，中部称为眉峰，尾部为眉梢。眉毛的形状与浓淡，因人性别、年龄不同而有差异。一般来讲，男性的眉毛粗而密；女性的眉毛细而长、颜色淡；儿童的眉毛淡；老年人的眉毛浓淡兼有（图1–76）。

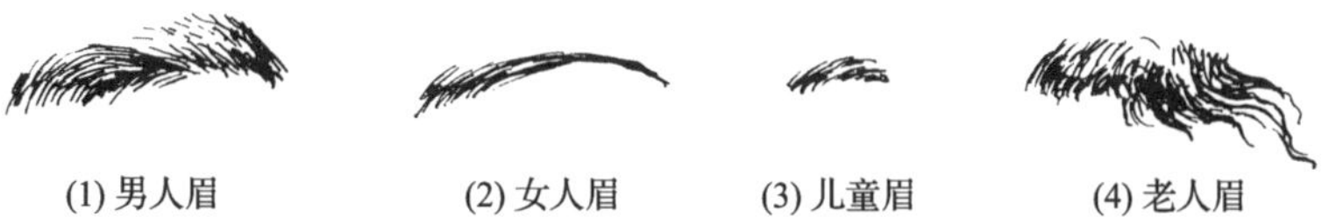

图 1–76 眉

（4）嘴 嘴分上唇和下唇，闭合处为口裂，两端称为口角、下唇以颏唇沟与颏部为界（图1–77）。

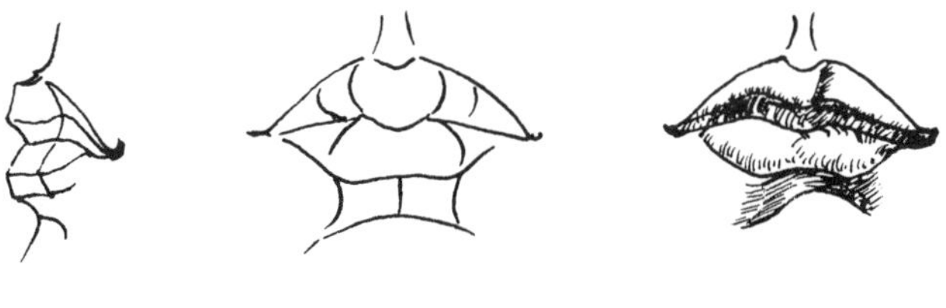

图 1–77 嘴

（5）耳　耳壳有软骨支撑，由耳轮对耳轮，耳屏对耳屏和耳垂等部分构成（图1-78）。

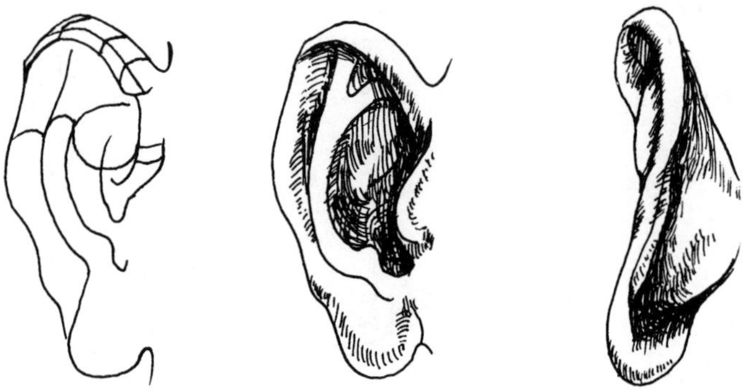

图 1-78　耳

5. 传统人物头部造型分析

（1）仕女　瓜子脸、鸭蛋脸、柳叶眉、杏核眼、樱桃小口、鼻窄、两嘴上翘，这样使面部略带微笑，鬓角下部稍圆、发髻不能太高，这样使人物显得年轻、额上留短发、更加俊俏。表现古典仕女一定要注意：头部略低，显得有种害羞的感觉（图1-79）。

（2）佛人、仙人、寿星、渔翁、钟馗、战将、儿童等，根据年龄、性格、身份、典故的不同造型也有所不同（图1-80）。

图 1-79　仕女头部造型

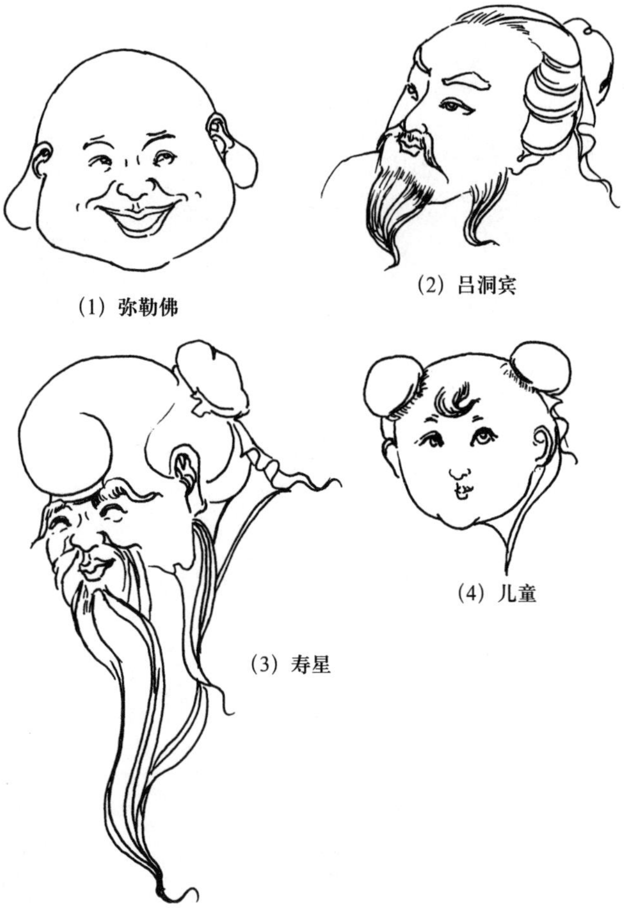

图 1-80　其他人物头部造型

二、人物的手、足部分造型结构

1. 手

手在人物造型中被称为第二表情、人物的心情意向，一般是靠手来展示。

手包括腕、掌、指三部分，呈扇面形作射状与腕关节相连。手的骨骼结构——腕骨是由八块小骨组成。手的形体结构：手的掌部可以看成是一个呈六边形的形体，俗话说“画人难画手”是指手的结构复杂、动作表情丰富。

2. 人物手的形体结构（图1–81）。

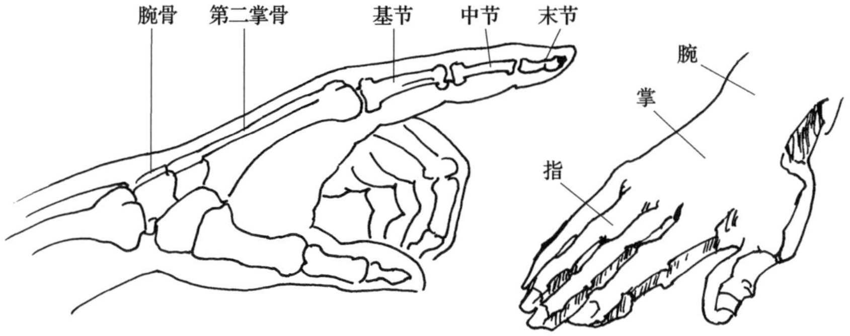

图 1–81　手的形体结构

3. 手的主要手势有伸掌、指掌、拳掌、按掌（图1–82）。

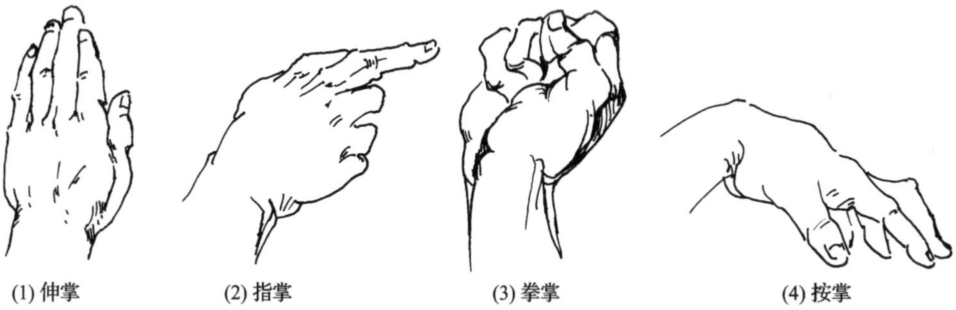

图 1–82　手的手势

4. 足分跗、跖、趾三部分（图1–83）。

足的比例：一足等于股骨的二分之一长短、二足等于股骨，跟骨到小趾半为第五跖骨粗隆起。

足的形体结构：足的外形为四部分：踝部、脚跟、脚背和脚趾。

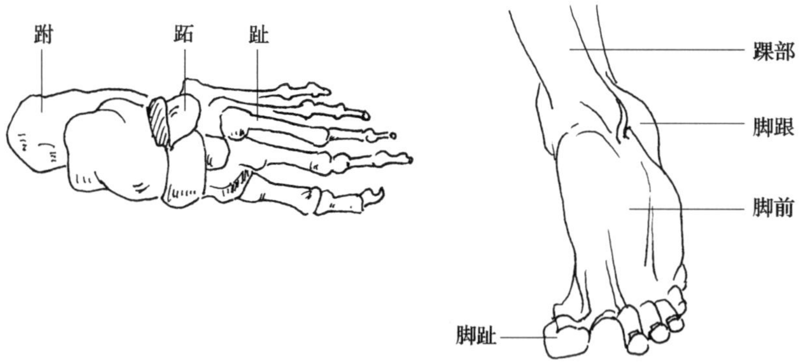

图 1–83　足的形体结构

三、人体造型结构

1. 人体的基本结构

人体的基本结构可以用一竖、二横、三体积、四肢来概括（图1-84）。

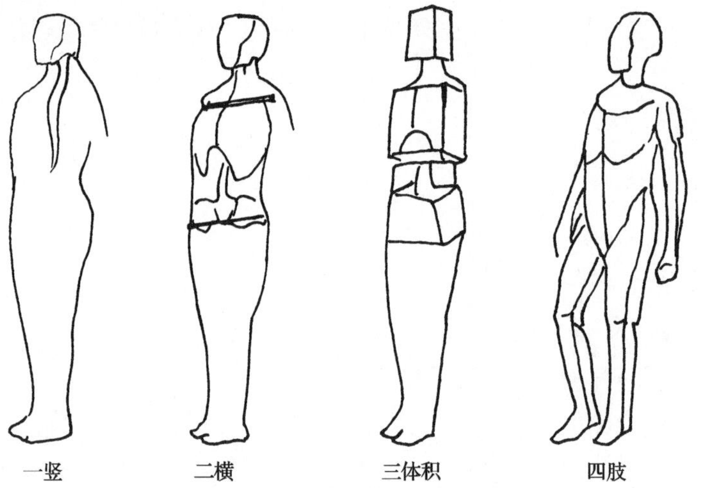

图 1-84 人体基本结构

（1）一竖 指人体的脊柱，即通常所说的脊梁骨。脊柱是垂直的纵轴，连接头颅、胸廓、骨盆，是人体结构和形态上的主要特征。

（2）二横 是指肩线（左右肩峰的连线）与髋线（左右髋关节的连线），它位于躯干的上下两端，是躯干连接四肢的纽带。

（3）三体积 是指人体的头部、胸部、骨盆分别概括而成的三个立方体积，三体积均为不动的整体由脊椎骨贯穿连接。

2. 人体的透视

人无论是在静止还是运动状态时，人的整体与局部都处在一定的透视关系中。

一般用几何形结构概括和归纳，有利于迅速分析和理解人体在空间中的透视关系，可以将人体看作整块长方体，并根据人体结构和比例关系划分若干块立方体，再依据立方体的透视规律就可以去分析和判断人体各部分空间的透视变化（图1-85）。

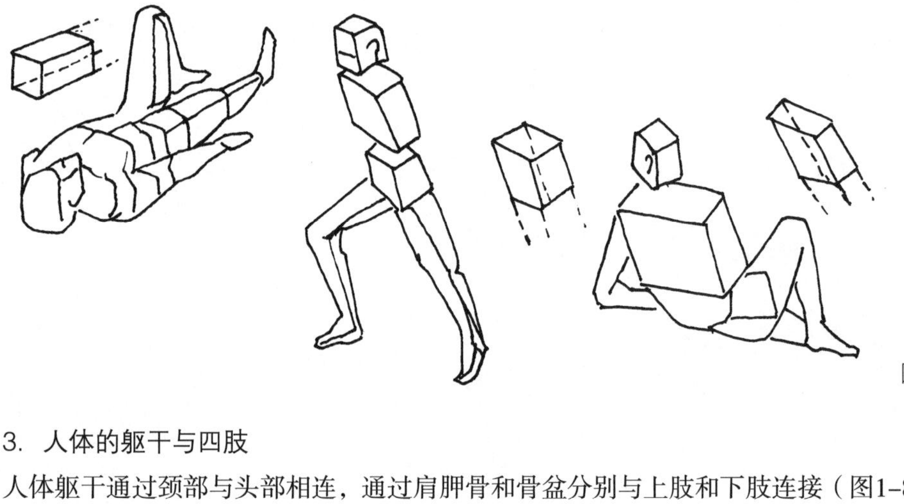

图 1-85 人体透视

3. 人体的躯干与四肢

人体躯干通过颈部与头部相连，通过肩胛骨和骨盆分别与上肢和下肢连接（图1-86）。

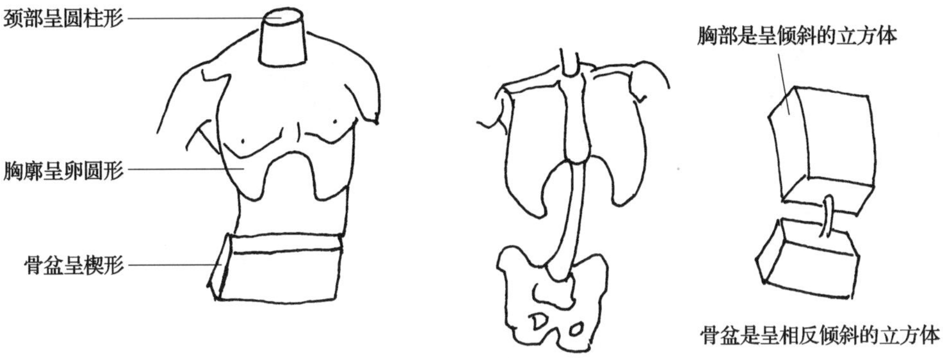

图 1-86　人体躯干

（1）男女躯干的差别在于男性躯干正面肩部较骨盆阔，女性则骨盆较肩部阔。

（2）躯干的主要骨骼有肋骨和脊柱，骨盆组成。

（3）躯干前部肌肉主要由胸大肌和腹直肌构成的正面形成一个更加细长的楔形。躯干中间有一条垂直浅沟，对称地把前面划成两等份，在躯干下面有另一个窝穴——脐，在它的下面有一个隆起部分是耻骨联合（图1-87）。

① 腹直肌：起于耻骨，于第五到第七肋软骨前面。

② 前锯肌：自上面八个肋骨，肩胛骨的脊柱缘表面之下。

③ 腹外斜肌：从下面八个肋骨至髂脊和耻骨的韧带。

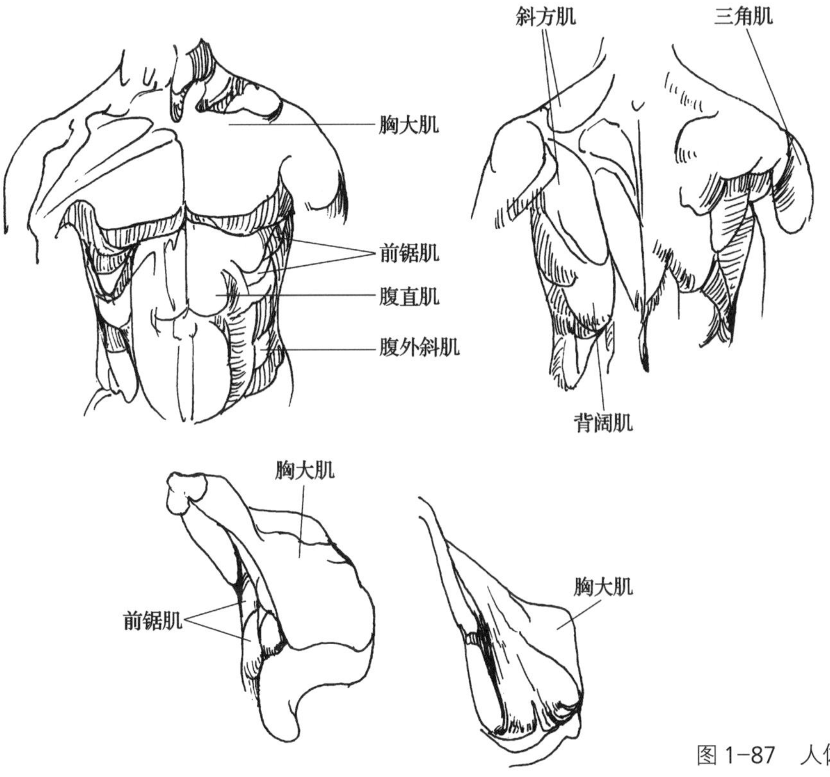

图 1-87　人体肌肉

（4）男女躯干的差别　男女躯干的差别在于男性躯干正面肩部较骨盆阔，女性则骨盆较肩部阔（图1-88）。

男性躯干的正面1/2处，以第10肋骨为界，女性则在胸廓尽处、男性胸部较女性胸部长。

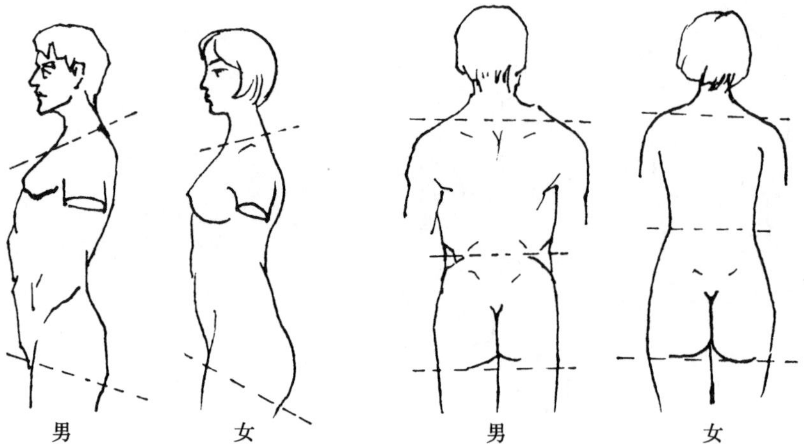

图 1-88 男女躯干对比

（5）上肢 上肢由肩部、上臂、前臂和手构成，对上肢外形影响最大的主要肌肉有三角肌，肱二头肌和肱三头肌（图1-89）。

（6）下肢 下肢由髋部、腿部、足部构成，大腿部呈圆柱形，小腿呈三棱形，踝部呈方形。下肢主要肌肉有缝匠肌、股四头肌、股二头肌、半腱肌、臀中肌等（图1-90）。

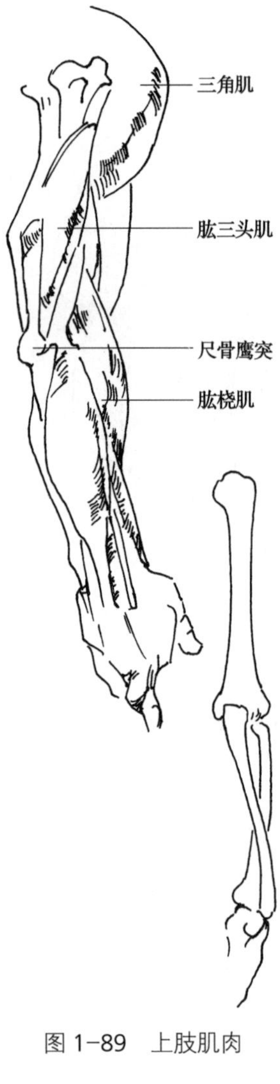

图 1-89 上肢肌肉

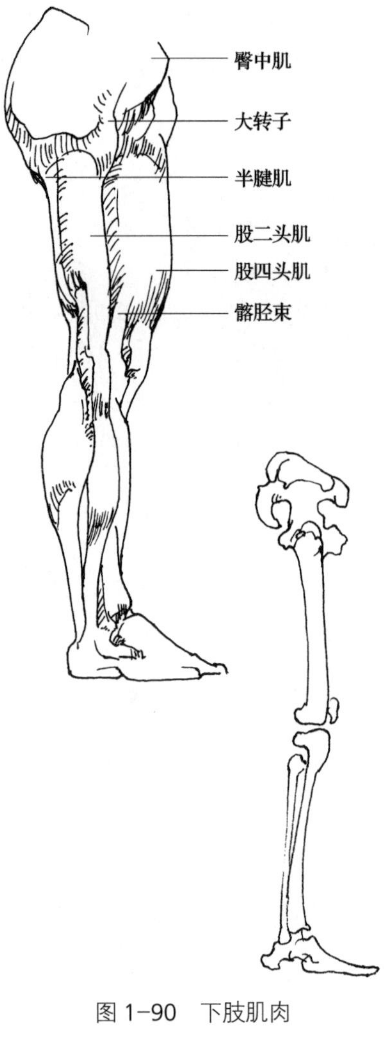

图 1-90 下肢肌肉

4. 人体的基本比例

人体的比例关系是观察人体的一个最基本的比较尺度。根据这一尺度，在比较中量出具体的人体差异，从而准确判断人体各部分的位置。

人体比例是以头长为计算单位，人体通常为七个到七个半头长，古代画家总结出“立七”“坐五”“盘三半”的人体标准比例（图1-91）。

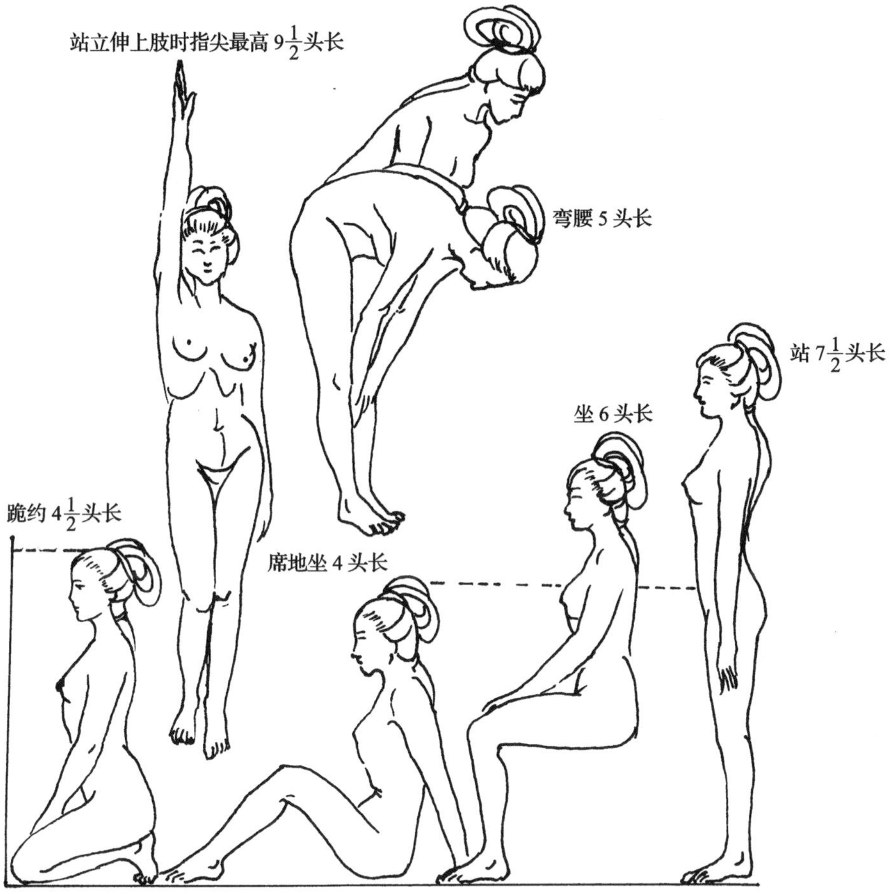

图 1-91　人体比例

全身长：头顶—下颌，下颌—乳头连线，乳头连线—脐孔，脐乳—大腿中间，大腿中间—膝关节，膝关节—小腿中部，小腿中部—足跟，这正好是七个头长，是一个大体的全身比例。

另外，席地而坐约四个头高，坐势约六个头高，跪势约四个半头高，弯腰约五个头高，站势约七个半头高，站立时伸直手指尖最高约九个半头高，且肘关节超过头高。

5. 人体的动态线

最能体现人物动态趋向的是动态线（图1-92），而脊柱线则是人体运动时的主要动态线。脊柱线的变化决定了人体各部分的位置。

图 1–92　人体的动态线

四、历代仕女服式与造型设计分析

1. 按朝代大致可分为汉服、唐服、宋服、蒙服、明服、旗服（图1–93）。

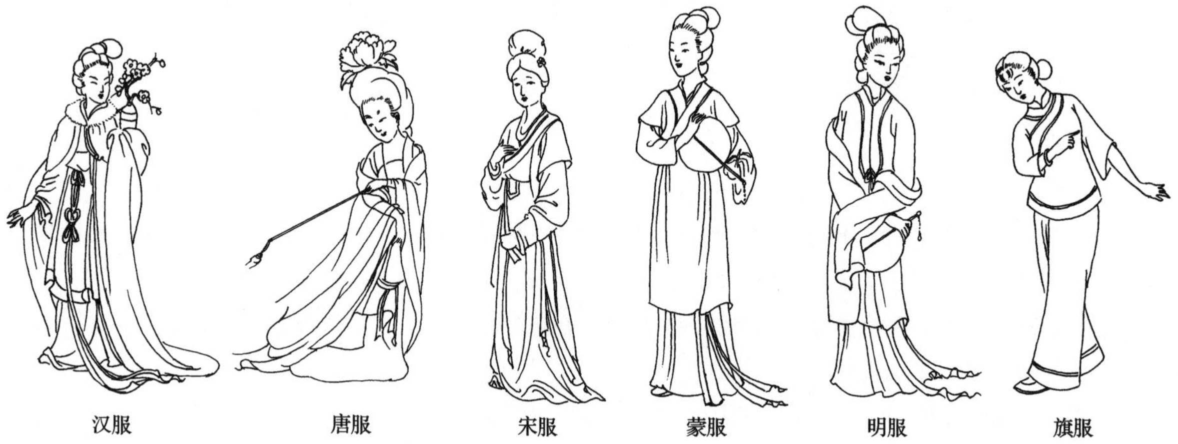

图 1–93　仕女服装

2. 仕女造型与衣纹分析（图1–94）。

（1）由于人体的凹凸及动态变化，必然引起衣纹的变化。

（2）组织衣纹必须结合人体结构，在上身重点注意肩、胸、腰之动点。

（3）上肢注意肱、肘、腕、膝、踝之动点，下肢注意臀、腿、膝、踝之动点，这些部位虽被衣裙所遮盖，但要隐示交待清楚，使衣纹组织严谨准确。

3. 人物造型整体设计（图1–95）

人体　　着衣

图 1–94　仁女造型

（1）貂蝉拜月　（2）贵妃醉酒　（3）西施浣纱　（4）昭君出塞

图 1–95　四大美女图

（1）人物造型总体关系是否完好同总体造型是分不开的，要充分利用动态、空间、影像三大支柱，这样有助于提高人物雕刻造型艺术的表现力。

（2）以靠三大块、四肢体积的移位和人体基本面的转动造成运动的节奏和韵律来表现人们的种种极细腻复杂的表情。

（3）在人物造型时，要注意两个原则：一是深度对比，即形体之间的纵深距离要做到空间对比；二是雕刻造型中应注意把每一个高点看成是处于内部的一个体积顶端，要善于从空间中去思考。

（4）人物造型中的陪衬物也十分讲究，它对于人物整体气氛及主题起到画龙点睛的作用，但应用陪衬物一定要注意点到为止，否则陪衬物太多或太大，容易喧宾夺主（图1–96）。

图 1–96　献寿图

五、基本刀法初级练习

要想学好食品雕刻这门艺术，在具备了一些相关的美术基本知识以后，下一步就是要参与实际演练。

实际演练就是实际操作，在实际操作时怎样拿刀，怎样运用最简单的直线或曲线，可通过简单的刀削苹果皮的方法来锻炼手的腕力（这只是对从来没有拿过雕刻刀的初学者而言）。

以下是几种锻炼用力方法（表1–9）。

表1–9

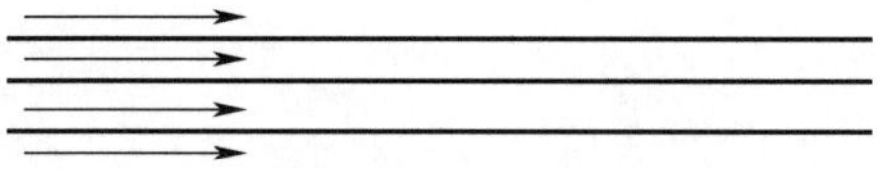	直线法
	曲线法
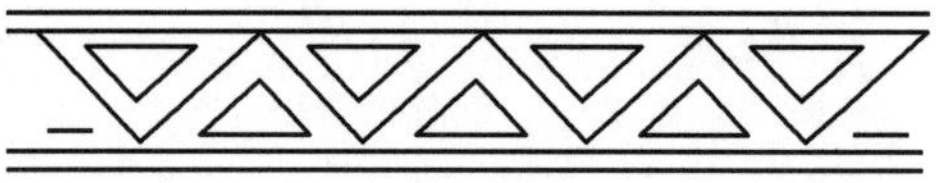	直线三角划法
	波浪划法
	顺时针螺旋用刀法
	逆时针螺旋用刀法
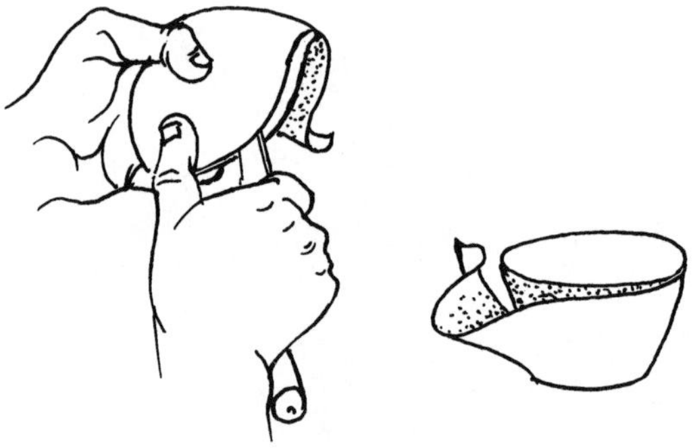	初级握刀姿势与旋刀练习法达到腕用刀灵活

在掌握了基本的刀法后就可以进行一些简单的雕刻作品制作，通过制作雕刻作品来巩固刀法（表1–10）。

表1-10　　四角花制作流程

	选取一根胡萝卜
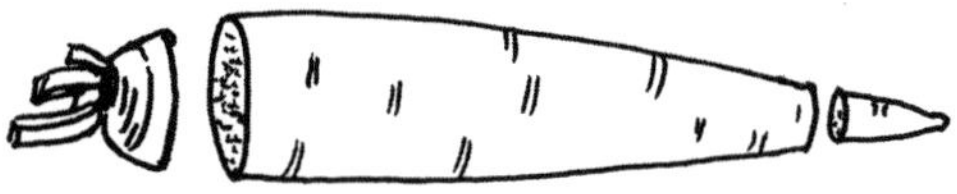	去掉胡萝卜的头尾
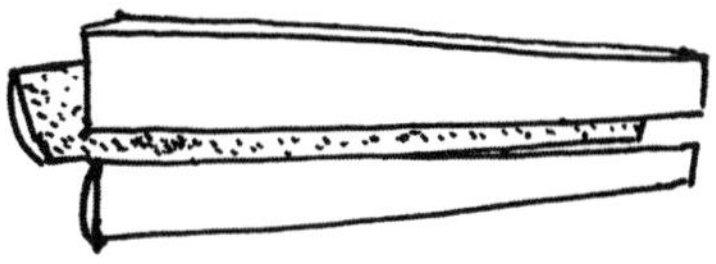	用大刀将胡萝卜修成横截面是正方形的长条
	修好的胡萝卜料
	用平口刀从角上开始往下先去掉一层废料
	再用刀从上至下将四个角的花瓣雕出
	将雕好的四角花从胡萝卜料上取下
	雕好的四角花

第二章　花卉、昆虫和禽鸟雕刻解析与造型设计

第一节　花卉雕刻解析

花卉概述：花是植物的繁殖器官、卉是草的总称，分布世界各地、种类繁多、千姿百态、气味芳香，有自然生长和人工栽培两种，被人们称为花卉。另外，具有观赏价值的灌木和可以栽培的小乔木也被统称为“花卉”。根据不同的地区、不同的气候，生长的花卉也截然不同，其寿命也有长短之分。花卉有独特的生态特征，而且每种花卉都有其不同的象征和寓意。

一、梅花

1. 生态特征

梅花为落叶小乔木，树干灰褐色，小枝细长绿色无毛，叶呈卵形成圆卵形，叶缘有细齿，花芽生长在长枝的叶腋间，每节着花1～2朵，花瓣5枚，也有重瓣品种（图2-1）。

2. 象征花语

梅花代表坚强和高雅。梅花是中华民族的精神象征，具有强大而普遍的感染力和推动力。

图 2-1　梅花

3. 雕刻图解（图2–2）

（1）选原料一根。

（2）切成2～3厘米的厚片。

（3）用小号U形刀在原料中间转一个圆。

（4）再用小号U形刀大头依次戳出五个花瓣的槽。

（5）再雕出花瓣。

（6）戳出2个略大的梅花。

（7）取出雕好的梅花待用。

（8）在平整的原料上用V形刀戳出花蕊和圆疙瘩。

（9）取出花蕊并粘上圆疙瘩。

（10）粘合花蕊和花瓣，即成梅花。

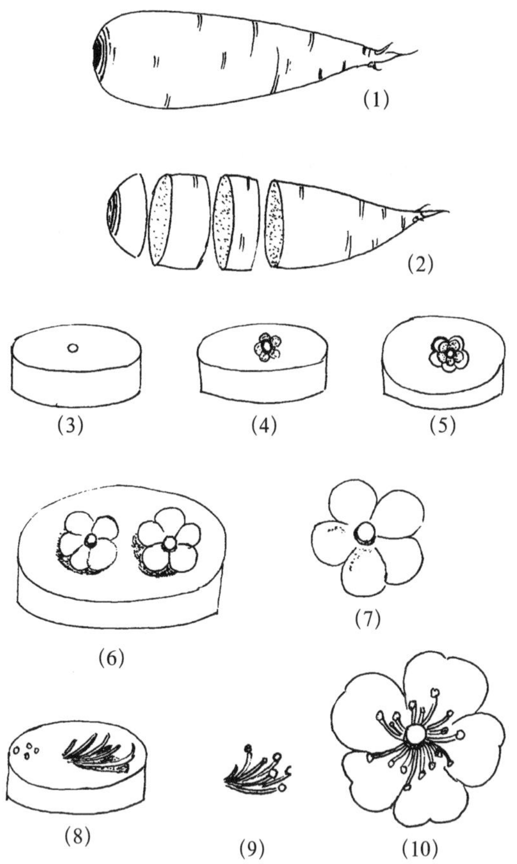

图 2–2　梅花雕刻图

4. 小梅花雕刻图解（图2–3）

（1）选圆形平整的原料一块。

（2）在平整料上用小号U形刀的大头戳出花瓣。

（3）取出花瓣备用。

（4）将戳好的花瓣进行粘合。

5. 梅花树枝雕刻图解（图2–4）

（1）选长薄斧刃料一块。

（2）在斧刃料上用平口刀划分出树枝的分杈变化。

（3）去掉上端废料。

（4）用刀去掉棱角线，雕出树结及褶皱即完成。

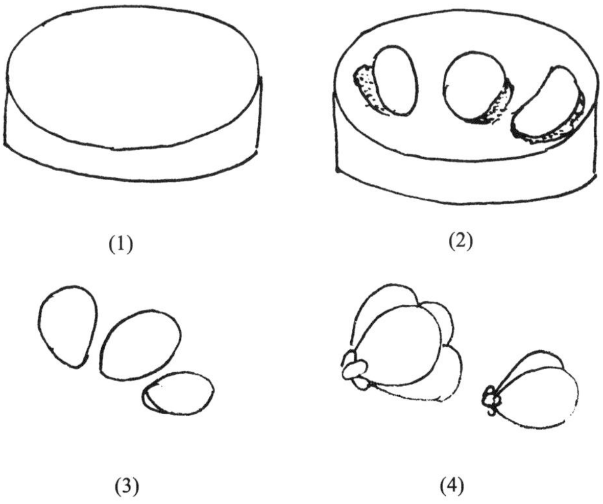

图 2–3　小梅花雕刻图

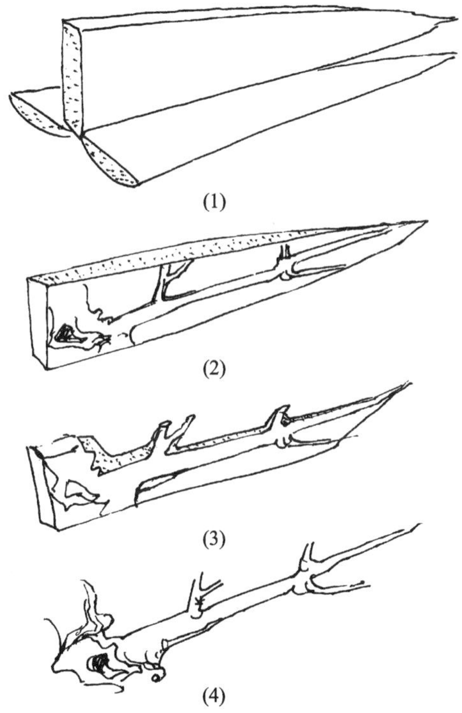

图 2–4　梅花树枝雕刻图

二、菊花

1. 生态特征

菊花也称艺菊，在中国有三千多年的栽培历史，品种达千余种，属名贵观赏花卉。按生态特征可分为短瓣菊、长瓣菊、短瓣菊花，冠肥大，有平瓣、管状瓣和匙状瓣之分（图2–5）。

2. 象征花语

菊花被视为高雅的象征，代表着名士的斯文与友情，深受古代文人的喜爱。

3. 雕刻图解（图2–6）

（1）选原料一根。

（2）切成8～10厘米的段。

（3）大头朝上、小头在下。

（4）用小号U形刀的大头戳出外层菊花瓣。

（5）再依次将一圈的花瓣雕出。

（6）再雕出第二层花瓣。

（7）将第三层花瓣雕出，收花蕊即成。

图 2–5　菊花

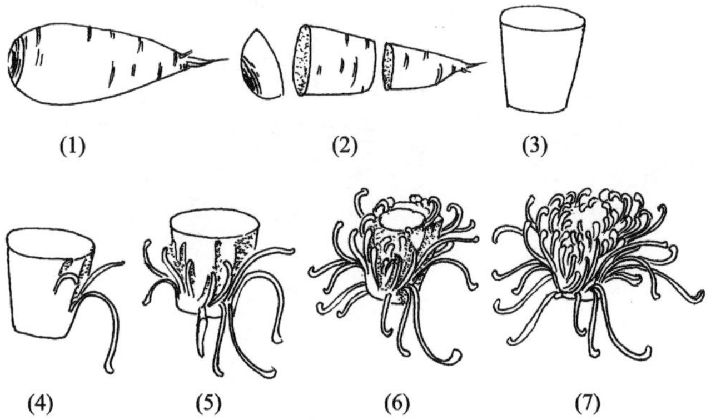

图 2–6　菊花雕刻图

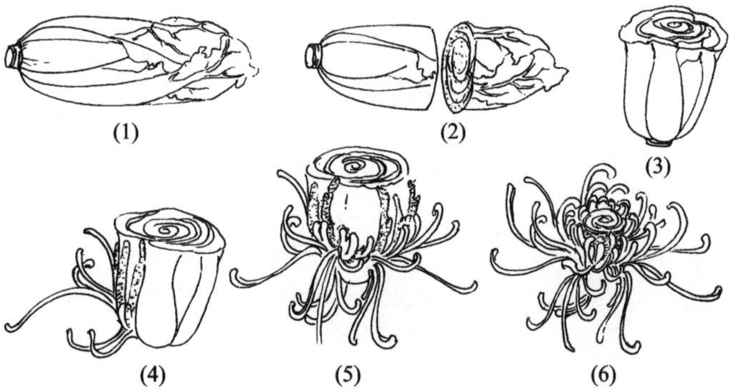

图 2–7　白菜菊花雕刻图

4. 白菜菊花雕刻图解（图2–7）。

（1）选扒好的白菜心一个。

（2）用刀将白菜心中间断开。

（3）心朝上，根朝下。

（4）用小号U形刀的大头戳出第一层菊花瓣。

（5）再依次戳出第二层花瓣。

（6）戳出第三层至第四层花瓣，最后收花蕊即完成。

三、玫瑰

1. 生态特征

玫瑰为落叶灌木，最高可达2米。它的茎较粗壮密布小刺，叶子为羽状复叶，小叶为5～9枚，花朵生于枝头(图2-8)，色彩丰富，有红、粉红、白色等。玫瑰花瓣形柔美，雅致芬芳，号称“花中皇后”。

2. 象征花语

红玫瑰代表热情和真爱。黄玫瑰代表珍重、祝福、嫉妒、失恋，还代表道歉。紫玫瑰代表浪漫真情。白玫瑰代表纯洁的爱情，还代表尊敬。橙玫瑰代表友情和青春美丽。淡绿色玫瑰代表青春常驻。

3. 雕刻图解(图2-9)

(1)选直径为3厘米的萝卜原料一根。

(2)切成5～6厘米的段。

(3)取一段切好的萝卜段。

(4)平口刀旋去一层废料。

(5)雕出花瓣。

(6)依次旋出第二片花瓣。

(7)往里旋出第三层花瓣。

(8)收花蕊完成。

图2-8　玫瑰

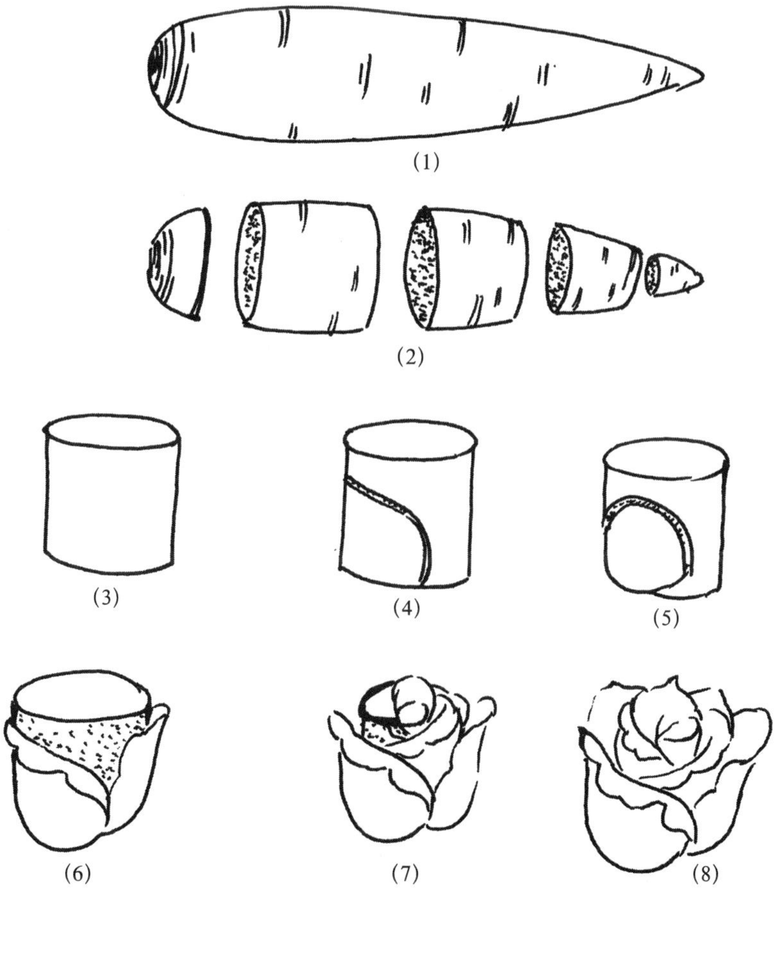

图2-9　玫瑰雕刻图

四、荷花

1. 生态特征

荷花属睡莲科，原产于中国，为水生植物，栽培种类繁多，其花冠肥大，有单瓣、复瓣之分，花瓣浑圆端尖，其中雌蕊一枚，即莲蓬，上有小孔、内藏果实，花冠生于花茎、叶脊中夹着一长叶柄，茎生于水下、泥底即藕，肥大而有节，中间有规则空洞（图2-10）。

图 2-10　荷花

2. 象征花语

荷花代表洁白、高尚而谦虚，出淤泥而不染、濯清涟而不妖，表示坚贞、纯洁。

3. 雕刻图解（图2-11）

（1）选原料一根。

（2）切成5～6厘米的段。

（3）将段垂直放平。

（4）用平口刀薄薄地旋去一层外皮。

（5）旋完后的原料确保上宽下窄。

（6）用平口刀先雕出第一个花瓣。

（7）再将最外层花瓣雕出。

（8）再依次将第二层花瓣雕出。

（9）再依次将花蕊雕出。

（10）成品展示。

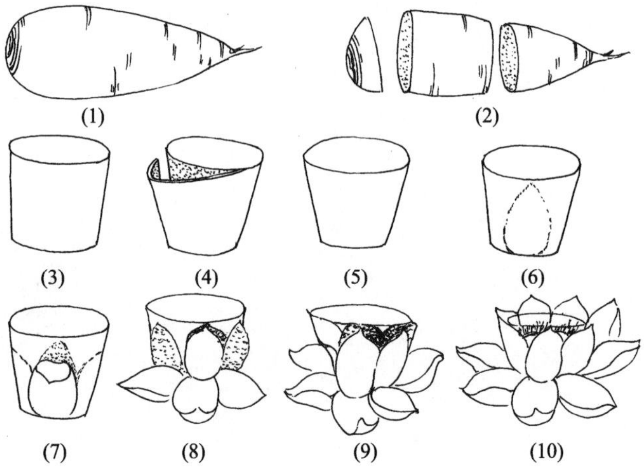

图 2-11　荷花雕刻图

4. 小荷花雕刻图解（图2-12）

（1）选萝卜根部料一块。

（2）旋去萝卜皮。

（3）在原料上用平口刀雕出第一个花瓣。

（4）再依次雕出第二、第三个花瓣。

（5）成品展示。

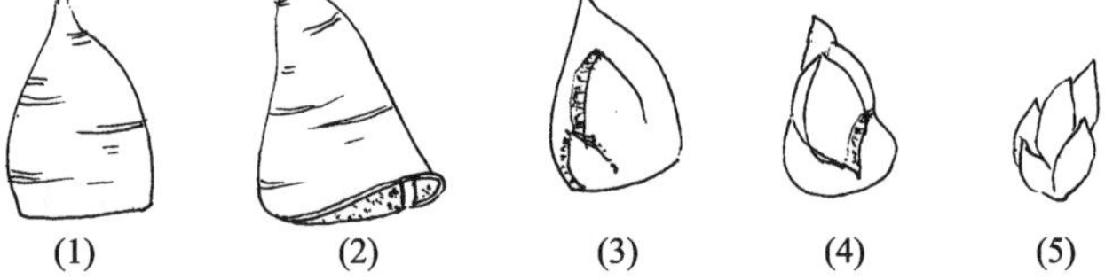

图 2-12　小荷花雕刻图

5. 荷花叶、茎雕刻图解（图2-13）

（1）取一张萝卜皮，用平口刀划出荷叶的曲线外轮廓。

（2）再用刀划出筋线，即完成。

（3）取一块长斧刃形原料。

（4）用刀划出叶茎。

（5）去掉叶茎外轮廓即成。

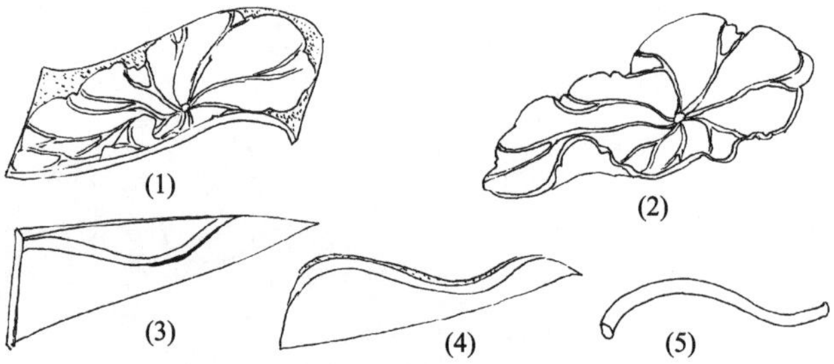

图 2-13　荷花叶、茎雕刻图

五、月季

1. 生态特征

月季花花冠肥大、复瓣、花瓣呈卷筒状，密生、无裂、边沿外卷，叶无裂、有锯状边、有尖刺，花苞形长端尖、有花中皇后之称。属蔷薇科，原产北半球，遍及亚欧两大洲（图2-14）。

2. 象征花语

高贵、纯洁、美丽、尊敬。

3. 雕刻图解（图2-15）

（1）选一根长20厘米的原料。

（2）切成4～5厘米的段。

（3）将上下两个面削平整。

（4）呈45° 角去掉废料。

（5）用刀旋出第一片花瓣。

（6）刀继续旋转旋出第二片花瓣。

（7）将最外层四个花瓣旋出。

（8）雕好后的最外层四个花瓣进行展示。

（9）平口刀继续旋出第二层花瓣。

（10）依次将第三层花瓣刻出，并收花蕊。

（11）作品完成。

图 2-14 月季

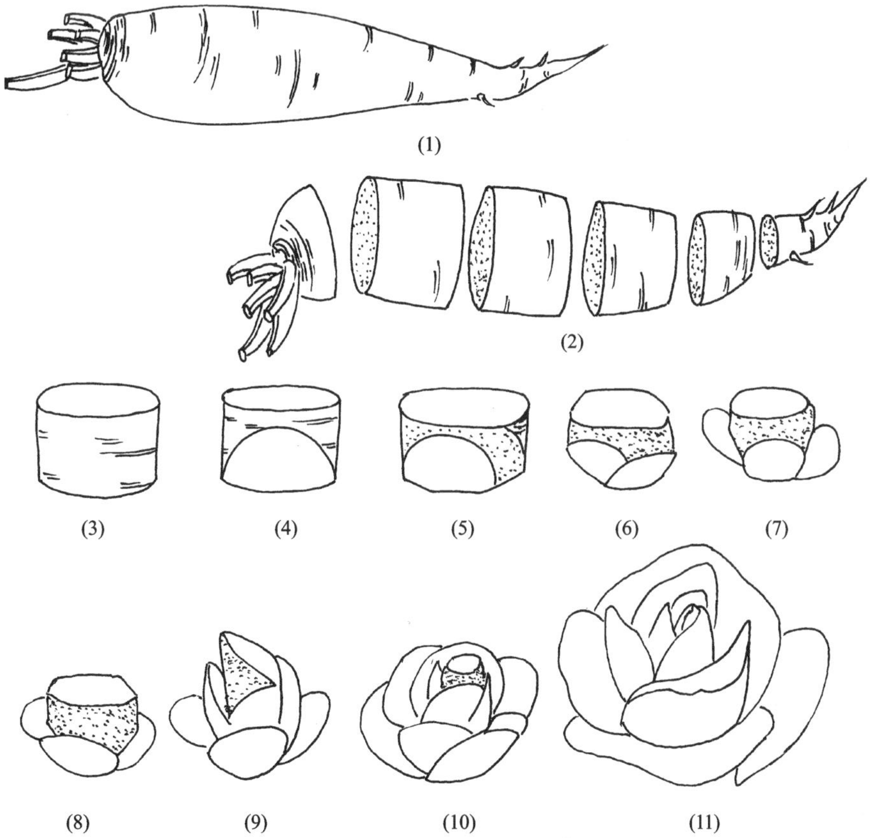

图 2-15 月季雕刻图

六、牡丹

1. 生态特征

牡丹是中国传统名花，属芍药科，原产中国西部——秦岭和大巴山一带山区，花冠大、复瓣、花瓣肥厚，有裂、叶大、多为三杈，一出多九叶，花干木质、多疤痕，花苞圆形（图2-16）。

2. 象征花语

牡丹号称花王，统领群芳，象征圆满、富贵。

3. 雕刻图解（图2-17）

（1）取一根长15厘米的原料。

（2）切成4～5厘米的段。

（3）用刀切出两块原料备用。

（4）用平口刀从最底层开始旋出第一层花瓣。

（5）依次旋出第二层花瓣。

（6）再将第三层花瓣旋出。

（7）在旋到第三层时开始包花蕊。

（8）包好花蕊后的牡丹成品。

图 2-16 牡丹

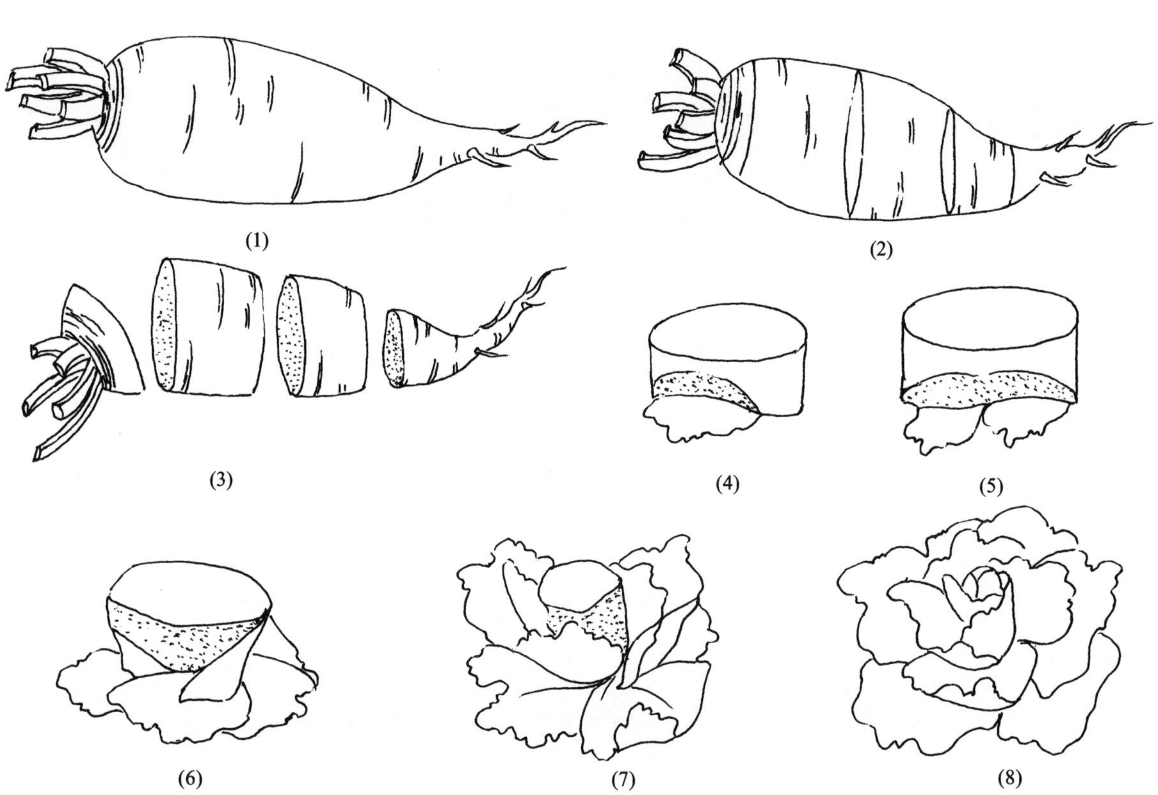

图 2-17 牡丹雕刻图

第二节　昆虫雕刻解析

昆虫概述（图2–18～图2–25）：现在已知的昆虫种类约有100万种，约占动物种类的4/5，从恐龙还没有出现时就已经有昆虫存在，昆虫因生活习性不同，表现也各不相同。比如，有些昆虫在幼虫时期取食，而到了成虫却不吃东西。

昆虫与其他节肢动物一样，都是由头部、胸部和腹部三部组成，头部有口器和一对触角，通常有一对或两对翅，腹部无足。

昆虫按大小之分，最小的只有几毫米长，最大的其体积也不比人的拳头大。

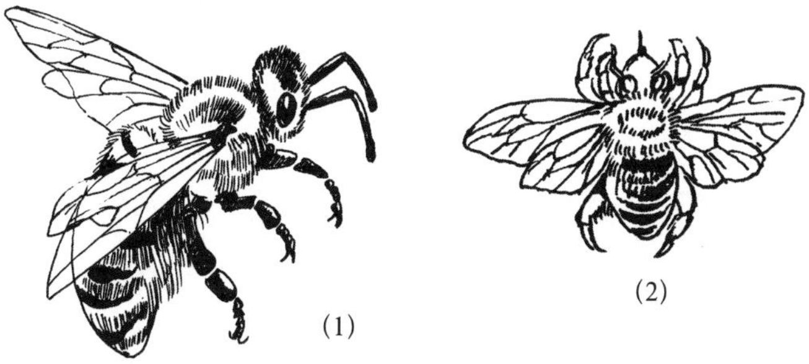

图 2–18　蜜蜂

图 2–19　蜻蜓

图 2–20　蚂蚁

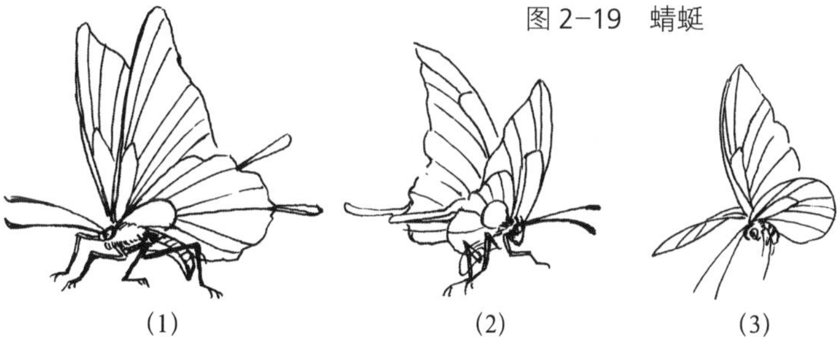

图 2–21　蝴蝶

图 2–22　蜗牛

图 2–23　七星瓢虫

图 2–24　蝗虫

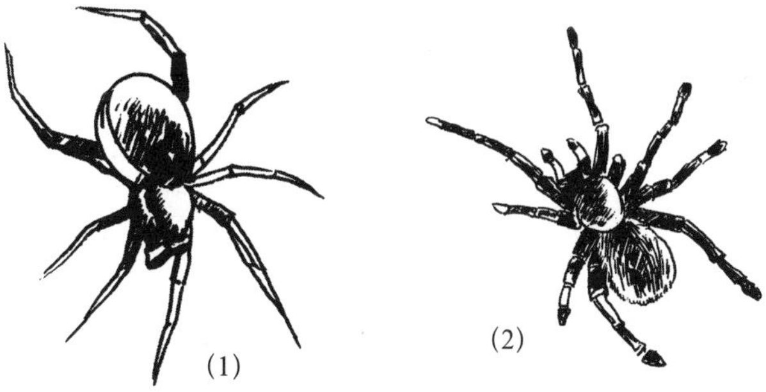

图 2–25　蜘蛛

一、蝴蝶

1. 生态特征

蝴蝶是昆虫的一种，全世界有1500余种，大部分分布在美洲，品种繁多色彩各异，六足、四翅，大翅在上、小翅在下、翅上方有纹路，花斑对称、体形细长、头胸腹明显，有一对触角，末端膨大如球（图2-26）。

2. 雕刻图解（图2-27）

（1）选一原料。

（2）将原料切开。

（3）切成1厘米厚的片。

（4）在厚片中间处切开成活页夹。

（5）再用平口切划出蝴蝶的整体外形轮廓。

（6）去掉多余废料。

（7）细致刻画出身形与翅膀纹路。

3. 前腿雕刻图解（图2-28）

（1）将原料切成斧刃形，在斧刃料上划出前腿外轮廓。

（2）去掉废料。

（3）取出前腿。

（4）前腿成品展示。

4. 后腿雕刻图解（图2-29）

（1）选一厚1厘米原料一块。

（2）中间切开，取其中一半，再切成薄斧刃料。

（3）在斧刃料划出后腿外轮廓。

（4）去掉废料、取出后腿、去掉棱角线。

（5）后腿成品展示。

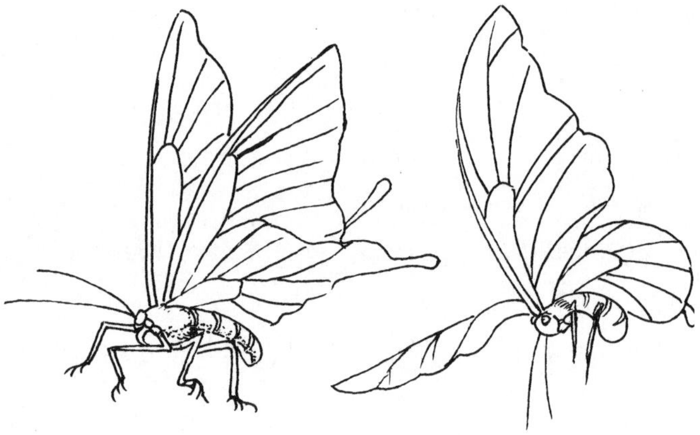

图 2-26 蝴蝶

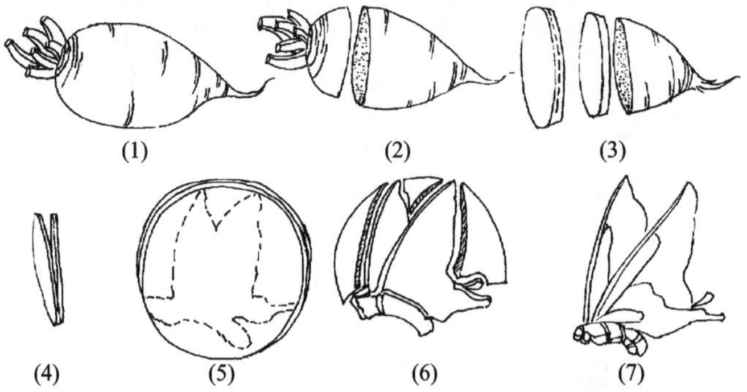

图 2-27 蝴蝶雕刻图

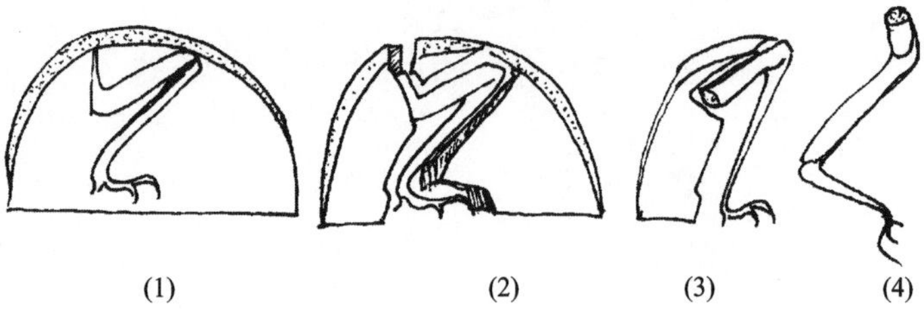

图 2-28 前腿雕刻图

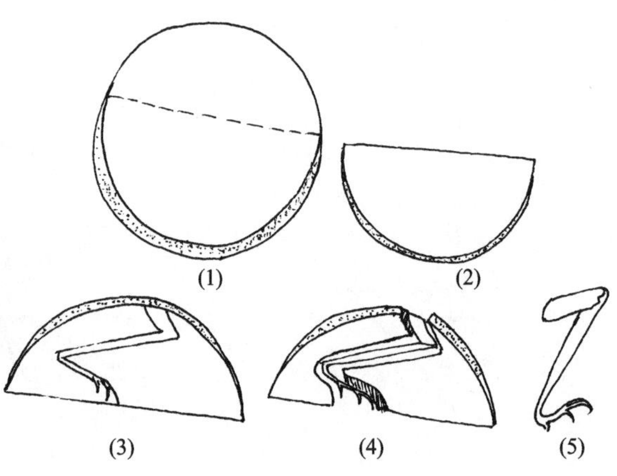

图 2-29 后腿雕刻图

二、蟋蟀

1. 生态特征

蟋蟀属昆虫纲、直翅目、蟋蟀科，因鸣声悦耳而闻名，体形圆长，色有黑色、褐色，头圆而大、触角细长、雄者翅长、善斗，雌者翅短，食果实和植物叶，全世界种类约有2400种，生活于地表（图2-30）。

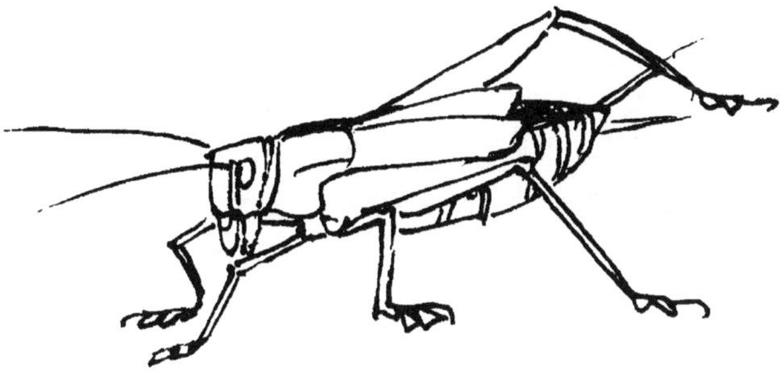

图 2-30 蟋蟀

2. 雕刻图解（图2-31）

（1）取一原料。

（2）切成厚1厘米的片。

（3）横切分段。

（4）分出宽厚1厘米的长方形料。

（5）用平口刀雕出蟋蟀外形轮廓。

（6）去掉多余废料。

（7）整理出头部及身形。

（8）细致刻画出眼睛翅膀及腹部。

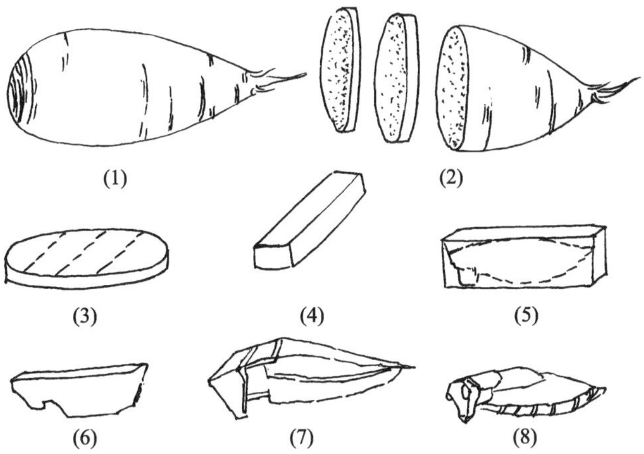

图 2-31 蟋蟀雕刻图

3. 后腿雕刻图解（图2-32）

（1）选一薄的斧刃形原料。

（2）用平口刀划出后腿外形。

（3）去掉上边废料。

（4）取出后腿、去掉棱角线即成。

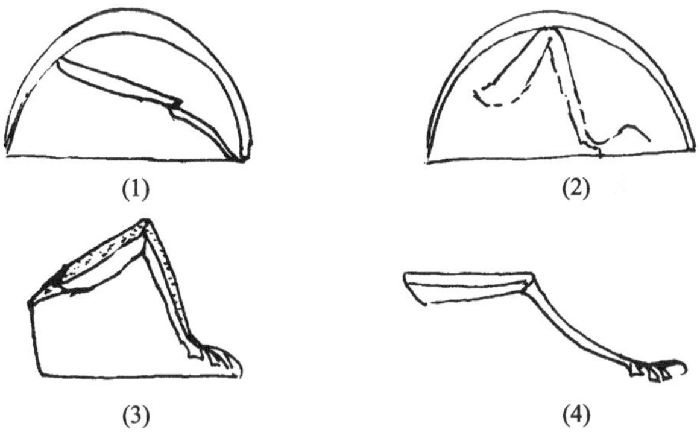

图 2-32 后腿雕刻图

4. 前腿雕刻图解（图2-33）

（1）取一原料，划出前腿。

（2）去掉废料、整理完成。

5. 后大腿雕刻图解（如图2-34）

（1）取一薄斧刃形原料。

（2）去掉上边废料。

（3）去掉棱角线。

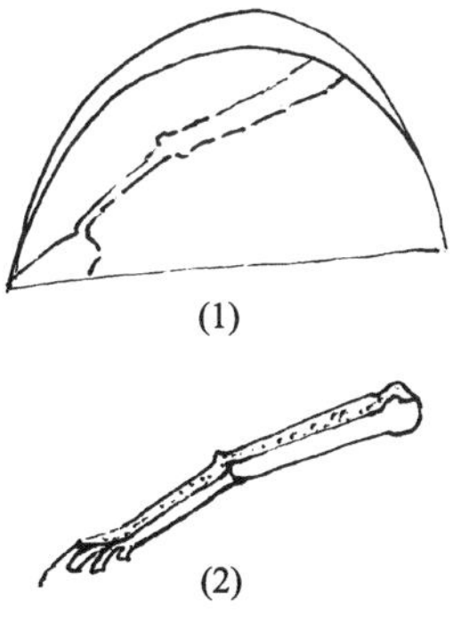

图 2-33

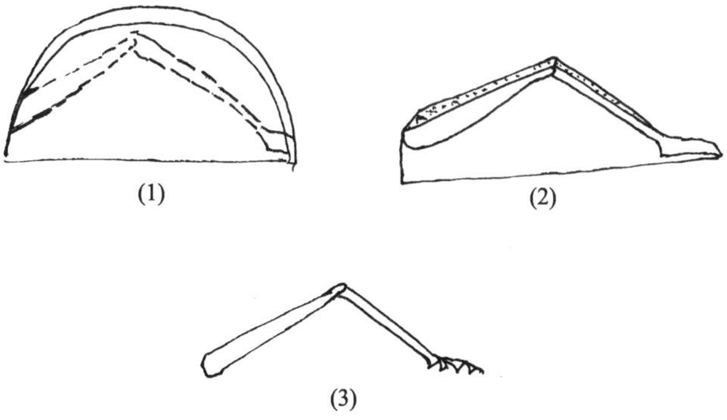

图 2-34 前腿雕刻图

三、蚱蜢

1. 生态特征

蚱蜢属无脊椎动物、昆虫纲、直翅目、蝗科，生活在田边草丛中，头尖且小，有扁短触角，胸方而厚，腹细长，六足、四肢、前翅尖长，后翅薄而呈扇形，善跳（图2-35）。

图 2-35 蚱蜢

2. 雕刻图解（图2-36）

（1）选取原料一根。

（2）切成厚1厘米的片。

（3）用平口刀划出蚱蜢外形。

（4）去掉上边废料。

（5）细致刻画出眼睛、背部、腹部。

（6）成品展示。

3. 后腿雕刻图解（图2-37）

（1）取一薄斧刃形原料，在上边划出后大腿轮廓。

（2）去掉上边废料。

（3）去掉棱角线。

4. 前腿雕刻图解（图2-38）

（1）取一薄斧刃形原料，划出前腿外轮廓。

（2）去掉左边废料。

（3）去掉棱角线。

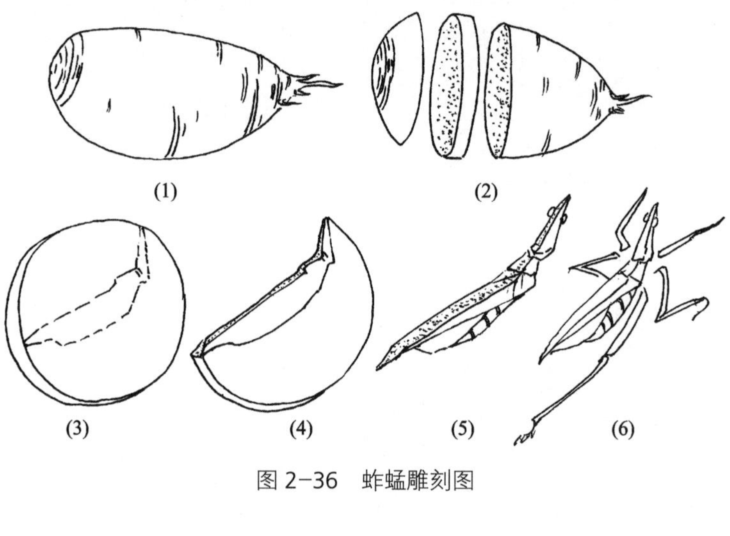

图 2-36 蚱蜢雕刻图

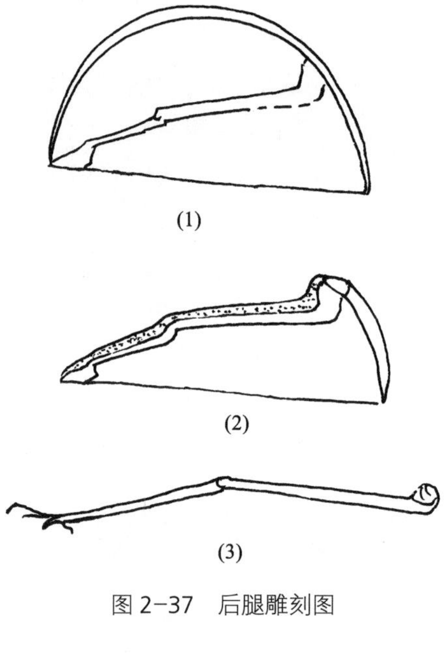

图 2-37 后腿雕刻图

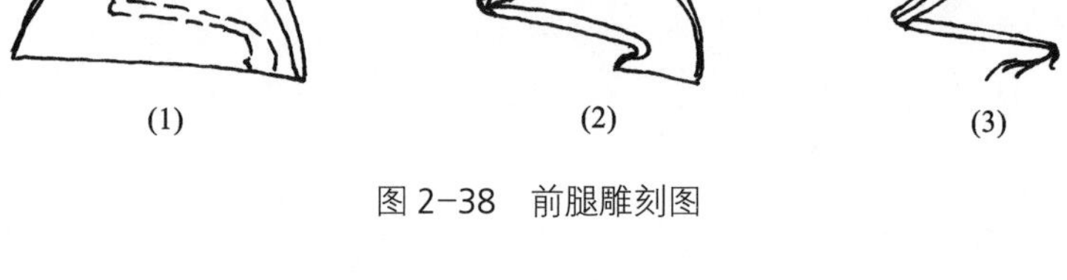

图 2-38 前腿雕刻图

四、天牛

1. 生态特征

天牛属昆虫纲、鞘翅类、天牛科，全世界约有20000种，为木本植物的害虫。体长圆形、头圆锥形，触角长、而有节、如鞭状，胸有棱角，六足。天牛全身黑色、也有赭黄色、灰青色等（图2-39）。

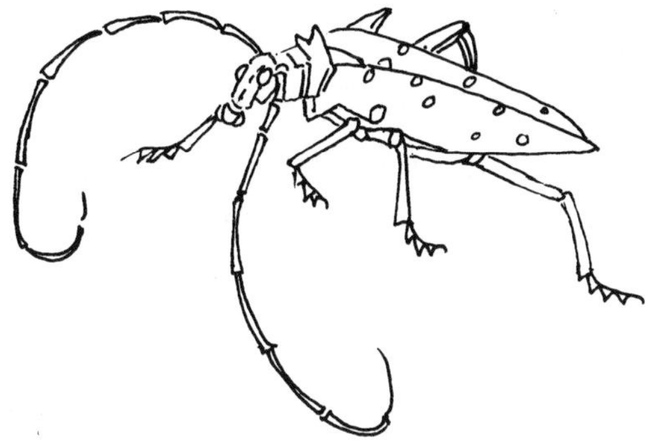

图 2-39　天牛

2. 雕刻图解（图2-40）

（1）选一原料。

（2）切成厚1.5厘米的片。

（3）从中间切开厚片。

（4）取其中一块，在上边划出天牛的外轮廓。

（5）去掉身形上边的废料。

（6）细致刻画出天牛的眼睛及腹部。

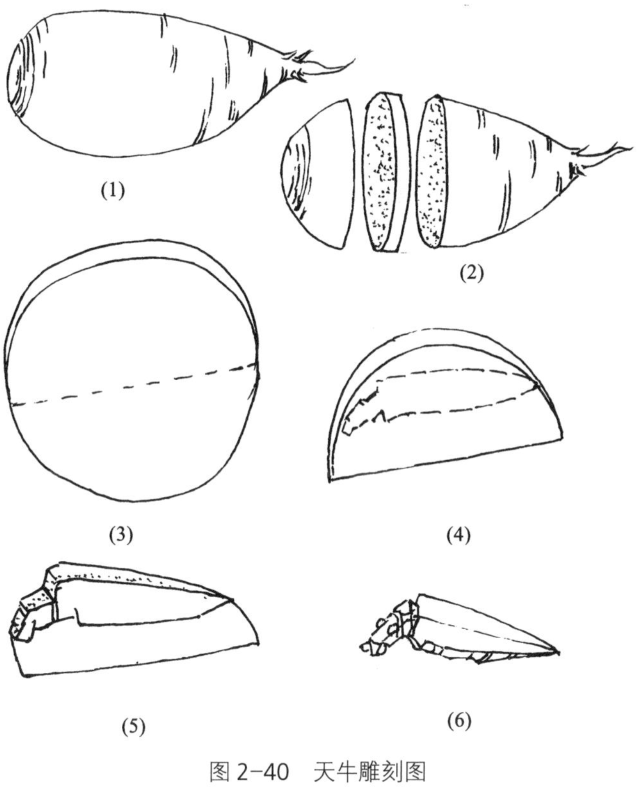

图 2-40　天牛雕刻图

3. 后腿雕刻图解（图2-41）

（1）取一长薄斧刃形原料。

（2）在上面划出后腿的外轮廓。

（3）去掉上边废料。

（4）去掉棱角线即完成。

4. 天牛须雕刻图解（图2-42）

（1）取一薄形原料，划出须的外形。

（2）去掉上边的废料。

（3）取出须子，去掉棱角线完成。

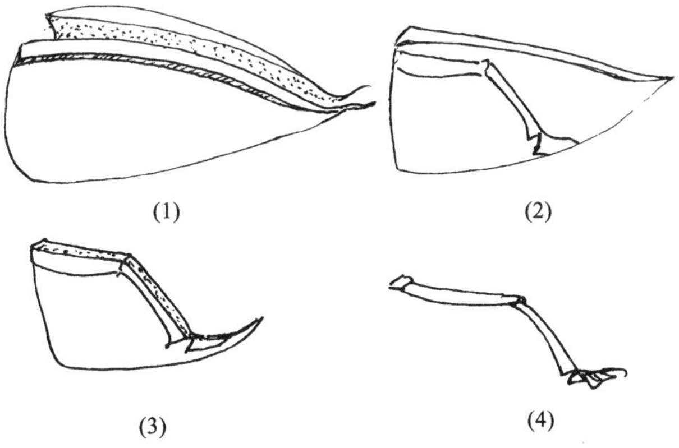

图 2-41　后腿雕刻图

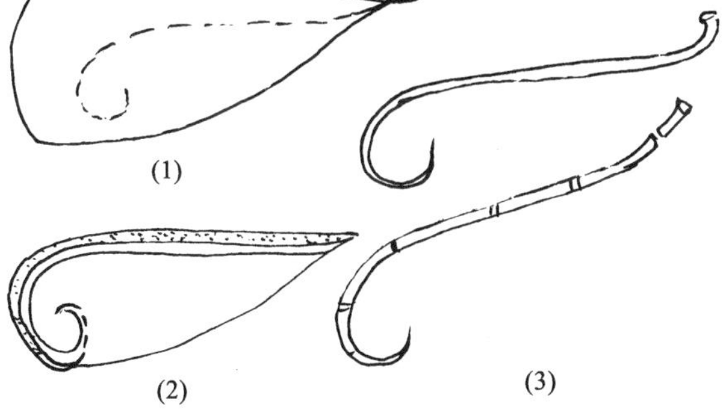

图 2-42　天牛须雕刻图

五、蜜蜂

1. 生态特征

蜜蜂属昆虫纲、膜翅目科，有产蜜价值并广泛饲养，多数过合群生活，头胸腹明显、六足四肢、后翅短小，触角一对，腹背有斑纹。蜜蜂是许多植物的授粉者，以花为食、寿命短、常发出声音，全世界均有分布，以热带、亚热带地区较多（图2-43）。

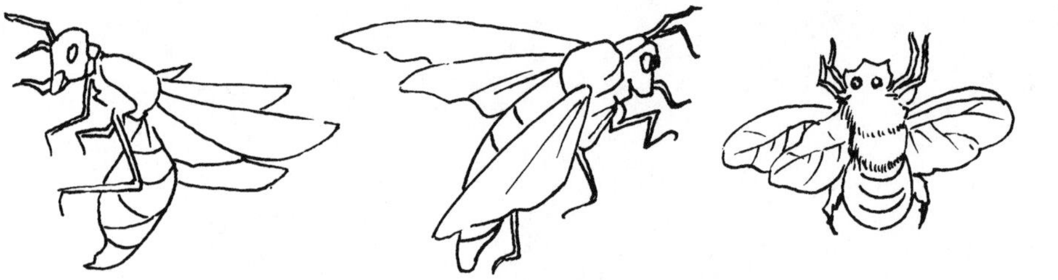

图 2-43 蜜蜂

2. 雕刻图解（图2-44）

（1）选一原料。

（2）切成厚1厘米的片。

（3）从中间切开片。

（4）取其中一半，在上边划出蜜蜂的身形。

（5）去掉蜜蜂背上的废料。

（6）细致刻画出蜜蜂的眼睛和身形。

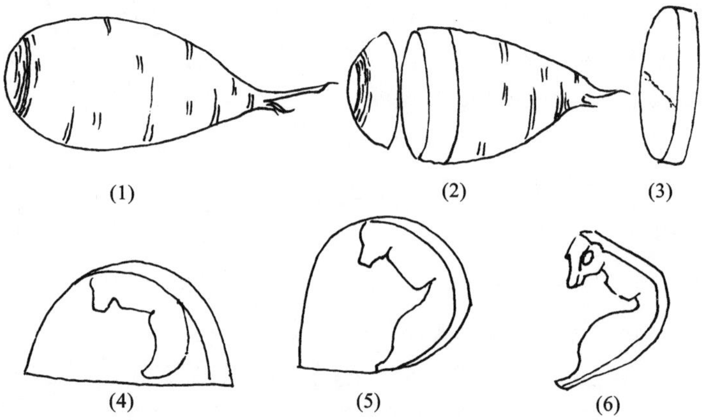

图 2-44 蜜蜂雕刻图

3. 前小腿雕刻图解（图2-45）

（1）取一薄斧刃形原料，在上面划出腿的外轮廓。

（2）去掉左边废料，取出腿，去掉棱角线即完成。

4. 后大腿雕刻图解（图2-46）

（1）取一原料，在上边划出后大腿并去掉废料。

（2）去掉棱角线，取出腿。

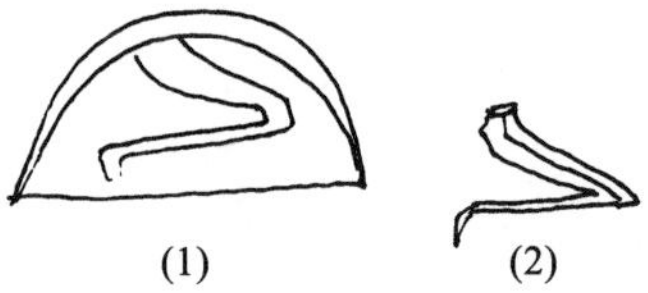

图 2-45 前小腿雕刻图

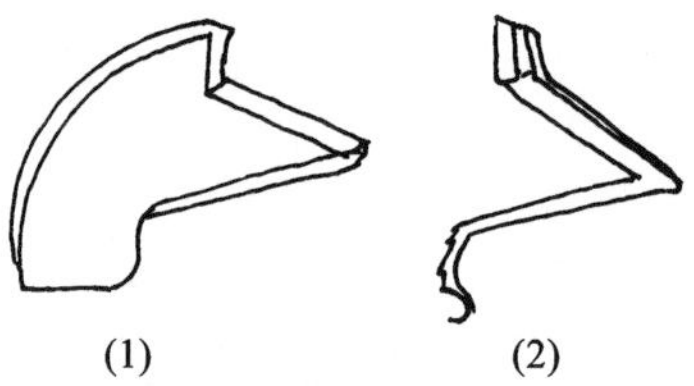

图 2-46 后大腿雕刻图

5. 翅膀雕刻图解（图2-47）

（1）取一原料，分出两等份。

（2）将两等份去掉棱角。

（3）将一面修成弧形和薄斧刃片。

（4）翅膀成品展示。

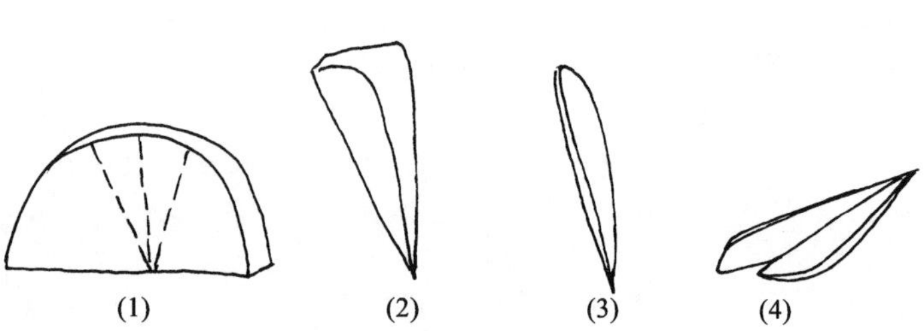

图 2-47 翅膀雕刻图

六、蜗牛

1. 生态特征

蜗牛属软体动物、腹足纲、柄眼目、大蜗科，螺壳为螺旋形、壳薄而脆、体软、有长、短触角各一对，口在头部下面，动作迟缓，生活于阴暗潮湿地。蜗牛是世界上牙齿最多的动物，一般以植物为食（图2–48）。

2. 雕刻图解（图2–49）

（1）选原料一根。

（2）用平口刀从中间切开。

（3）在原料根部下刀雕出厚斧刃形。

（4）在原料的后面将尾部接上。

（5）用平口刀划出蜗牛的螺旋身形轮廓。

（6）分出大体块面。

（7）去掉多余棱角线，修圆。

3. 头部须子雕刻图解（图2–50）

（1）取一原料，切0.2厘米的薄片。

（2）将中间切开。

（3）用平口刀分别在上面划出一对触须。

（4）去掉多余棱角线、修饰完成。

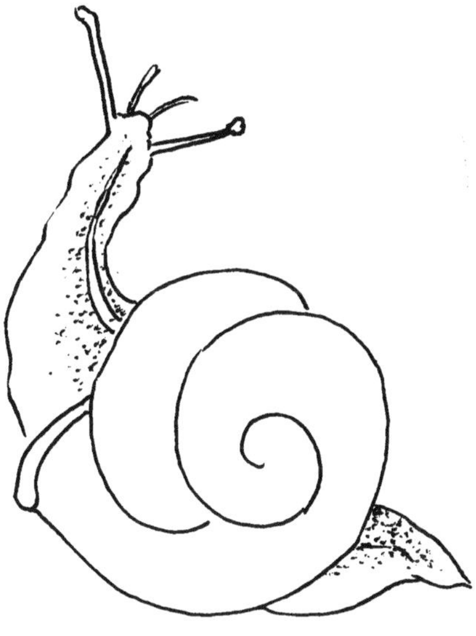

图 2–48　蜗牛

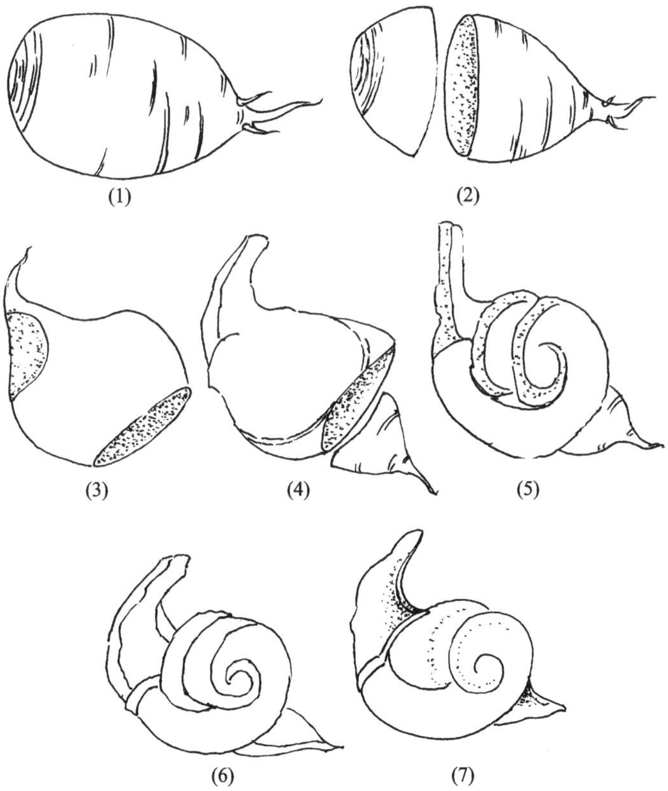

图 2–49　蜗牛雕刻图

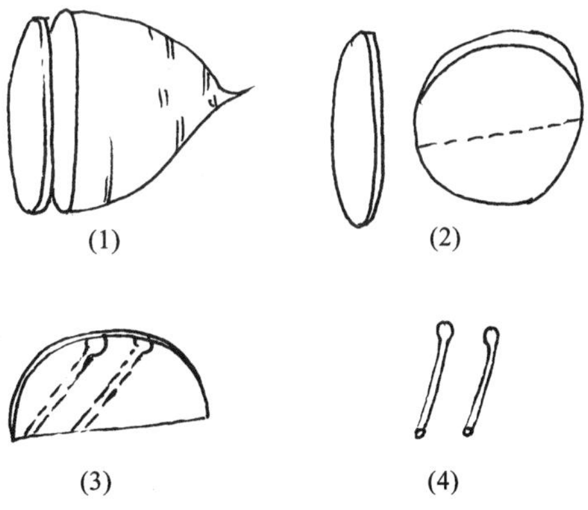

图 2–50　头部须子雕刻图

七、蜻蜓

1. 生态特征

蜻蜓属蜻蜓目科，分布于世界各地的淡水环境附近，有两对膜质透明的翅，翅端有翅痣，翅上有纹路，三对足近于口器，能在飞行中捕食物，飞行时还能在空中暂停不动（图2-51）。

2. 雕刻图解（图2-52）

（1）取原料一根。

（2）切成厚1厘米的片。

（3）用平口刀划出蜻蜓身形外轮廓。

（4）取出蜻蜓的整体身形。

（5）将蜻蜓的头部与身上的结构分出。

（6）去掉棱角线、修饰完成。

3. 腿雕刻图解（图2-53）

（1）取一薄斧刃形原料。

（2）将中间切开。

（3）在斧刃料上划出腿的外轮廓。

（4）去掉左边的废料。

（5）取出腿、去掉棱角线。

4. 翅膀雕刻图解（图2-54）

（1）取一薄斧刃形原料、划出翅膀外形。

（2）去掉上边的废料。

（3）取出翅膀、划出纹路。

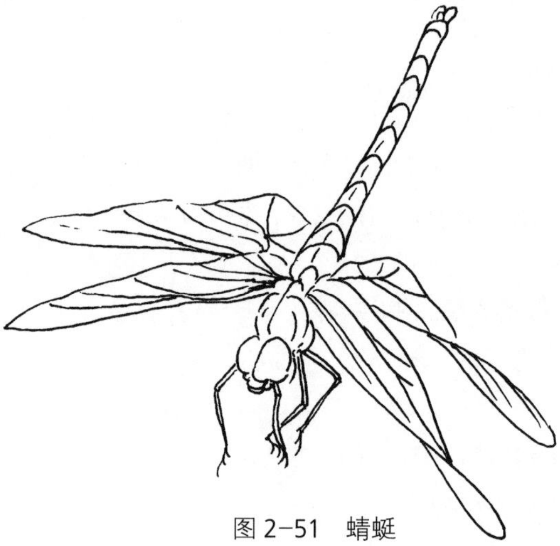
图 2-51 蜻蜓

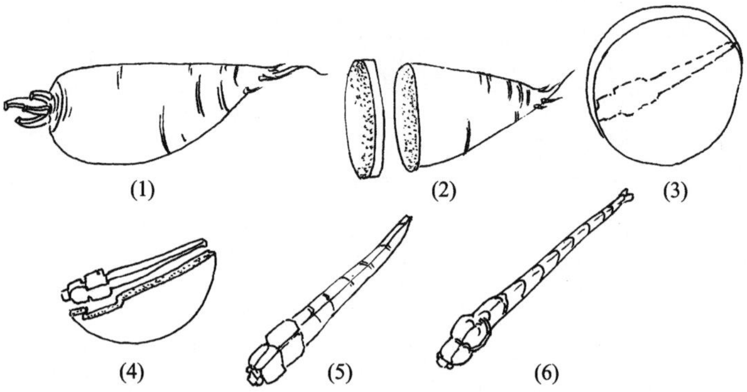

图 2-52 蜻蜓雕刻图

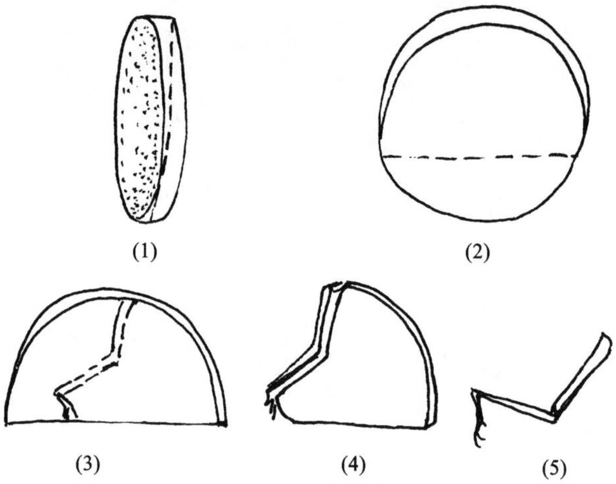

图 2-53 腿雕刻图

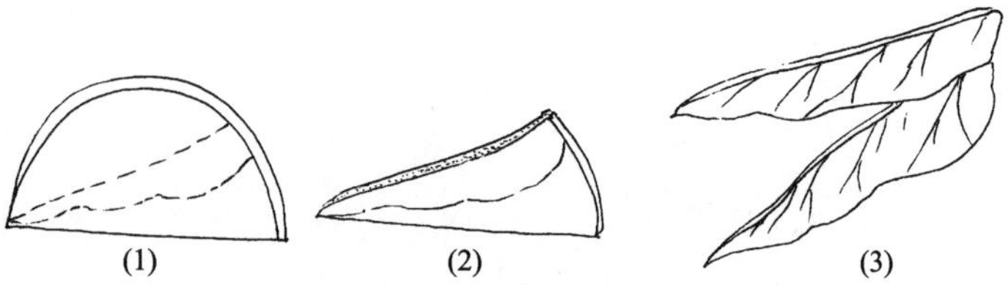

图 2-54 翅膀雕刻图

八、蛙

1. 生态特征

青蛙是两栖动物，头呈三角形，眼大而突出，有眼睑，眼后有鼓，口阔大，背上有斑线，前足有四趾，后足有五趾，主食昆虫。蛙类大约有4800种，绝大部分生活在水中，少部分生活在潮湿环境里（图2-55）。

图 2-55 蛙

2. 雕刻图解（图2-56）

（1）取原料一根。

（2）在原料的根部呈斜角切平。

（3）用平口刀切出青蛙整体身形。

（4）下出厚斧刃形料的头部，在将身形划分出块面。

（5）将腿形块面分出。

（6）刻画出青蛙的眼睛、爪。

（7）细致刻画，完成作品。

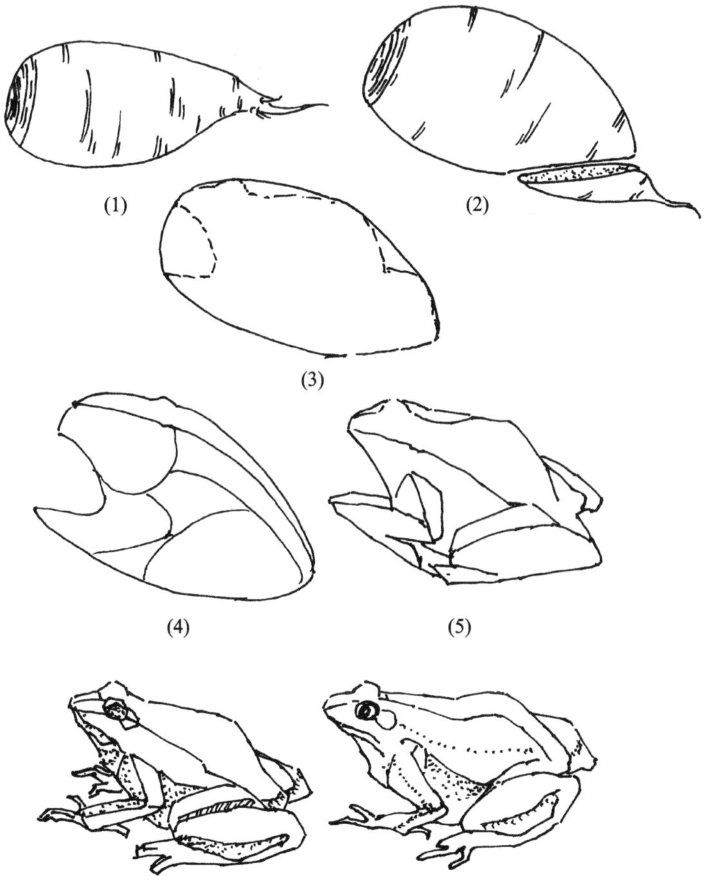

图 2-56 蛙雕刻图

九、蝉

1. 生态特征

蝉又名知了，属同翅目、蝉科，分布全国，有吻类，吻有针状，体长、颈稍平、眼突出、有小触角、翅大透明，六足，前肢退节扁大，腹部肥大，能飞，吸食植物的汁液，寿命60～70天，体长在2～5厘米，善于鸣叫（图2–57）。

图 2–57 蝉

2. 雕刻图解（图2–58）

（1）取原料一根。

（2）将原料划出厚1.5厘米、长3厘米的段。

（3）切好原料。

（4）在原料的正面划出蝉的身形外轮廓。

（5）去掉上面的废料。

（6）将蝉的身形划分出头、背、腹几个块面。

（7）细致刻画出蝉的眼睛、背及翅膀。

3. 前腿雕刻图解（图2–59）

（1）取薄斧刃形原料，在上面划出腿形。

（2）去掉左边废料。

（3）去掉棱角线、修圆完成。

4. 后腿雕刻图解（图2–60）

（1）取薄斧刃形料一块划出后腿外形。

（2）去掉上面废料。

（3）取出后腿，去掉棱角线完成。

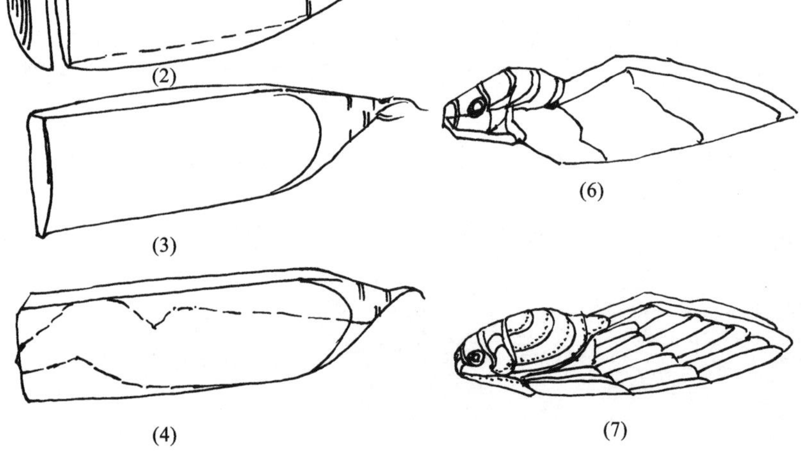

图 2–58 蝉雕刻图

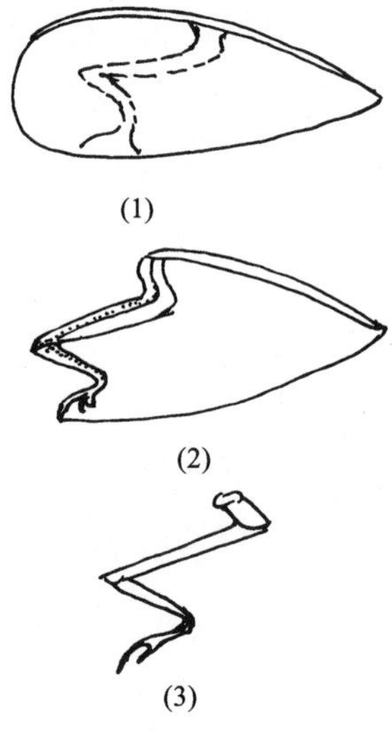

图 2–59 前腿雕刻图

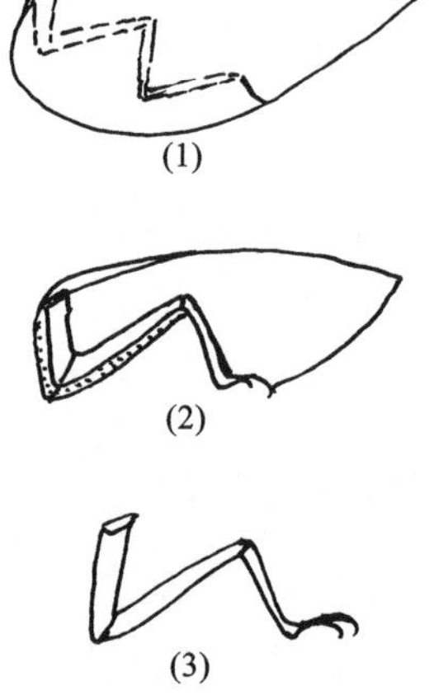

图 2–60 后腿雕刻图

第三节　禽鸟雕刻解析

图 2-61　鸟

禽鸟概述：鸟类是个大家族，分布全球，生态多样，种类有9000多种。

鸟类是温血卵生的脊椎动物，身体呈流线型，用肺呼吸，几乎全身有羽毛，后肢能行走，前肢变为翅，大多数能飞（图2-61）。

一、禽鸟的分类

禽鸟属于脊椎动物，身披羽毛，依据禽鸟各自的生态特征、生活习性和环境，大致可分为走禽、游禽、涉禽、鹑鸡、鸠鸽、猛禽、鸣禽、攀禽八种。

（1）走禽：鸟类中体型较大的一种，因其翼退化已不能飞翔，颈较长、腿足粗壮、奔驰迅速，如鸵鸟、食火鸡等。

（2）游禽：嘴扁平、脚短、趾间有蹼、颈较长，主食鱼类、水草等，如鹅、鸭、雁等。

（3）涉禽：常行走于浅滩、水塘边捕食鱼类，嘴、颈、足都较长，如鹤、鹭、鹬等。

（4）鹑鸡：羽翼小、不善飞翔、嘴短小坚硬、后趾有力，有的雄禽头部有肉冠、肉瓣、肉垂，有的脚上有距，如鸡、孔雀等。

（5）鸠鸽：嘴短小、羽翼长、善飞，食禾、栗、果、谷类，如鸽、鸠、沙鸡等。

（6）猛禽：翅翼、强劲，嘴弯钩，爪锐利，性猛，以捕小动物为食。如鹰、雕等。

（7）鸣禽：体型轻小、翼长善飞、善鸣叫，如绣眼、白头、黄莺等。

（8）攀禽：足趾两前两后，善攀缘，嘴强健，取食时嘴足并用，如啄木鸟、杜鹃、葵花鸟等。

二、禽鸟的结构特征

1. 禽鸟的各部位名称（图2-62）

2. 禽鸟的骨骼构造（图2-63）

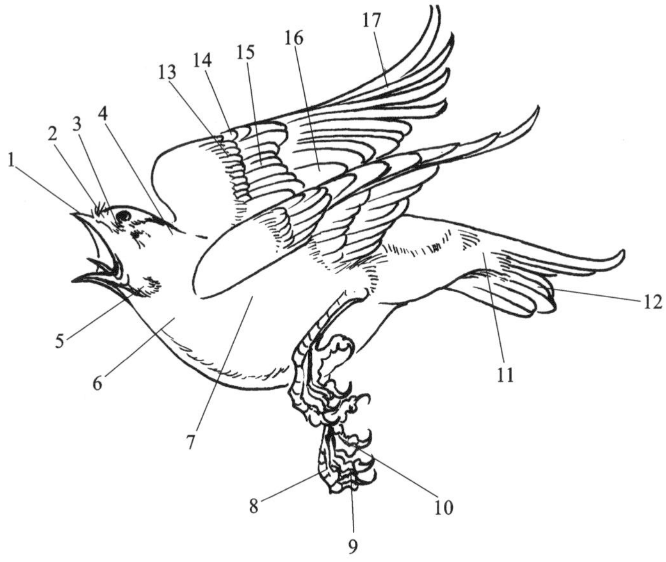

图 2-62　禽鸟的形体结构

1—嘴峰　2—前额　3—头顶　4—颈项　5—颏　6—胸
7—肋　8—内趾　9—中趾　10—外趾　11—尾上复羽
12—尾羽　13—小复羽　14—大复羽　15—三级飞羽
16—初级飞羽　17—次级飞羽

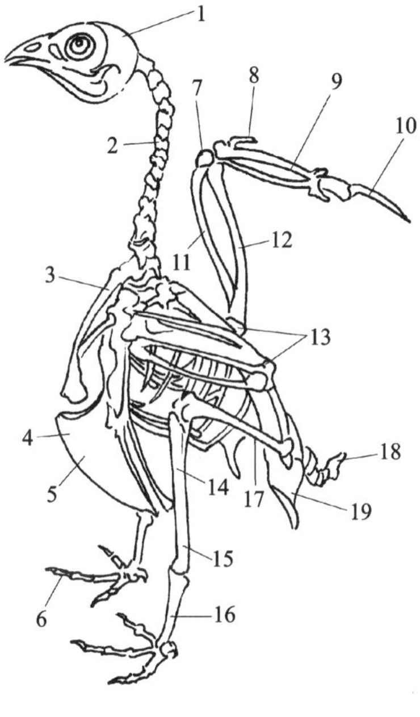

图 2-63　禽鸟的骨骼构造

1—头骨　2—颈椎　3—锁骨　4—龙骨突
5—胸骨　6—指骨　7—腕骨　8—第一指骨
9—掌骨　10—第二指骨　11—桡骨　12—尺骨
13—肱骨　14—排骨　15—胫骨　16—跗骨
17—股骨　18—尾骨　19—综荐骨

3. 禽鸟头部结构展示

禽鸟头部可分为上面、下面、颜面三部分（图2-64）。

4. 禽鸟躯干结构展示

禽鸟躯干部分为背腰部、胸部及肩部（图2-65）。

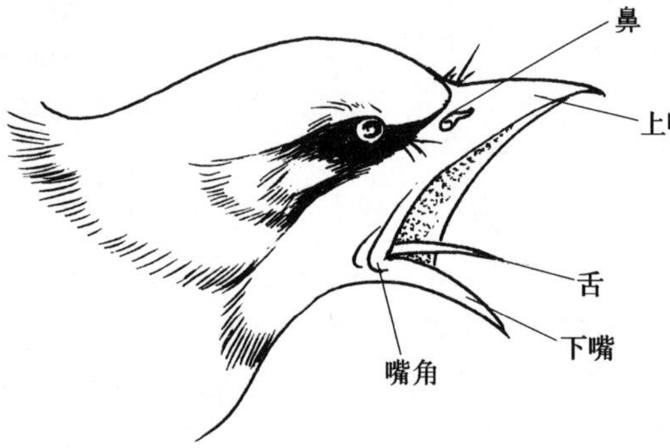

图 2-64 禽鸟头部结构

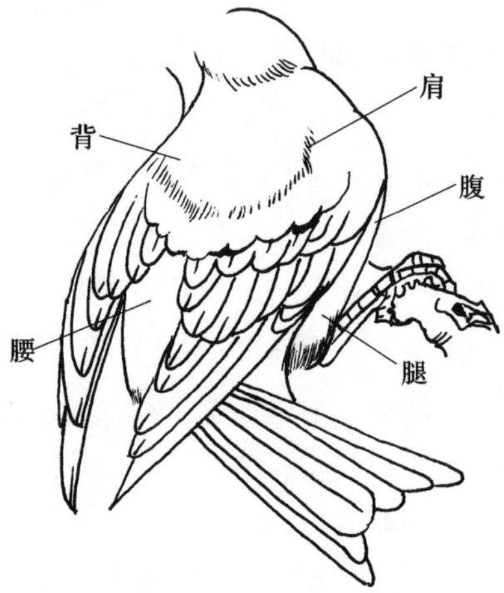

图 2-65 禽鸟躯干结构

5. 禽鸟尾羽结构展示

禽鸟尾羽如船的舵，由尾上复羽和尾下复羽组成，尾形因类而不同，如鹭、鸥等为平尾，伯劳为凸尾，燕子为燕尾，啄木鸟为楔尾，鸠莺类为圆尾，绣眼为凹尾等（图2-66）。

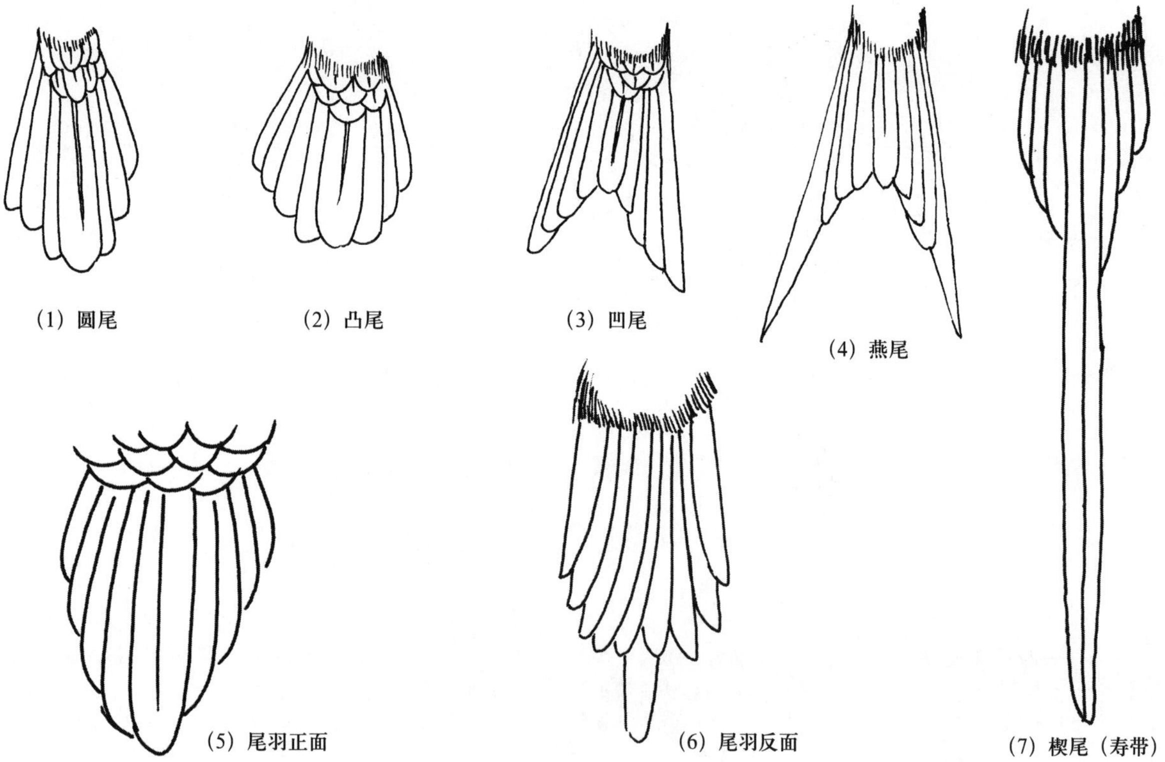

图 2-66 禽鸟尾羽结构

6. 禽鸟羽毛的表现

禽鸟的羽尾（图2–67）大体分为两类。一类是较大的、比较硬挺的羽毛，中间有明显的羽轴，与两侧的羽枝有明显区别；另一类是比较柔细的羽毛，羽毛与羽枝的区别不明显，被称为“毛”。

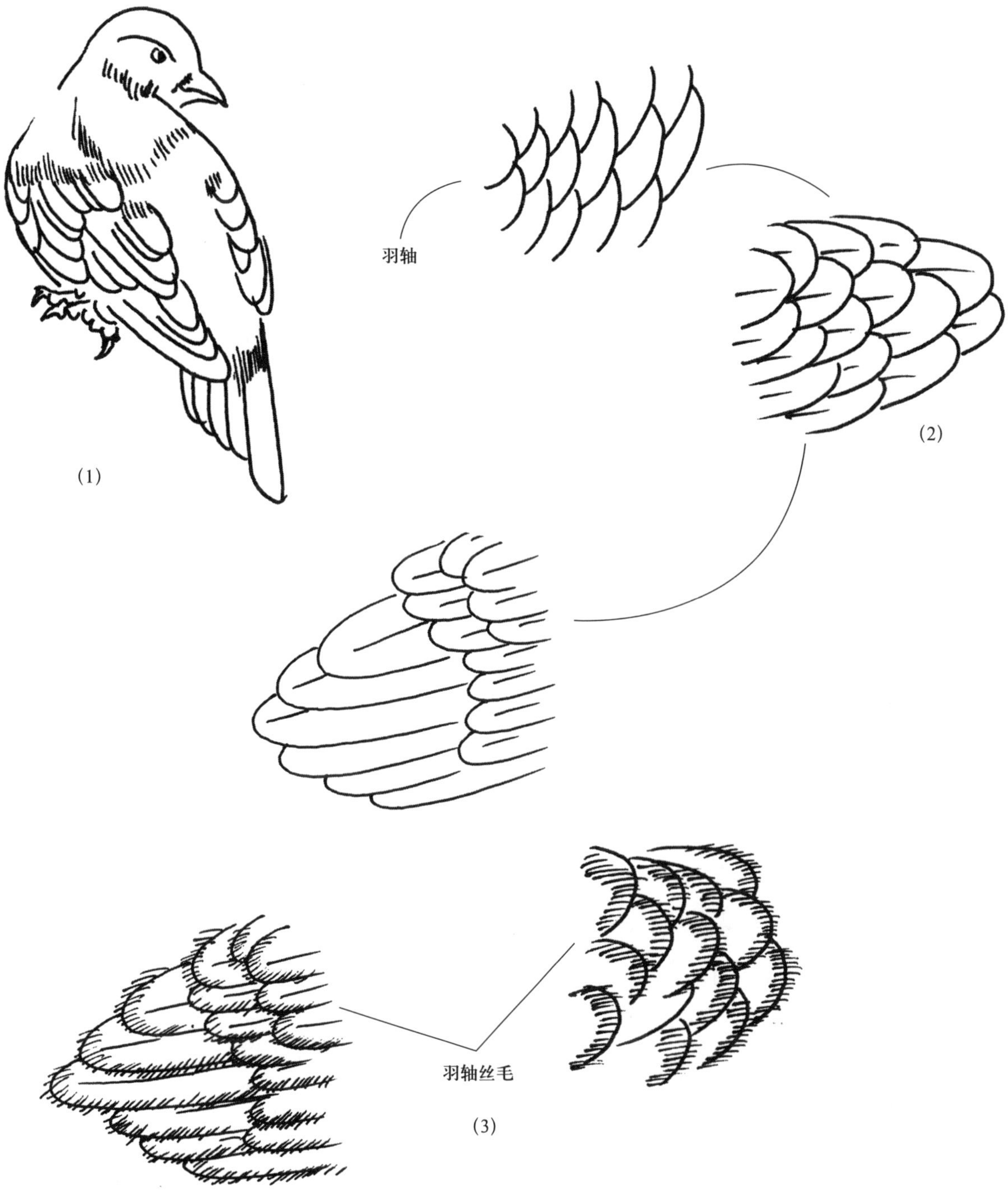

图 2–67　禽鸟羽毛

7. 禽鸟羽翼结构展示

禽鸟双翼飞翔能力的强弱与其各自的形状（图2-68）有关，其翅翼有长、圆、宽、细等区别，而各类翼羽的排列也颇为复杂，大致可分为飞羽、复羽、小翼羽三种，飞羽为翼的主要部分（图2-69）。

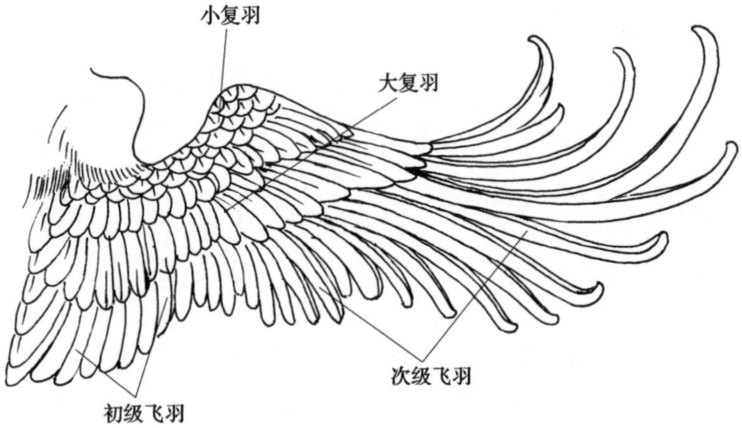

图 2-68 禽鸟羽翼结构图

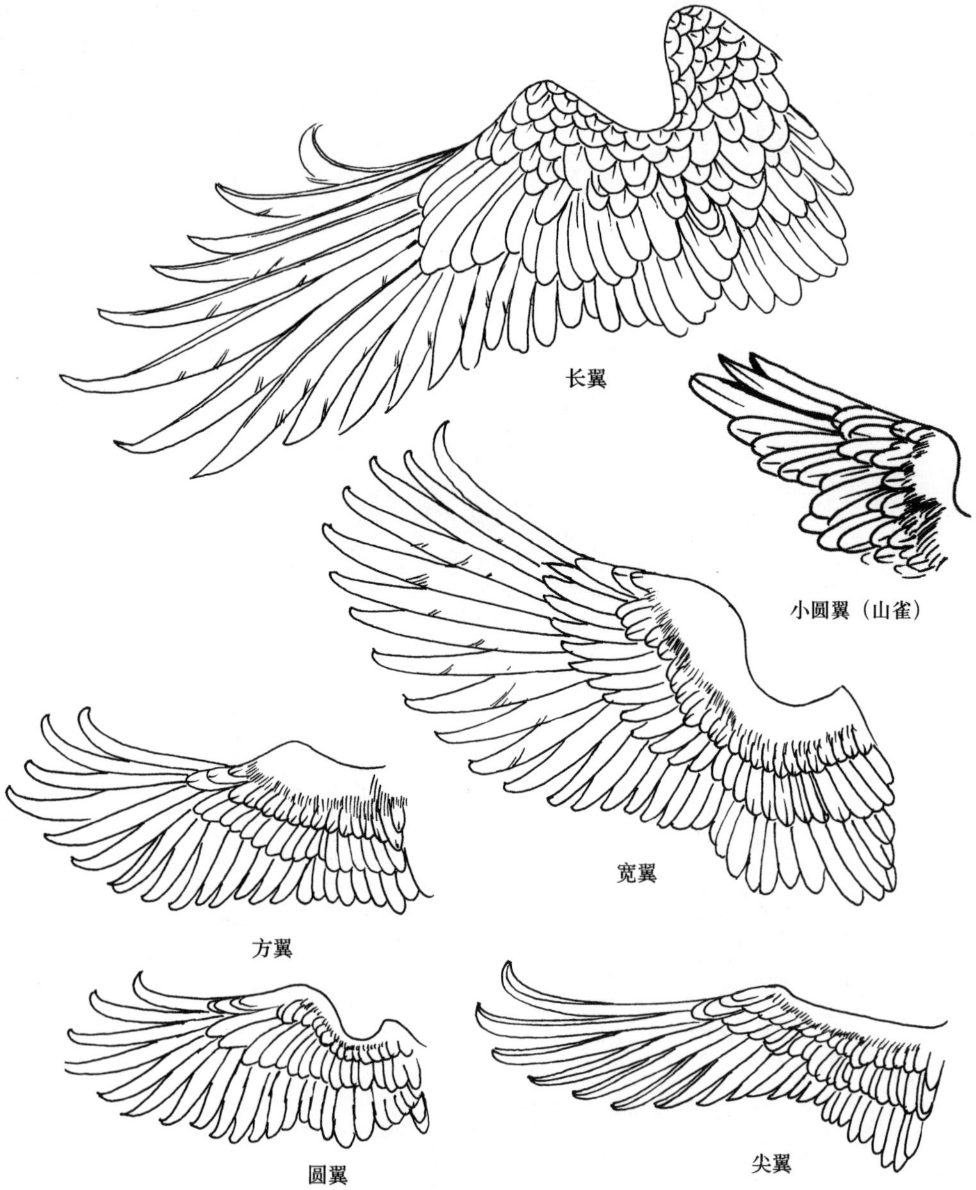

图 2-69 禽鸟羽翼形状

8. 常见的禽鸟足的结构展示

禽鸟足分腿、跗蹠、趾三部分，涉禽足大都修长，游禽类较短，鸟爪趾通常为中央的称探爪，外侧趾称撩爪（图2–70）。

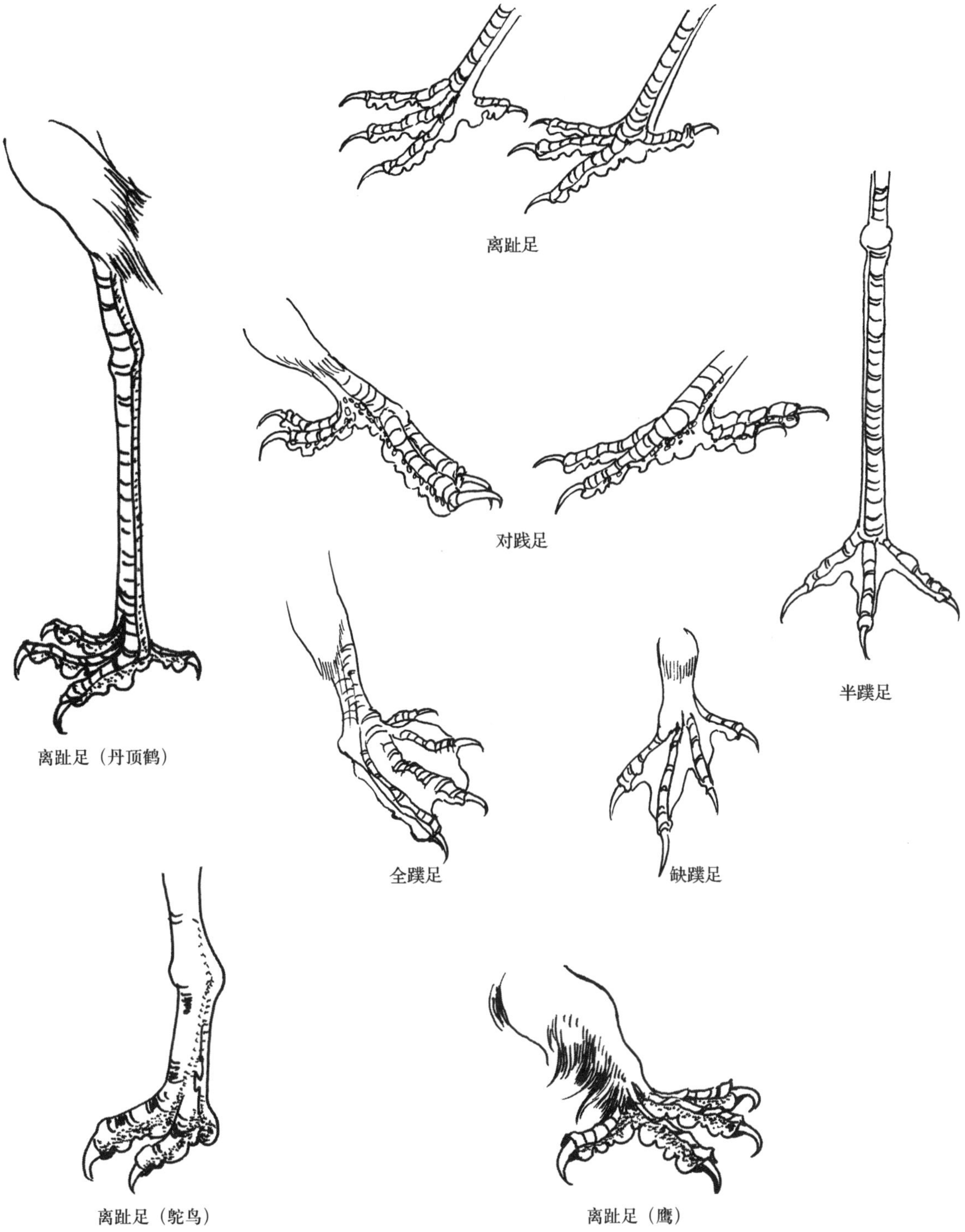

图 2–70　禽鸟足的结构

9. 常见的禽鸟头部展示

禽鸟头部颅骨很大，头两侧有很大的眼眶，在头顶裸处生有肉冠，眼周围的叫肉瓣，垂在颌下的叫肉垂，如鸡、凤凰等，有的头顶有冠，如太平鸟、葵花鸟等（图2–71）。

图 2–71 禽鸟头部展示

10. 禽鸟的起落变化（图2–72）

（1）预备起飞

（2）起飞

（3）降落

图 2–72 禽鸟的起落变化

11. 几种常见的禽鸟造型展示（图2-73～图2-79）

图 2-73　燕子

图 2-74　鹦鹉

图 2-75　白鹭

图 2-76　小鸡

图 2-78　蝙蝠

图 2-77　锦鸡

图 2-79　企鹅

三、禽鸟头部雕刻图解

1. 麻雀头（图2-80）雕刻图解（图2-81）

（1）选原料一根，去掉头和根部。

（2）取中间主料，呈弧度用刀去掉下边角。

（3）再用平口刀将其削成斧刃状。

（4）在斧刃料的最上端下刀，先确定上嘴及额头。

（5）沿头顶成曲线去掉废料，再雕出张开的嘴。

（6）雕出舌头及下嘴、脖颈分出块面。

（7）用平口刀去掉四个棱角线，用小号U形刀戳出鸟眼，调整完成。

图 2-80　麻雀头

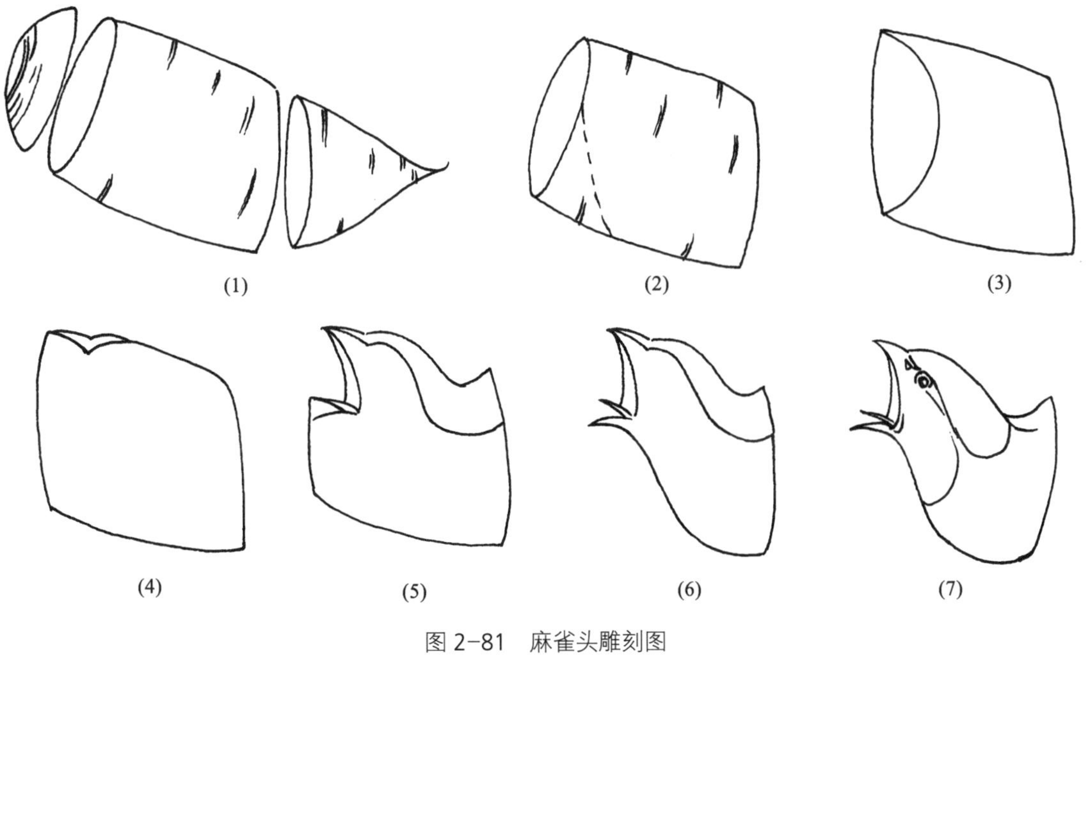

图 2-81　麻雀头雕刻图

2. 凤凰头（图2–82）雕刻图解（图2–83）

（1）取原料一块，削出薄斧刃形料。

（2）在薄斧刃形料最上端雕出凤嘴。

（3）依次将凤的脖颈雕出。

（4）雕出张开的嘴，再往下雕前胸，并分出羽毛的块面，用小U形刀戳出凤眼。

（5）分出块面关系。

（6）去掉棱角线，细致刻画出脖颈羽毛。

（7）分别取两块小料，分别雕出凤的头冠。

图 2–82　凤凰头

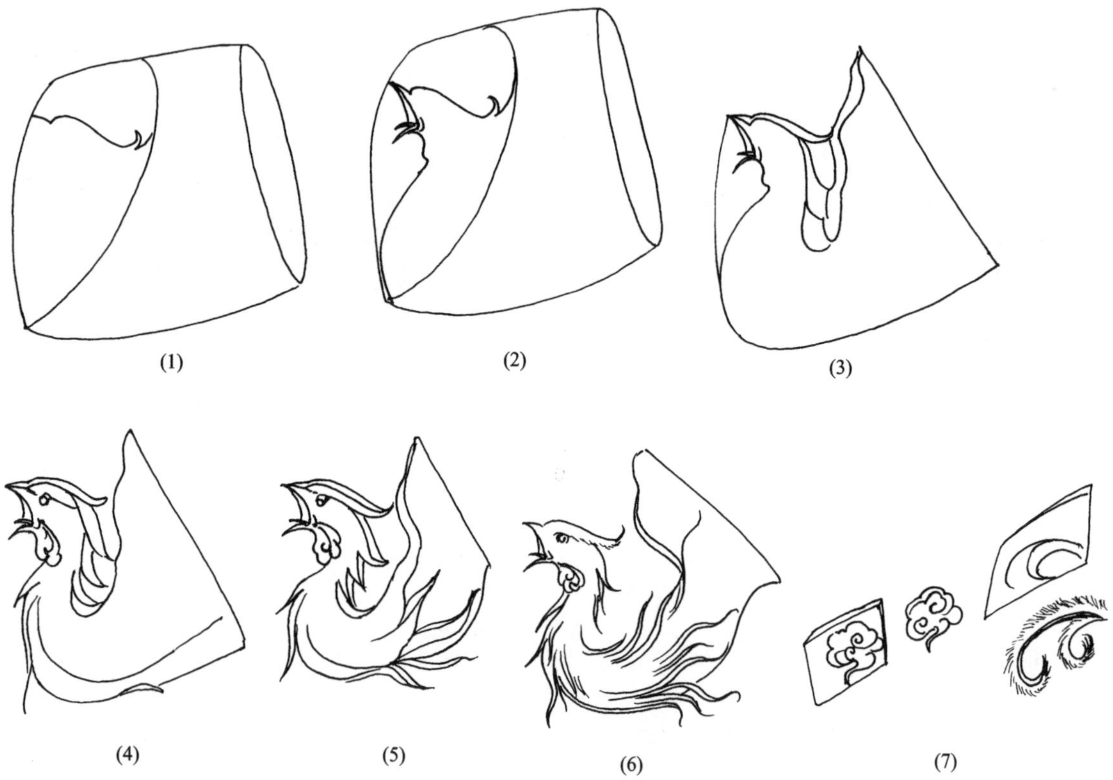

图 2–83　凤凰头雕刻图

3. 鹰头（图2-84）雕刻图解（图2-85）

（1）取原料一根，去掉头部。

（2）去掉根部。

（3）用刀将原料的前部削成斧刃状。

（4）沿斧刃料的最上端雕出上嘴及头顶。

（5）再将张开的嘴雕出，用小号U形刀戳出鹰眼。

（6）去掉多余的棱角线，细致刻画出脖颈、羽毛即完成。

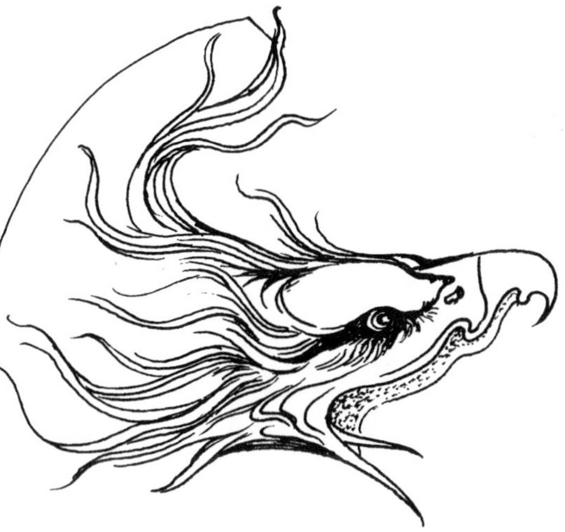

图 2-84　鹰头

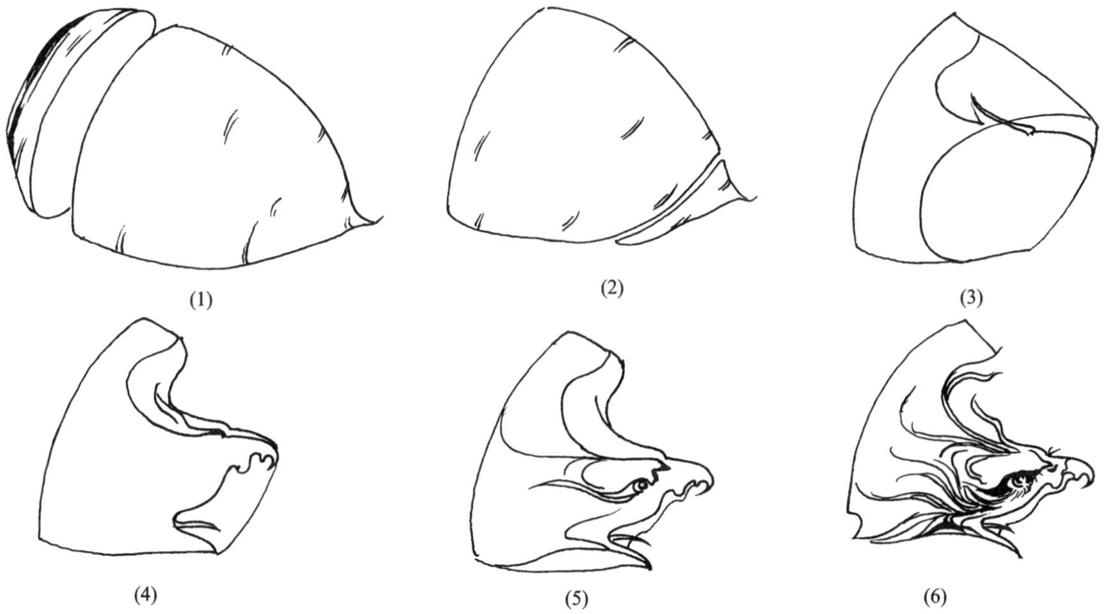

图 2-85　鹰头雕刻图

4. 孔雀头（直头）（图2-86）雕刻图解（图2-87）

（1）取原料一根。

（2）去头去根。

（3）用刀竖切将其分成三份，中间主料要厚。

（4）用刀将主料的最上端的一角去掉。

（5）在去掉的地方削成斧刃形。

（6）用平口刀雕出孔雀的前半部身形。

（7）再去掉后半部身形的废料，并分出四个块面。

（8）去掉四个棱角线，细致划出孔雀脖子上的鱼鳞片羽毛。

（9）取一小薄料，成直线角对角分开，再去掉一个斜角，变成等腰三角形，再用平口刀细致分出头冠上的细羽毛和小圆孔。

图 2-86 孔雀头（直头）

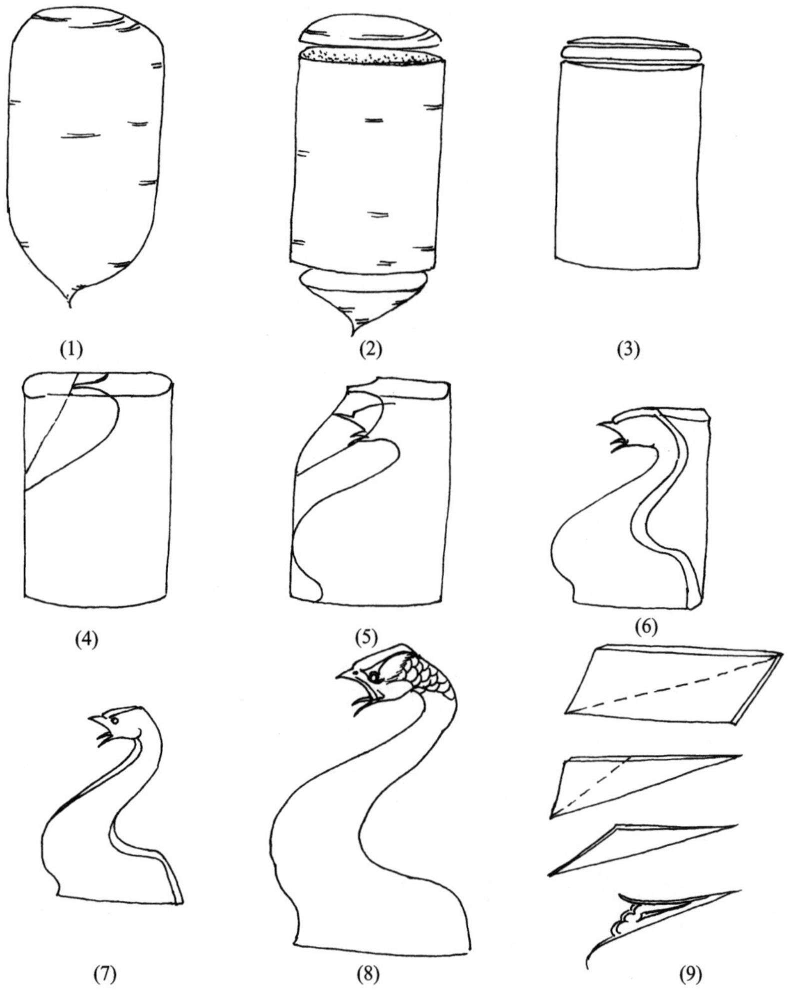

图 2-87 孔雀头（直头）雕刻图

5. 孔雀头（回头）（图2-88）雕刻图解（图2-89）

（1）取一根原料。

（2）去头去根。

（3）将原料竖切成三份，中间主料要厚。

（4）用直刀去掉主料最上端一角。

（5）将去掉一角的地方削成斧刃形。

（6）在斧刃形料的上端往下依次雕出头、嘴、脖颈、背部。

（7）分出四个块面。

（8）将块面的棱角线去掉，细致划出鱼鳞片羽毛。

（9）取一薄料，角对角分开，切成等腰三角形，细致划出头冠羽毛。

图 2-88　孔雀头（回头）

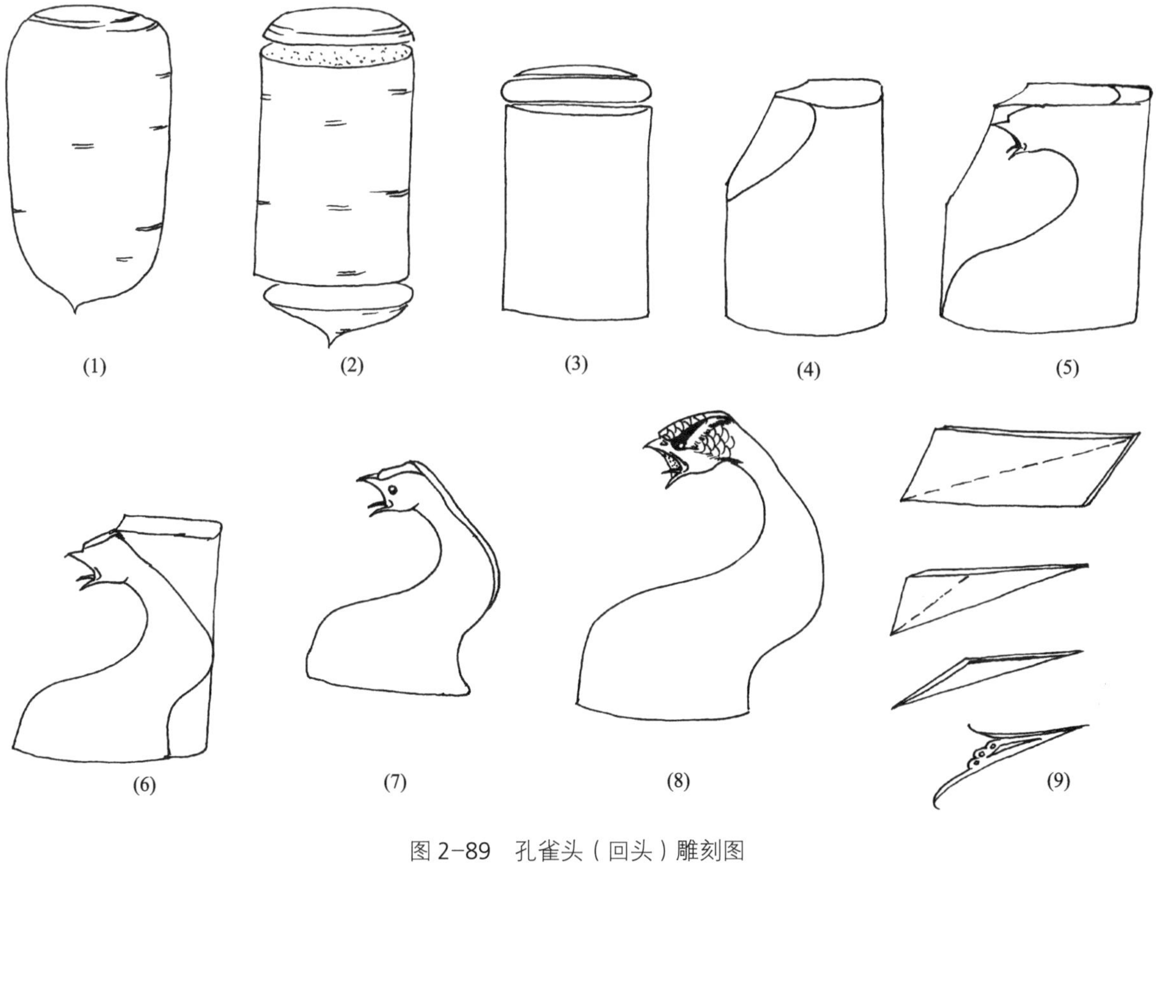

图 2-89　孔雀头（回头）雕刻图

四、禽鸟翅膀和爪的雕刻图解

1. 禽鸟翅膀雕刻图解（图2-90）

（1）取一长原料，去掉头部。

（2）切出一块厚皮原料，并用平口刀削出禽鸟的膀形。

（3）再用小号U形刀的大头戳出飞羽。

（4）有变化的依次戳出飞羽。

（5）再戳出里侧复羽。

（6）依次将飞羽雕出，去掉周边多余废料。

（7）划出膀头上的鱼鳞片羽毛即完成。

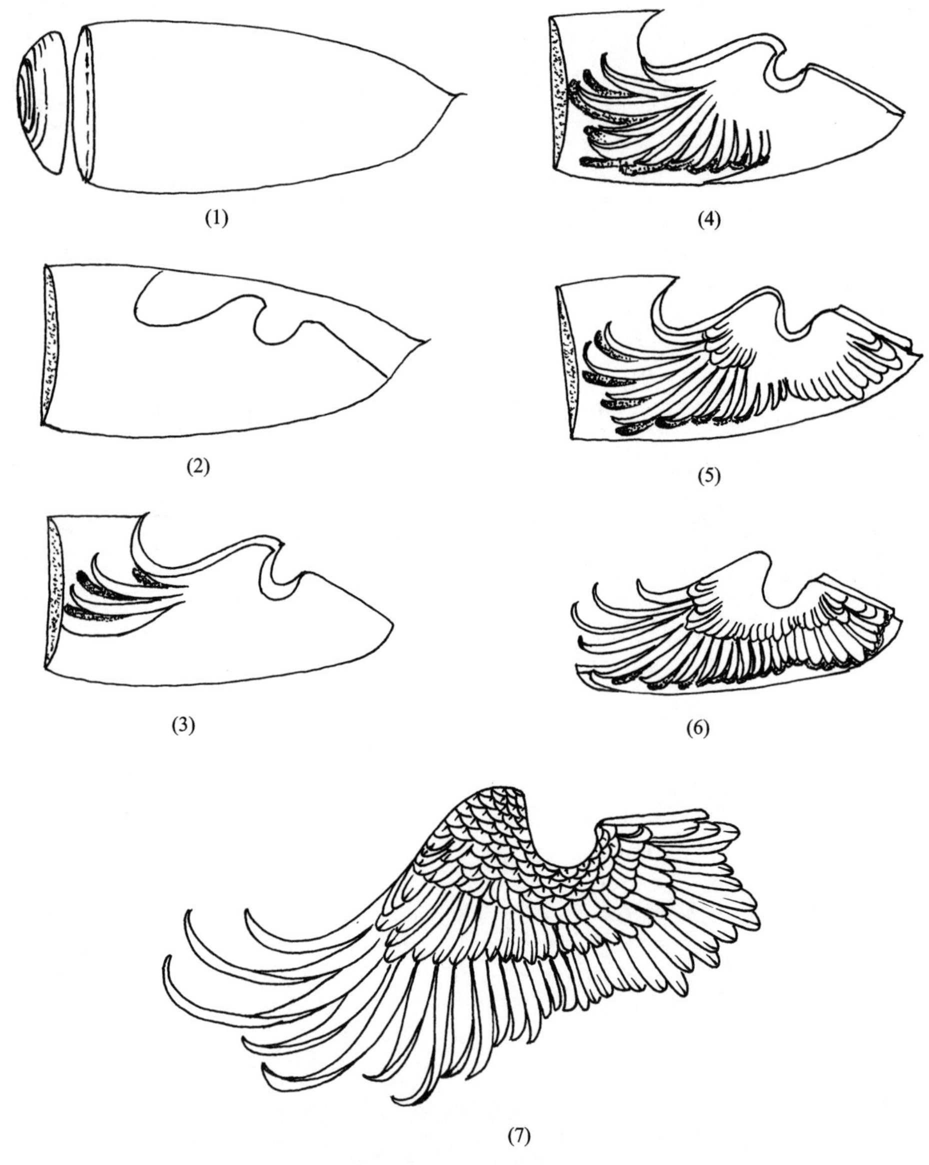

图 2-90 禽鸟翅膀雕刻图

2. 禽鸟爪雕刻图解（图2-91）

（1）取一根原料去头去根。

（2）呈斧刃状将原料分成三等份。

（3）取中间料从最上端下刀。

（4）雕出鸟的前大腿及小腿爪。

（5）雕出腿的块面关系。

（6）将腿爪分成四个面。

（7）取一小块料，分别雕出两个爪。

（8）将雕好的两个爪分别粘在鸟腿的两侧即完成。

（9）成品展示。

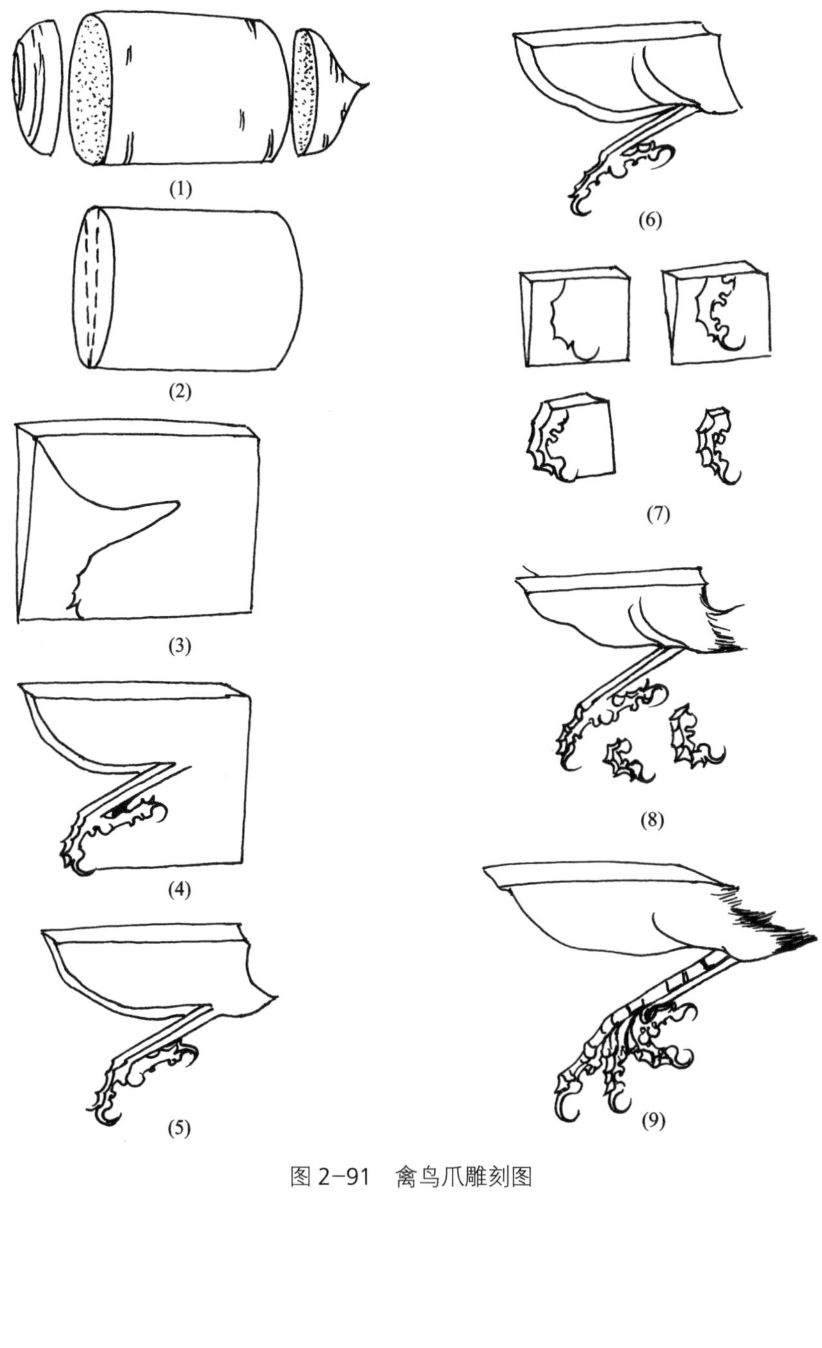

图 2-91　禽鸟爪雕刻图

五、禽鸟造型雕刻图解

1. 麻雀

（1）生态特征　这种小鸟分布世界各地，全长约15厘米，麻雀已经适应了在有人类活动的地区居住生活，喜欢大群聚堆。

图 2-92　麻雀（仰头）

（2）麻雀（仰头）（图2-92）雕刻图解（图2-93）

① 选一根原料。

② 将原料头部削成斧刃形。

③ 在斧刃料的上端雕出鸟嘴及头部。

④ 再雕出鸟嘴和腹部。

⑤ 用平口刀分出翅膀与鸟腿。

⑥ 刻画出眼睛、翅膀羽毛结构。

⑦ 细致刻画完成。

图 2-93　麻雀（仰头）雕刻图

（3）麻雀（展翅）（图2–94）雕刻图解（图2–95）

① 选原料一根。

② 在原料前1/3处削成斧刃形。

③ 用平口刀雕出鸟嘴上部、头、脖颈。

④ 再用平口刀雕出鸟嘴及下颌、腹部。

⑤ 将麻雀整体身形分为四个面块，再分出翅膀及鸟腿。

⑥ 去掉棱角线，修饰光滑。

⑦ 再用平口刀雕出翅膀外形，去掉废料，分出羽尖。

⑧ 细致刻画出翅膀上的飞羽结构。

图 2–94 麻雀（展翅）

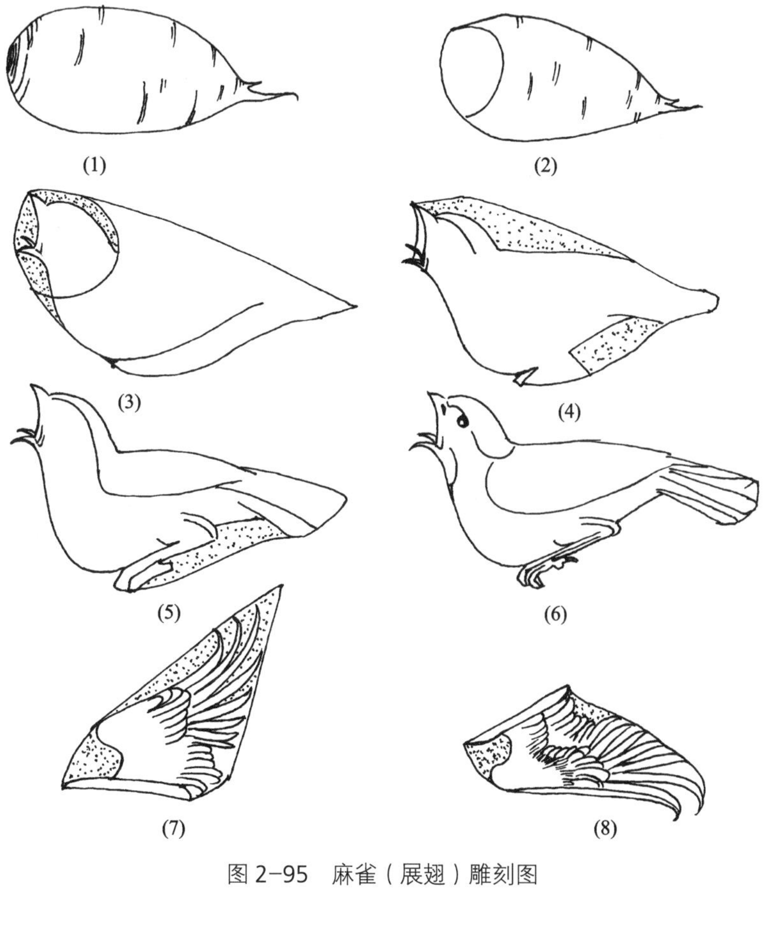

图 2–95 麻雀（展翅）雕刻图

（4）麻雀（回头）（图2–96）雕刻图解（图2–97）

① 选一略短原料一根。

② 将所选原料粘在一个原料上。

③ 先用平口刀将原料头部外侧削成斜斧刃形，先雕出麻雀的嘴及身形轮廓。

④ 将整身体形分出四个面块，再确定翅膀尾部的形。

⑤ 去掉棱角线，将鸟爪腿雕出。

⑥ 取一小块薄料，雕出树杈。

⑦ 取出树杈。

⑧ 再用刀雕出树干的根部及鸟身、羽毛结构。

⑨ 细致刻画调整即完成。

图 2–96　麻雀（回头）

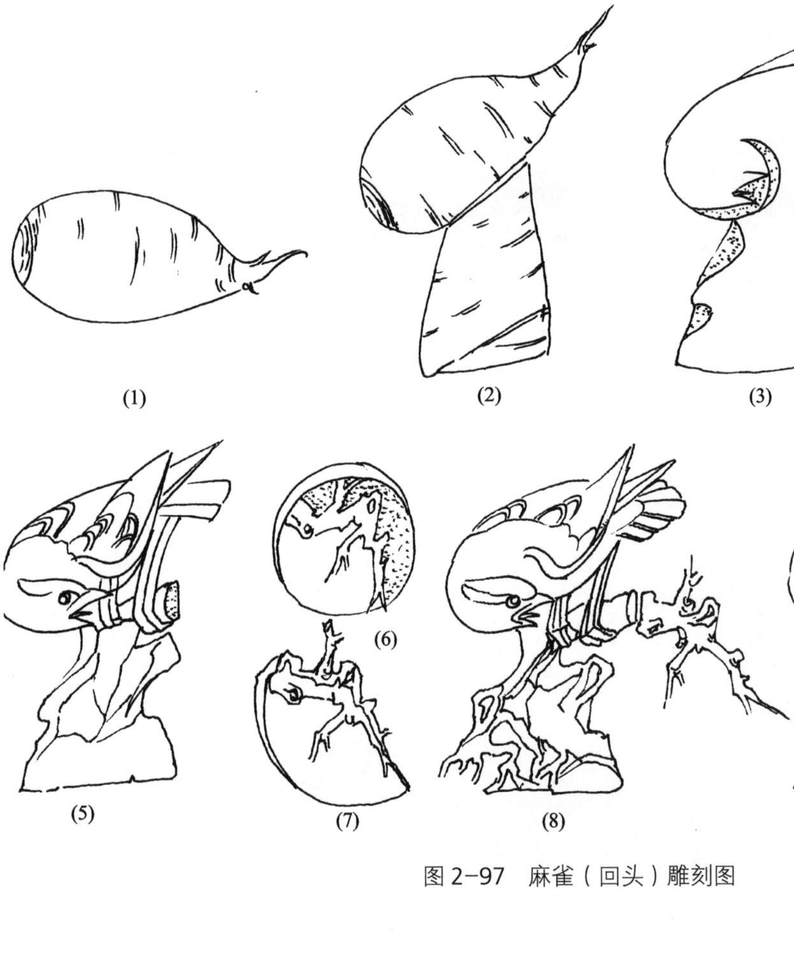

图 2–97　麻雀（回头）雕刻图

2. 鸳鸯

（1）生态特征　鸳鸯是指亚洲的一种亮斑冠鸭，又名官鸭，小型游禽，我国早在2000多年前就有饲养。鸳指雄鸟、鸯指雌鸟，故名鸳鸯，属合成词，代表恩爱夫妻。

鸳鸯属雁形目，鸭科。全长40厘米左右，体重约630克。雄鸳鸯艳丽，颈部由绿色、白色和栗色所构成的羽冠，胸腹部纯白色，脚和趾红黄色，为我国著名的观赏鸟（图2–98）。

图 2–98　鸳鸯

（2）鸳鸯（雄性）雕刻图解（图2–99）

① 选一原料。

② 去掉头与根。

③ 取中间主料长5～6厘米。

④ 用刀切出梯形大料。

⑤ 将梯形料前端削成斜度，先雕嘴部、头部等。

⑥ 用刀雕出相思羽，划出身形。

⑦ 用刀雕出整体身形。

⑧ 刻画眼睛、脖、颈、羽毛，去掉棱角线。

⑨ 细致刻画出羽毛结构。

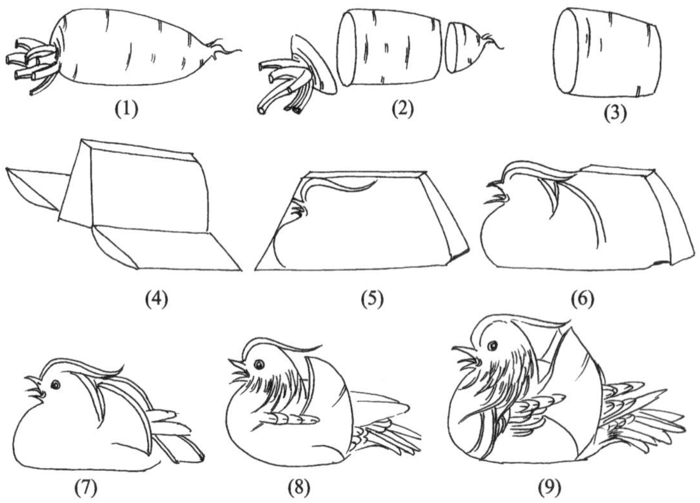

图 2–99　鸳鸯（雄性）雕刻图

（3）鸳鸯（雌性）雕刻图解（图2–100）

① 选长12厘米的原料一根。

② 去头、去根。

③ 剩下中间主料。

④ 呈梯形切去两边废料。

⑤ 在梯形的主料上端1/3处下刀，先雕出鸳鸯的上嘴及头颈。

⑥ 沿下嘴雕出鸳鸯的腹部。

⑦ 将整体鸳鸯划分为四个块面。

⑧ 细致刻画出鸳鸯的羽毛及翅膀上的羽毛结构，即完成。

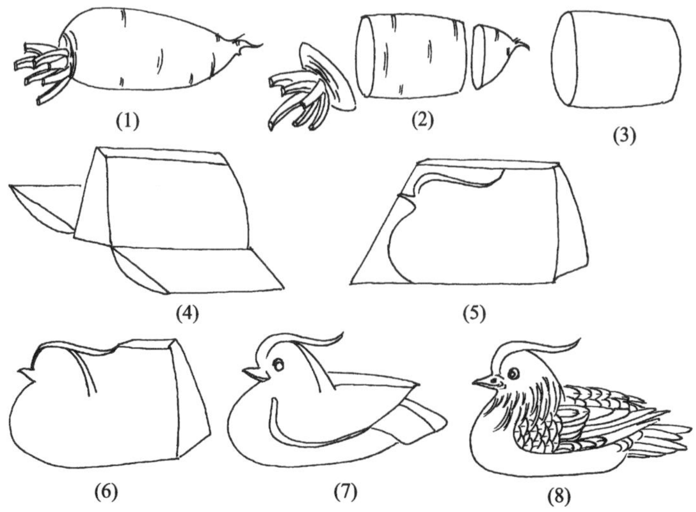

图 2–100　鸳鸯（雌性）雕刻图

3. 锦鸡

（1）生态特征　锦鸡属雉科，雄鸡身长140厘米，雌鸡身长60厘米。在海拔2000～4000米的山地生活，不善飞翔，生性好斗，栖于山坡草丛、灌木间，羽色华贵，尾较长，美观大方，富有装饰性。雌鸡如鹌鹑色，雄鸡颈、腰、冠为橙黄色，背上部绿色、下部褐色，股腿外侧尾羽为暗红色，颈羽加黑斑，长尾羽有黑斑纹，善奔跑，头有小冠羽（图2-101）。

（2）锦鸡雕刻图解（图2-102）。

① 选一略带弯度原料一根，削出斧刃形。

② 在斧刃料上雕出锦鸡的嘴与头。

③ 再将锦鸡的尾部雕出。

④ 取一块小料雕出腿与爪外形。

⑤ 雕好的腿与爪。

⑥ 细致刻画出锦鸡的头部、尾部。

⑦ 取两块薄料削出翅膀大形，细致雕出羽毛。

图 2-101　锦鸡

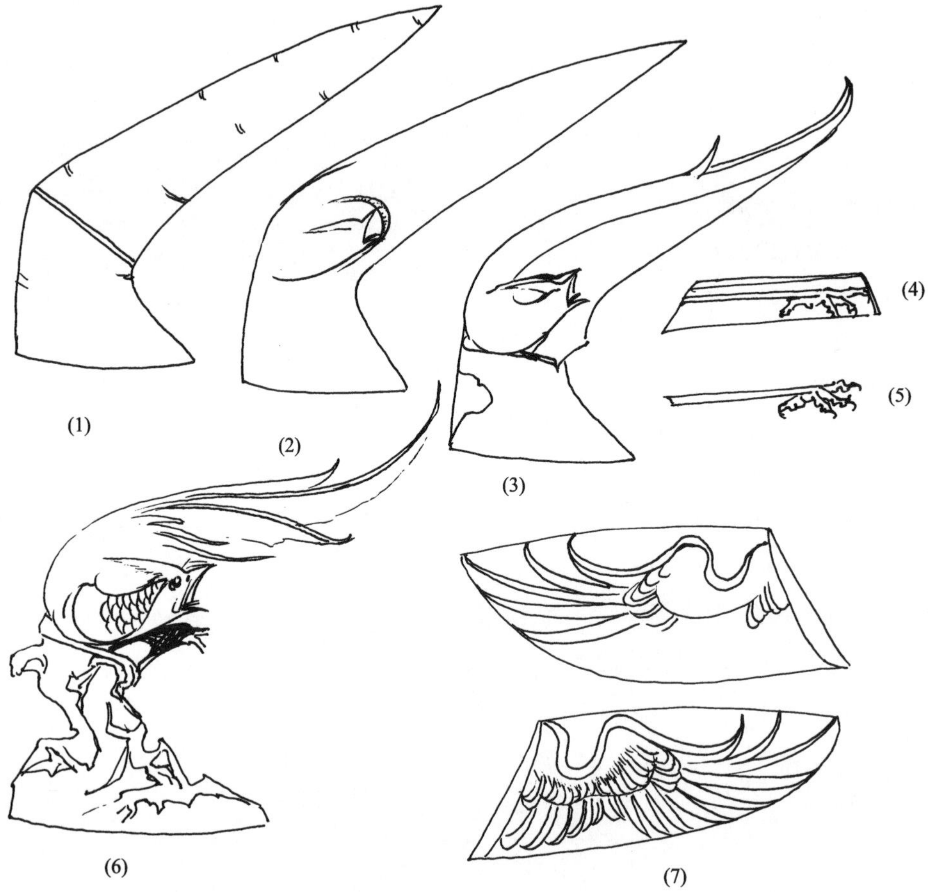

图 2-102　锦鸡雕刻图

4. 丹顶鹤

（1）生态特征　丹顶鹤也叫仙鹤、白鹤，属鹤科，在《本草纲目》中称为胎禽，因头顶有红肉冠而得名，具有吉祥、忠贞、长寿的寓意。

丹顶鹤主要分布我国的黑龙江、内蒙古以及朝鲜、俄罗斯西伯利亚地区，喜在芦苇、沼泽、浅滩生活，以水中鱼虾、水草、植物种子为食，丹顶鹤为候鸟，随时令变化而迁徙，成年丹顶鹤体重8千克，体长125厘米，翼长65厘米，嘴腿修长，羽毛以黑白色为主，丹顶鹤属长寿鸟、寿命可达60年（图2-103）。

图 2-103　丹顶鹤

（2）丹顶鹤雕刻图解（图2-104）

① 取长25厘米的原料一根。

② 在去皮后的原料表皮上用U形刀戳出一对鹤翅膀。

③ 把原料最前端削成斧刃形，再雕出鹤嘴及背部。

④ 雕出鹤的前半部身形。

⑤ 将鹤分成四个块面。

⑥ 用刀去掉四个块面上的棱角线，再将背部雕出鱼鳞片羽毛，最后整理出腿部，即完成。

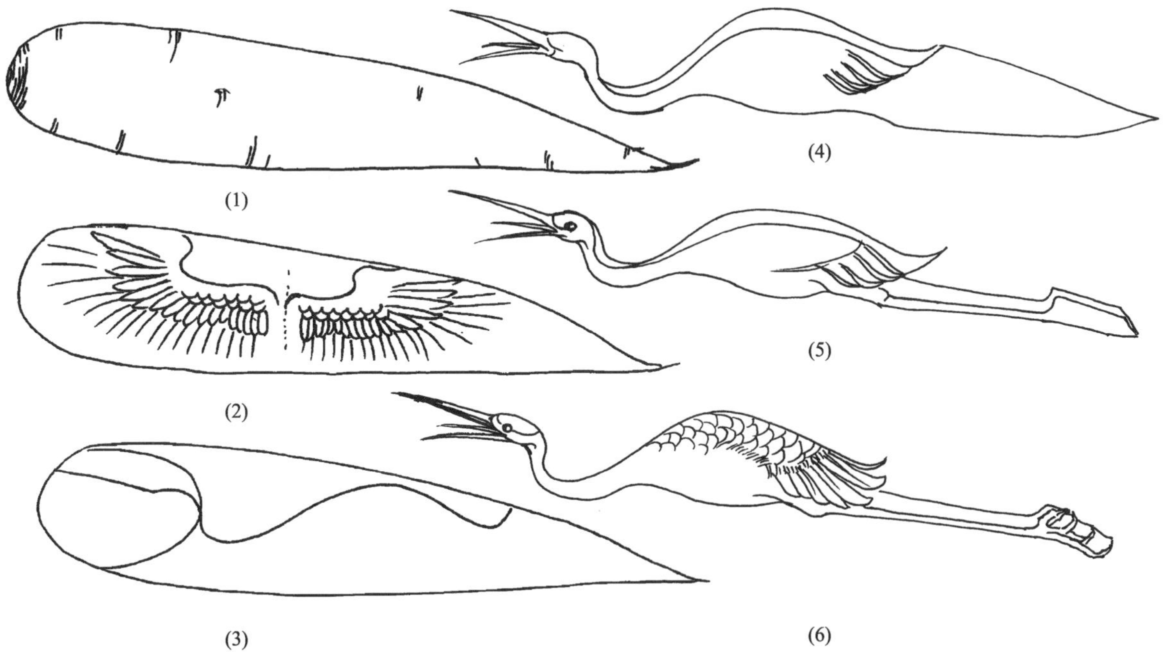

图 2-104　丹顶鹤雕刻图

5. 天鹅

（1）生态特征　天鹅属鸭科，体型高大，约有155厘米，白天鹅嘴黑、嘴基有大片黄色，黄色延至上喙，侧缘成尖。分布在世界各地，过着群居生活，是一种非常漂亮的鸟，天鹅寿命在20～50年，冬季因食物短缺而有一层薄薄的黑羽毛，翅膀边缘是红色的，膀尖为白色，不论在陆地还是在水中，经常把一只脚蜷起，用一只脚站立。

天鹅喜欢在湖泊、沼泽地带，主要以水生植物为食。

天鹅保持着一种稀有的“终身伴侣制”，不论取食还是休息时，都要成双成对，古往今来，人们都把天鹅誉为洁白而美丽的化身（图2–105）。

图 2–105　天鹅

（2）天鹅雕刻图解（图2–106）

① 取一根略带弯度的原料、去掉根部。

② 在原料最上端削出斧刃形。

③ 在斧刃料上雕出天鹅的前半部分头、脖子，将天鹅分出四个块面。

④ 将天鹅下边的浪花大形雕出。

⑤ 完成块面后的天鹅展示。

⑥ 去掉天鹅身上的棱角线，细雕出浪花。

⑦ 取一块厚料，划出翅膀大形。

⑧ 用平口刀削出膀尖外轮廓。

⑨ 细致刻画出翅膀上的飞羽。

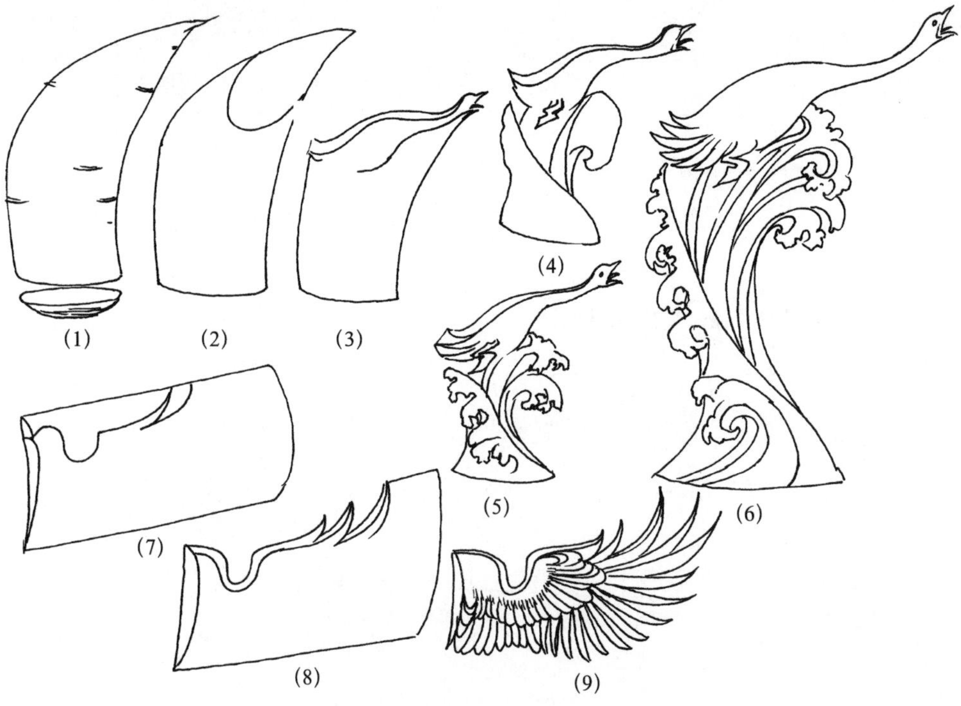

图 2–106　天鹅雕刻图

6. 喜鹊

（1）生态特征　喜鹊属鸦科鹊属，长尾鸟类。成年喜鹊全长45厘米，身体黑白两色，翅膀为蓝绿色。全世界均有分布，欧亚大部可见，非洲北部和北美洲西部也可见。

喜鹊是自古以来为人们所喜爱的鸟类，是好运福气的象征。喜鹊登枝头，代表喜庆婚礼。以喜鹊为题材的有“喜相逢”“欢天喜地”“喜上眉梢”等（图2–107）。

图 2–107　喜鹊

（2）喜鹊雕刻图解（图2–108）

① 选一根略带弯度的长料，在头部4厘米左右处切开。

② 将4厘米的料粘在有弧度的一面。

③ 将头部削成斧刃形，雕出喜鹊的嘴及身形的上半部。

④ 将喜鹊划分成四个面，确定膀形、腿、尾部。

⑤ 去掉喜鹊身上的四个棱角线，细致雕出腿部，用U形刀戳出喜鹊的尾部。

⑥ 取一长料，分成三等份。

⑦ 先削出喜鹊的膀头及膀外轮廓。

⑧ 将膀头的上部分料去掉，划分羽毛结构。

⑨ 细致刻画出所有飞羽结构，去掉多余废料。

⑩ 雕好一对翅膀。

图 2–108　喜鹊雕刻图

7. 鹰

（1）生态特征　鹰属猛禽，性凶猛，是肉食性鸟类，是自然界中数量较稀少的动物，每年一对鹰一般只能繁殖1～4只雏鹰。

鹰的特点是：体羽色彩大多以褐色为主，也有黑褐色、白色、黑灰色，具有锐利的喙和强壮的爪以及宽大的鹏翅，鹰喜欢单独生活，以小型兽类、鸟类、鱼类及动物的腐尸为食。

常见的鹰大体可划分为：苍鹰、大黄鹰、金雕、秃鹫等。

鹰象征着矫健、威武、英雄，有超凡的昂扬之气（图2-109）。

（2）鹰雕刻图解（图2-110）

① 取略粗原料一根。

② 去掉原料的头部，在原料的下端1/3处削成斜斧刃形，用平口刀从上边下刀，雕出上嘴及头顶。

③ 依次雕出张开的嘴及脖子下端腿部大形。

④ 用平口刀将原料最上端中间部分切开成为两扇翅膀。

⑤ 将其中一扇翅膀细致刻画出飞羽，再将下边的鹰爪腿全部雕出。

⑥ 再依次将另一扇翅膀飞羽刻画完成。

图 2-109　鹰

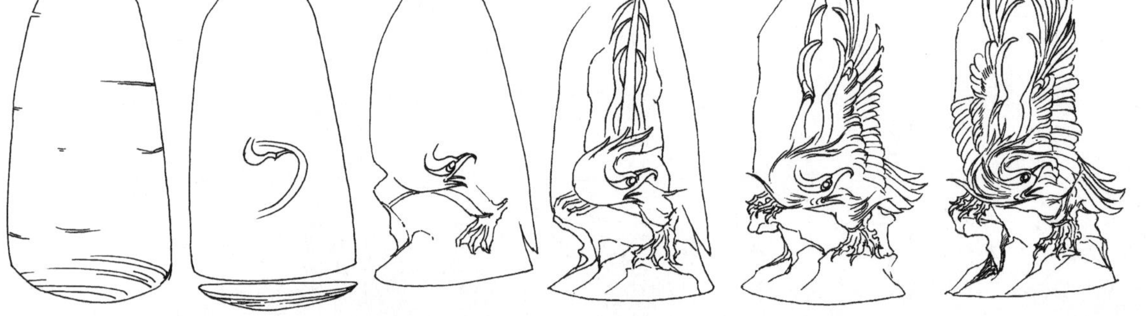

(1)　(2)　(3)　(4)　(5)　(6)

图 2-110　鹰雕刻图

8. 鹦鹉

（1）生态特征　鹦鹉有鹦鹉科与凤头鹦鹉科两科，种类繁多，全世界有82属358种，是鸟类最大的科之一，主要分布在温带、亚热带、热带的广大地域。

鹦鹉是典型的攀禽，对趾型足，前面一对、后面一对，适合抓握，以食硬壳果为主的鸟类。鹦鹉中体形最大的属紫蓝金刚鹦鹉，身长可达100厘米，分布于南美的玻利维亚和巴西。鹦鹉的平均寿命为50～60岁（图2-111）。

（2）鹦鹉雕刻图解（图2-112）。

① 取长原料一根，在原料1/3处斜刀切开。

② 再将断开的原料呈弯度粘合，下面再粘上底座，在头部削成斧刃形。

③ 在斧刃处雕出鹦鹉头，往下雕出尾部。

④ 细致刻画出鹦鹉的腿与嘴部。

⑤ 用平口刀雕出鱼鳞片羽毛及尾部和护尾翎，再雕出树根。

⑥ 取一薄料雕出鹦鹉的翅膀外轮廓。

⑦ 再用刀雕出飞羽结构，最后与鹦鹉主体组合而成。

图 2-111　鹦鹉

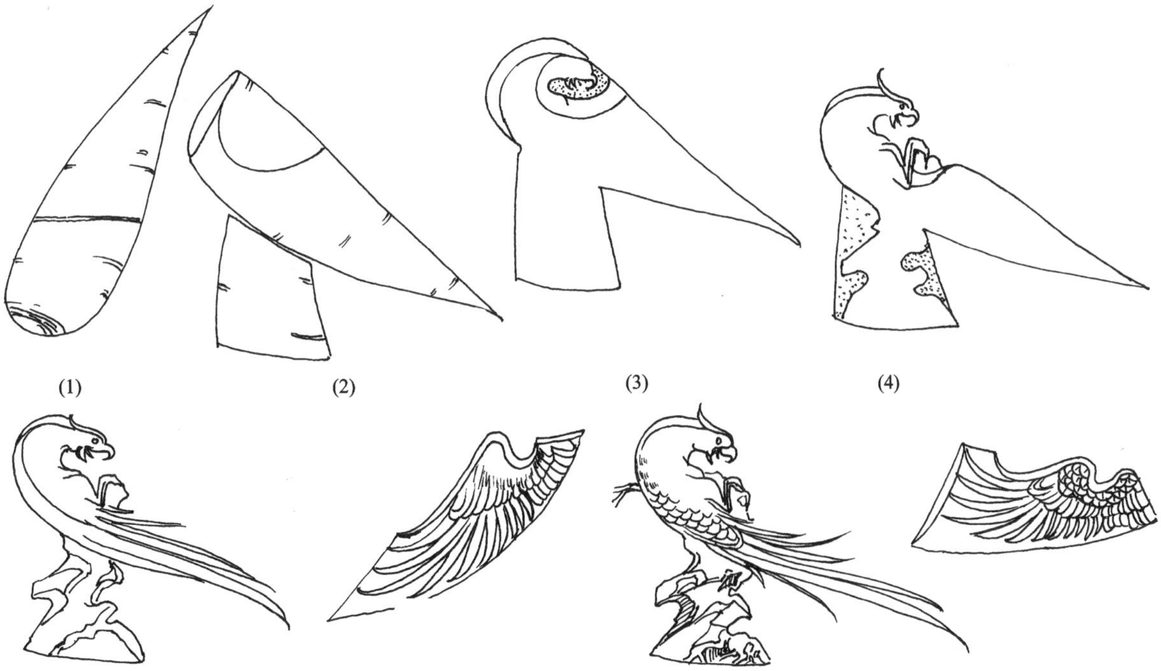

(1)　(2)　(3)　(4)

(5)　(6)　(7)

图 2-112　鹦鹉雕刻图

9. 寿带

（1）生态特征　寿带属雀形目，该鸟主要分布在我国的东部和中部地区。寿带羽色鲜艳，特别是雄鸟两根非常长的尾羽特别透明，是著名观赏鸟。雄鸟体长30厘米，颈和羽冠为深蓝色，身体其余部分为黑色与白色，中央尾羽较长，形似绶带。寿带主要生活于平原地带、栖树丛中，觅食以各类昆虫为主。寿带代表着“长寿传世”一家平安（图2-113）。

图 2-113　寿带

（2）寿带雕刻图解（图2-114）。

① 取略带弯度的原料一根，长度在20厘米左右，将底部削平，在原料最上端削出薄斧刃形。

② 在薄斧刃料上端先雕出寿带的嘴部和头冠。

③ 再依次将寿带的腹部、背部雕出。

④ 将寿带分出四个大体块面，再依次往下雕出寿带的腿部及下面的树干。

⑤ 用刀细致地雕出寿带身上一扇翅膀及下面的尾羽。

⑥ 取一块薄料，先雕出翅膀外形，再用U形戳刀戳出翅膀上的飞羽。

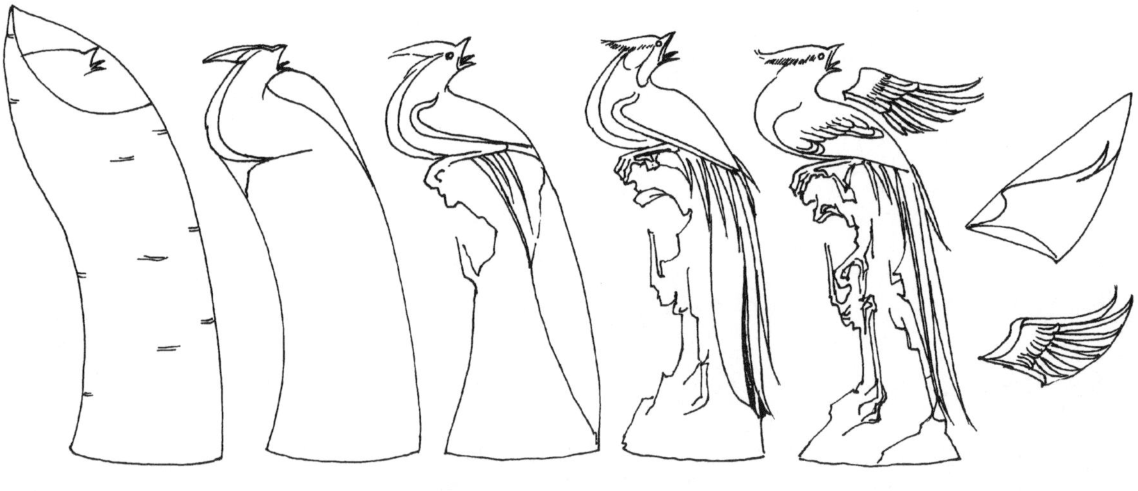

(1)　(2)　(3)　(4)　(5)　(6)

图 2-114　寿带雕刻图

10. 孔雀

（1）生态特征　孔雀属鸡形目，由于生长的地域不同，其形态特征也有差别，有蓝孔雀、绿孔雀、白孔雀、黑孔雀之分。蓝孔雀产于印度与斯里兰卡；绿孔雀产于南半球及我国的西双版纳；白孔雀属家禽，经人工饲养。孔雀喜欢成双成对，极少单独行动，有足够的飞行能力，其尾部有长150厘米的尾屏。孔雀被视为“百鸟之王”，是最美丽的观赏鸟，是吉祥、善良、华贵的象征，每年四月份开屏次数最多。

孔雀的头部较小，头上有竖立的羽毛，嘴较坚硬。雄鸟的羽毛很美丽，有很长的尾羽，而雌孔雀无屏羽，羽毛色也较差（图2–115）。

（2）孔雀雕刻图解（图2–116）

① 选一根长25厘米的原料，去头部。

② 在原料的最上端用刀开一斜斧刃形。

③ 在斜斧刃上雕出孔雀头部。

④ 依次将孔雀的上半身用块面划分。

⑤ 用平口刀依次雕出孔雀的腿及尾羽外轮廓。

⑥ 用分块的形式将孔雀尾翎分出块面及层次，细致刻画出尾翎的层次及山石。

⑦ 取一块薄料，雕出孔雀翅膀外形，用小号U形刀戳出飞羽。

⑧ 用上述方法雕出另一扇翅膀。

⑨ 取一块薄形料雕出孔雀头冠。

图 2–115　孔雀

图 2–116　孔雀雕刻图

11. 凤凰

（1）生态特征　凤凰是人们想象中的神禽，在大自然当中是不存在的，凤凰是吸收了自然界中飞禽特点的一个综合体，堪称鸟中之王。凤凰为八似之物，即锦鸡的头、鹦鹉的嘴、孔雀的脖、鸳鸯的身、仙鹤的足、大鹏的翅、孔雀的毛、公鸡的肉坠。

凤是凤凰的总称，它可以分为雏凤、奕凤、凤凰三个阶段。雏凤是指幼凤；奕凤是指成长中的凤；凤凰是指成熟的凤。

凤凰具体可分为凤和凰两种，雄者为凤、雌者为凰。凤凰的形体可以分四个部位，即头部、身部、尾部和足部（图2–117）。

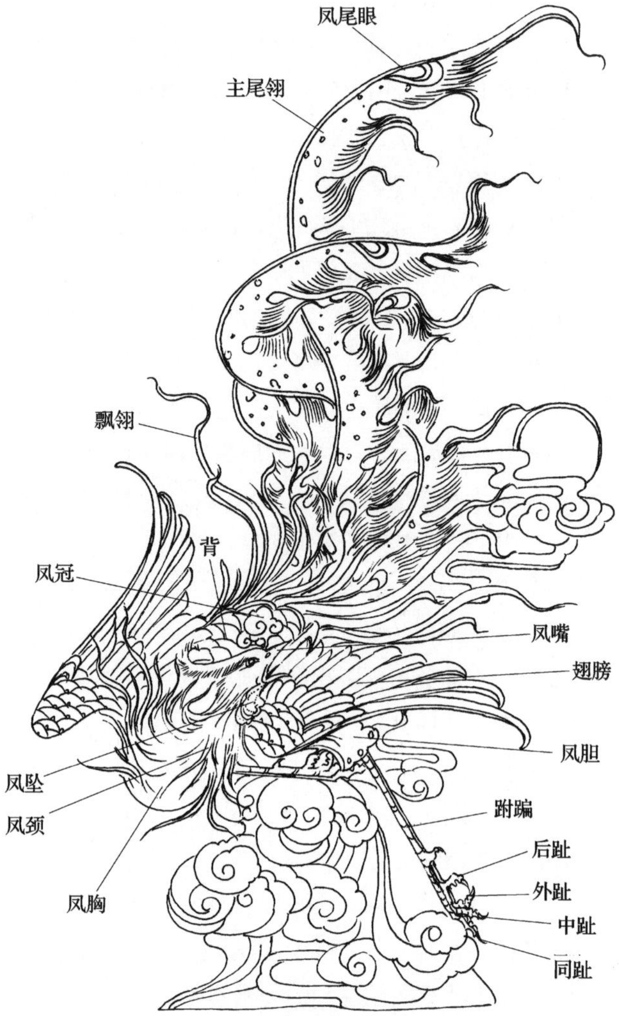

图 2–117　凤凰

（2）凤凰雕刻图解（图2–118）

① 选一长25厘米的原料一根，去掉头和根，在最上端削成斧刃形。

② 在斧刃形料的上端先雕出凤嘴及头冠。

③ 再依次往下雕出下颌的肉坠及凤胆，并修出翅膀。

④ 将凤的身形分解为四个面定位，再雕出下面的足。

⑤ 用V形刀将脖子上的羽毛戳出，再用平口刀划出翅膀羽毛结构，再依次将尾部三根大尾翎细致地雕出。

⑥ 选一小块薄料，用平口刀雕出凤头上的凤冠。

⑦ 最后组装完成。

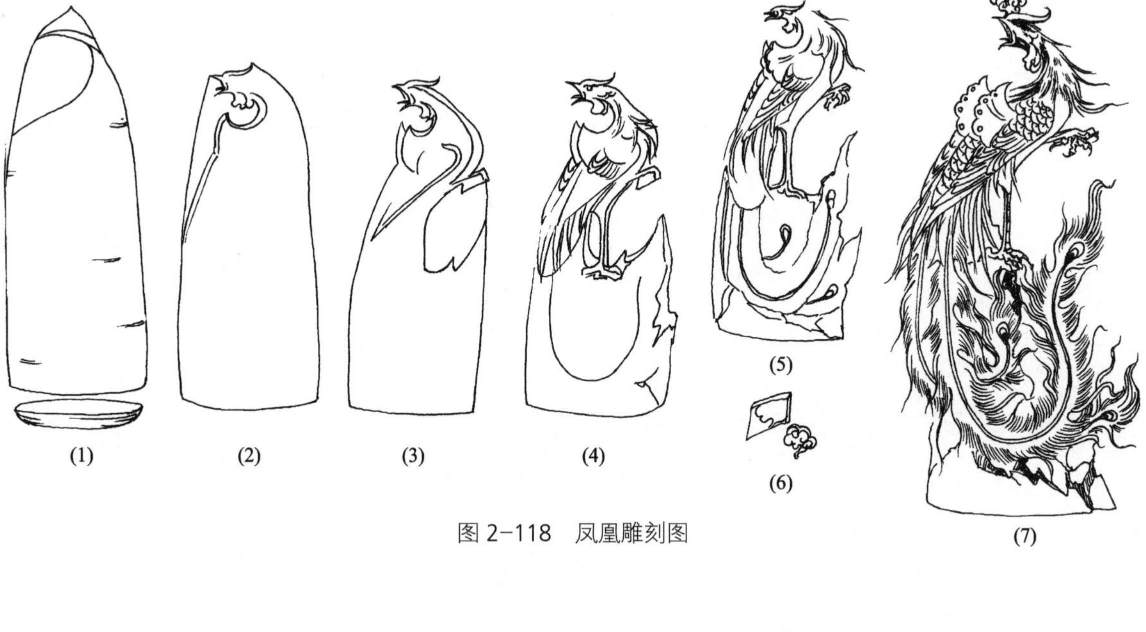

图 2–118　凤凰雕刻图

第四节　花卉、昆虫和禽鸟造型设计

一、夏趣（图2-119）

1. 主题

一只麻雀落在葫芦架上，目视前方转头正与一只落在竹竿上的一只蜻蜓对视，充满着夏日情调。

2. 寓意

葫芦谐音“福禄”，代表吉祥、有福、有禄。

图 2-119　夏趣

二、花开四季（图2-120）

1. 主题

一只麻雀侧身下俯，转头姿势，身处月季花中，正向一只蜜蜂鸣叫，似乎在传递信息。

2. 寓意

月季花四季开放，象征吉祥、幸福、四季如意。

图 2-120　花开四季

三、榴开百子（图2-121）

1. 主题

一只禽鸟穿梭于石榴之间，对丰收硕果的喜悦之情。

2. 寓意

中国人视石榴为吉祥物，以它为多子多福的象征，古人称石榴“千房同膜”“千子如一”，常见的吉利作品有“榴开百子”“三多”“多子多福”等。

图 2-121 榴开百子

图 2-122 相思鸣春

四、相思鸣春（图2-122）

1. 主题

两只相思鸟，一只展翅、一只回头观望对方，似乎在传递春天的信息。

2. 寓意

在结满硕果的石榴树上，展现出喜庆和吉祥。

图 2-123 玉兰晨曲

五、玉兰晨曲（图2-123）

1. 主题

两只小鸟落在玉兰花枝上，一只嘴叼小虫，另一只似乎要与其相争。

2. 寓意

玉兰花也叫望春花，花大如莲，诗人常为之颂咏，人们把它作为美好品质的寄托。

六、秋趣（图2-124）

1. 主题

一对麻雀，其中一个在望，另一个正要捕捉蚱蜢的感觉。

2. 寓意

柿子树为落叶乔木，果实叫柿，与事同音，代表事事如意。

图 2-124 秋趣

图 2-125 哺育

七、哺育（图2-125）

1. 主题

两只禽鸟落在梨树枝头上，其中一只嘴叼食物，正在给小鸟喂食，每只小鸟都张开嘴等待食物的到来。

2. 寓意

此作品充分体现了禽鸟哺育下一代的生动场面，哺育着它们的子女，代代相传。

八、田园硕果（图2-126）

1. 主题

两只禽鸟穿梭在田园里，在结满冬瓜的藤架上正在对鸣。

2. 寓意

即将成熟的冬瓜代表秋天的丰收之意，冬瓜又有东方为家之意。

图 2-126 田园硕果

九、母爱（图2-127）

1. 主题

一只嘴叼食物的禽鸟，看去似乎刚刚降落在鸟巢上，正要给它的孩子们喂食。

2. 寓意

在结满山楂的树干上正孕育着新的生命。

图 2-127　母爱

图 2-128　白头偕老

十、白头偕老（图2-128）

1. 主题

两只白头鸟，相互追赶，穿梭于石榴之间。

2. 寓意

白头鸟的头部为白色，民间常用来比喻夫妻和睦、生活美满、白头偕老的意思。

十一、鸳鸯鸣春（图2-129）

1. 主题

一只雄鸳鸯在岸边，似乎在欢呼雌鸳鸯的归来。

2. 寓意

鸳鸯在人们的心目中永远都是永恒、爱情的象征，是一夫一妻、相亲相爱、白头偕老的表率。

图 2-129 鸳鸯鸣春

图 2-130 鸳鸯戏水

十二、鸳鸯戏水（图2-130）

1. 主题

两只在水中畅游的鸳鸯都在同时回头观望，周围有荷花陪衬。

2. 寓意

古代就有人把鸳鸯来比喻夫妻恩爱，据说鸳鸯成对游弋，夜晚雌雄翼掩合颈相交，若其偶失、永不再配。

图 2-131　捕捉

十三、捕捉（图2-131）

1. 主题

一只锦鸡张嘴展翅，正要捕捉降落在石榴上的蜻蜓。

2. 寓意

红腹锦鸡，被古代帝王们视为鸡中珍品，红腹锦鸡也被称做“金鸡报晓”的金鸡。

十四、前程似锦（图2-132）

1. 主题

一对锦鸡，一雌一雄似乎在享受着大自然给予的美景和生机。

2. 寓意

锦鸡中的“锦”代表着前程光明。

图 2-132　前程似锦

图 2-133 飞鹤迎寿

十五、飞鹤迎寿（图2-133）

1. 主题

一只仙鹤嘴叼仙桃回头望月，下边用浮云加以衬托，更加鲜明地反映出有祝寿的气氛。

2. 寓意

此作品象征着幸福、吉祥、长寿和忠贞。

十六、比翼双飞（图2-134）

1. 主题

两只天鹅在翻起的浪花上展翅双飞，有浪花做陪衬显得作品更加生动。

2. 寓意

天鹅具有高贵、圣洁的形象。

图 2-134 比翼双飞

十七、项下生辉（图2-135）

1. 主题

一群展翅高飞的天鹅，在浪花的衬托下洁白无瑕，具有一定的气势之感。

2. 寓意

项下代表天鹅的脖颈，类似于比做什么为项下的明珠、洁白而美丽。

图 2-135 项下生辉

图 2-136 喜上“梅”梢

十八、喜上“梅”梢（图2-136）

1. 主题

两只喜鹊落在梅花枝上，相互鸣叫，似乎有报喜之意。

2. 寓意

喜上“梅”梢代表好运即将到来，仿佛就在眼前。

十九、喜鹊登枝（图2-137）

1. 主题

一只喜鹊在俯身转头展翅，仿佛在观望什么。

2. 寓意

吉祥、好运即将来到。

图 2-137　喜鹊登枝

二十、双喜（图2-138）

1. 主题

此作品为两只喜鹊互相鸣叫，中间为双喜字。

2. 寓意

此题材代表着一对新人即将步入婚礼殿堂，双喜字结合喜鹊，即有双喜临门之意。

图 2-138　双喜

图 2-139 柿林欢语

二十一、柿林欢语（图2-139）

1. 主题

两喜鹊在柿林中鸣叫，有喜迎秋天硕果之意。

2. 寓意

柿与事同音，代表事事如意。

图 2-140 国色天香

二十二、国色天香（图2-140）

1. 主题

一对喜鹊落在苹果树枝上，高声鸣叫。

2. 寓意

代表收获的季节即将到来，有着喜悦和吉祥象征。

二十三、双喜临门（图2-141）

1．主题

作品呈对称式造型，中间一个双“喜”字，两边双一对喜鹊登枝。

2．寓意

代表双喜临门之意，较适合婚礼展台造型。

图 2-141　双喜临门

二十四、高瞻远瞩（图2-142）

1．主题

一只雕站在一棵苍老的松树上，凝视着前方。

2．寓意

有雄健、刚强之感，代表站得高、望得远。

图 2-142　高瞻远瞩

二十五、鹰霸神州（图2-143）

1. 主题

一只雄鹰在波涛汹涌的水浪上展翅翱翔，似乎正在捕捉鱼类。

2. 寓意

充分体现了强者为王的意义。

二十六、大展宏图（图2-144）

1. 主题

此作品生动地展示出雄鹰展翅的威力，翅膀的宽大与下面的浪花相呼应，汹涌的浪涛与苍鹰显示出更加威猛。

2. 寓意

鹰通常代表着一个企业的腾飞、向上拼搏，它象征着雄伟、刚健，两翅膀张开似乎有一揽天下的感觉。

图 2-143　鹰霸神州

图 2-144　大展宏图

图 2-145 鹦鹉玉兰

二十七、鹦鹉玉兰（图2-145）

1. 主题

一只鹦鹉整个身子俯在玉兰花枝上，双翅展开，头往前探，好似要与落在玉兰花上的蜻蜓对话。

2. 寓意

在一个自然界中，共同享受生存环境，更象征着友好。

二十八、双鹦（图2-146）

1. 主题

两只鹦鹉相互对视，落在梅花枝上，在分享着自然的美景。

2. 寓意

一对鹦鹉紧密相依，似乎在传递着爱意。

图 2-146 双鹦

二十九、月季鹦鹉（图2–147）

1. 主题

两只鹦鹉一上一下，下面的鹦鹉正转头观望，周围被月季花所围绕。

2. 寓意

充分展现了人们所喜爱的鹦鹉在大自然中的美景，并给人们带来美好的愿望与寄托。

图 2–147 月季鹦鹉

三十、柿林燕鸣（图2–148）

1. 主题

一只小燕子降落在柿林的树枝上，转头俯视着右下方的蜗牛。

2. 寓意

此作品充分展示了燕子俊俏、飞舞轻盈的形象，象征生活的和谐。

图 2–148 柿林燕鸣

三十一、鸽爱和平（图2-149）

1. 主题

两只鸽子相望，下面配有绿色的果实。

2. 寓意

鸽子象征和平，展现了大自然在和平的环境下充满生机。

图 2-149 鸽爱和平

图 2-150 天高任鸟飞

三十二、天高任鸟飞（图2-150）

1. 主题

两只海鸥在惊涛骇浪上自由飞翔。

2. 寓意

此作品充分展现了“海阔凭鱼跃，天高任鸟飞”的自然场面，其代表着每个人，只要你有真本领，任你大胆自由去发挥创造，展示出你所具备的才能。

三十三、白鹭（图2-151）

1. 主题

作品中的一只白鹭，嘴叼一只河蚌，似乎要吃里面的肉，但又吃不到。

2. 寓意

有一个作品中曾提到过“鹬蚌相争”相类似，里面的肉没吃到，最后还把鹬嘴夹住了。

图 2-151　白鹭

三十四、官上加官（图2-152）

1. 主题

一只大公鸡脚踩岩石，回头展望鸣叫，公鸡的身下有鸡冠花。

2. 寓意

鸡冠花的冠与“官”是同音，再加上鸡头上的头冠，代表着步步高升、连连升级之意。

图 2-152　官上加官

图 2-153　金鸡报晓

三十五、金鸡报晓（图2-153）

1. 主题

一只大公鸡在高声报晓，早晨的太阳正在刚刚升起。

2. 寓意

充分展现了金鸡报晓，财源滚滚来，把公鸡称金鸡，代表了富贵的象征。

三十六、农家乐（图2-154）

1. 主题

此作品以农家田园风情为主，展现了其中的一个细节：一只老母鸡领着一帮小鸡，正在草地上啄食，身后的另一只老母鸡像护卫似的守护在旁边，而在这时，一只小蟋蟀突然爬到了黄瓜上。引起了母鸡的注意，提高了警惕。

2. 寓意

作品充分表现了农家田园里生活的一角。风趣的场景体现了母鸡的爱护，展现了大自然给小动物们非常好的自然环境，给人们的生活带来美好寄托。

图 2-154　农家乐

三十七、决斗（图2-155）

1. 主题

两只鸡一前一后，最前端的边跑边回头望去，似乎准备要迎接一场决斗；第二只鸡紧追不舍，地上的玉米棒被踩得非常零乱，似乎为了争食而引发争斗。

2. 寓意

此作品看上去，类似斗鸡的场面，充满了杀气，表现出胜者为王之意。

图 2-155 决斗

图 2-156 他日相争

三十八、他日相争（图2-156）

1. 主题

一只白鹭在低头冲着一条鱼鸣叫，似乎让白鹭感觉到鱼儿太大无法捕食，不如放弃捕捉的念头。

2. 寓意

此作品代表着得不到的东西不要去勉强自己，该放弃就放弃，一切顺其自然。

三十九、夏日河塘（图2-157）

1. 主题

一翠鸟俯身转头正冲着河塘里翻出的鱼儿鸣叫，即将要捕获它们，翠鸟大都与荷花联系在一起。

2. 寓意

代表着春天里的河塘满是鱼儿，又有荷花盛开，荷与和是同音，因和得偶，和气生财。

图 2-157 夏日河塘

图 2-158 翠鸟

四十、翠鸟（图2-158）

1. 主题

两只翠鸟相互对视，都站在莲花座上，似乎一个在讲，一个在听。

2. 寓意

荷花一藕双座，这里比喻夫妻同心、和美，幸福。

四十一、翠鸟荷香（图2-159）

1. 主题

两只翠鸟对视，一只嘴里叼着一条鱼，另一只回头观望，喜获硕果。

2. 寓意

代表着喜获的战利品，共同分享。

图 2-159 翠鸟荷香

四十二、寿带月季（图2-160）

1. 主题

一只寿带鸟落在月季花的枝头上，正在对着月季花上的一只蟋蟀鸣叫。

2. 寓意

寿带鸟与寿字同音象征着家族代代相传、世代长寿之意。

图 2-160 寿带月季

图 2-161 喜获

四十三、喜获（图2-161）

1. 主题

一只落在葡萄架上的寿带鸟转头观望，正对着一只落在葡萄上的昆虫鸣叫，即将要将其捕获的意思。

2. 寓意

硕果累累，有福寿双全之意。

四十四、寿带秋鸣（图2-162）

1. 主题

两只寿带鸟降落在石榴树上，正在鸣叫。

2. 寓意

寿寓意长寿，石榴代表百子，说明长寿又有百子。

图 2-162 寿带秋鸣

四十五、雀展英姿（图2-163）

1. 主题

一只即将开屏的孔雀回头展望，随风飘摆的尾羽更加有种气势感。

2. 寓意

充分体现了鸟中之王——孔雀的英姿，它象征着高贵、地位等。

图 2-163 雀展英姿

图 2-164 晨晓

四十六、晨晓（图2-164）

1. 主题

清晨，一对公鸡在岩石上鸣叫，似乎在呼唤人们起床。

2. 寓意

在鸡的下面有鸡冠花，鸡冠花的“冠”与“官”同音。寓意步步高升，连连升官。

四十七、月色（图2-165）

1. 主题

秋天的夜晚，一轮圆月中一只蜜蜂飞来，旁边的小鸟在关注着蜜蜂。

2. 寓意

秋天硕果累累，蜜蜂也来分享。

图 2-165 月色

图 2-166 寻

四十八、寻（图2-166）

1. 主题

一只仙鹤在低头寻觅着什么，而岩石下的浪花衬托着氛围。

2. 寓意

仙鹤象征长寿之意。

四十九、比翼双飞（图2-167）

1. 主题

一对展翅高飞的仙鹤飞向远方。

2. 寓意

长寿、吉祥。

图 2-167 比翼双飞

图 2-168 相依

五十、相依（图2-168）

1. 主题

一对雌雄孔雀站在岩石上相互依偎，似乎在甜言蜜语。

2. 寓意

孔雀的美丽大方被人们所喜爱，被寓意爱情、忠贞。

图 2-169 团凤

五十一、团凤（图2-169）

1. 主题

此凤凰造型为圆形，张嘴鸣叫，头尾呼应，较适合做一些圆浮雕或圆南瓜雕等。

2. 寓意

它象征着和平、安宁、幸福。

图 2-170 月光凤凰

五十二、月光凤凰（图2-170）

1. 主题

一只凤凰抬头展翅在凝视着月光，翅膀下面有流动的浮云加以衬托，具有在空中的飘逸之感。

2. 寓意

作品看上去：淡雅的月光轻轻辐射在凤凰身上及周围，表现出安逸的生活美景。

五十三、丹凤朝阳（图2-171）

1. 主题

此作品由云彩、太阳、凤凰组合而成，展翅的凤凰在回头望着太阳，似乎在表达着什么。

2. 寓意

由凤凰与太阳组合成的作品，寓意天下太平，人们丰衣足食的美好生活。

图 2-171 丹凤朝阳

五十四、凤翔五洲（图2-172）

1. 主题

一只高高展翅的凤，在下边云朵的陪衬下腾空而起，有飞越五洲之感。

2. 寓意

凤凰腾飞，张嘴鸣叫，一般也称为鸾凤和鸣，代表着事业蒸蒸日上、生活幸福、家业兴旺之意。

图 2-172 凤翔五洲

五十五、百鸟朝凤（图2-173）

1. 主题

一只高高在上的凤凰降落在树枝上，在它的下面周边围满了各种飞禽，向其鸣叫。高高在上的凤凰有种一览众山小的感觉，体现了凤凰不愧是鸟中之王。

2. 寓意

凤凰偕百鸟翱翔起舞，这种百鸟朝凤的景象甚是罕见，有太平盛世之美誉。

图 2-173 百鸟朝凤

图 2-174 龙凤呈祥（一）

五十六、龙凤呈祥（一）（图2-174）

1. 主题

凌空飞舞的一龙一凤，相互对头，在传递爱的信息，下面的心形“喜喜”字展现着一对新人即将结为连理。

2. 寓意

龙凤呈祥自古以来就被人们认为是一对新人步入婚姻殿堂，男者为龙，女者为凤，象征着夫妻恩爱、家庭和睦。

图 2-175　龙凤呈祥（二）

五十七、龙凤呈祥（二）（图2-175）

1. 主题

此作品，凤在下、龙在上，头对头相呼应，龙展现了霸气，凤展现了娇柔。

2. 寓意

象征着具有阳刚之气的丈夫守护着娇美温柔的妻子，生活充满了幸福。

五十八、游龙戏凤（图2-176）

1. 主题

一龙一凤凌空飞舞，你追我赶，似乎龙在追赶着凤，玩耍中龙在向凤吐露出爱意。

2. 寓意

龙追凤，在现实生活中，象征着一男一女对未来生活的美好愿望。

图 2-176　游龙戏凤

五十九、龙凤图（图2-177）

1. 主题

在一个圆形的圈里，一龙一凤在面面相对、相互吸引，龙吸火珠、凤戏牡丹。

2. 寓意

圆代表着圆圆满满，一对夫妻的和睦，像圆一样，美满幸福。

图 2-177 龙凤图

六十、常见的禽鸟造型构图展示（图2-178～图2-187）

图 2-178 凤戏牡丹

图 2-179 秋色

图 2-180 鸽

图 2–181　盛夏

图 2–182　锦鸡牡丹

图 2–183　攀

图 2–184　秋

图 2–185　鸣

图 2–186　夏

图 2–187　吉祥葫芦

第三章　水族、神兽雕刻解析与造型设计

第一节　河塘鱼虾雕刻解析

高山上的冰雪融化后汇成河流，波涛滚滚的江河从源头到入海口可以分成上、中、下三段，不同的河段有着不同的环境，因而有不同的鱼群生长繁衍。例如在源头及上游地段栖息着鳟、鲑等鱼类；在中游地段可以发现鲤、鲫等鱼类；而在下游最常见的鱼类是鲆、鳎等。

一、虾

1. 生态特征

虾属节肢动物，甲壳类，种类很多，各种不同种类的虾、在结构上，有着自己的特征。虾一般由头、胸、足、身、尾五大部分组成。生活在水塘、河水中的青虾又叫沼虾（图3–1）。

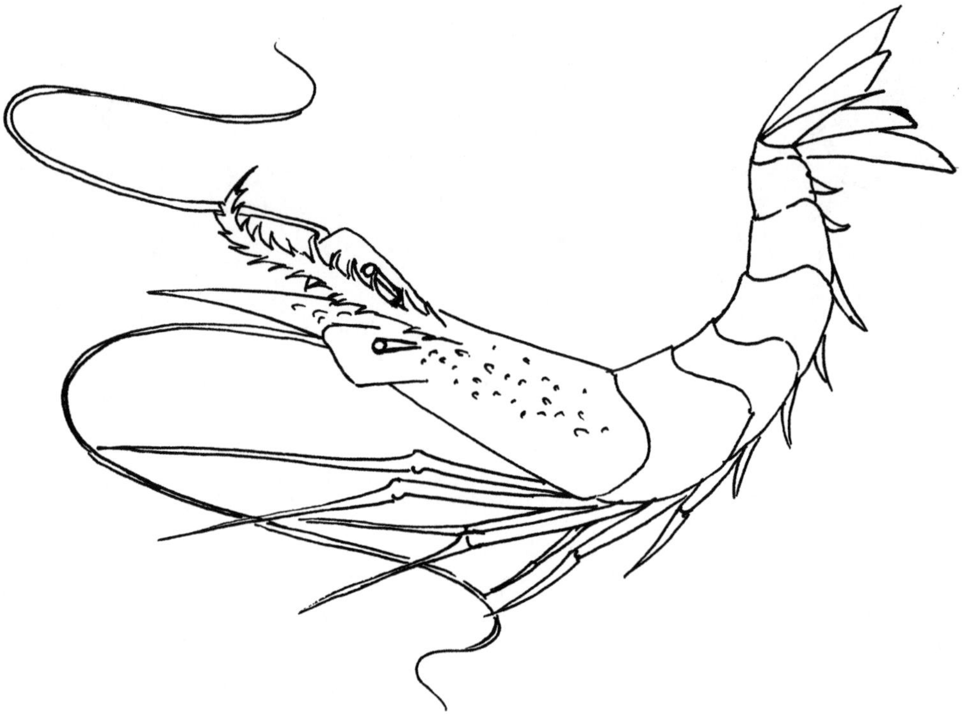

图 3–1　沼虾

2. 雕刻图解（图3-2）

（1）选一根原料。

（2）将原料分成三等份。

（3）取中间原料，先在原料的中间部分雕出凹陷的虾背部及尾部。

（4）虾的背部与尾部的弧形面展示。

（5）在原料的前端部位雕出虾头与腿部。

（6）依次往后雕出后面小腿。

（7）再将虾身上的结构雕出。

（8）去掉身上的棱角线。

（9）将虾的整体身形调整完。

（10）取薄料两块，分别用刀划出虾枪和虾须。

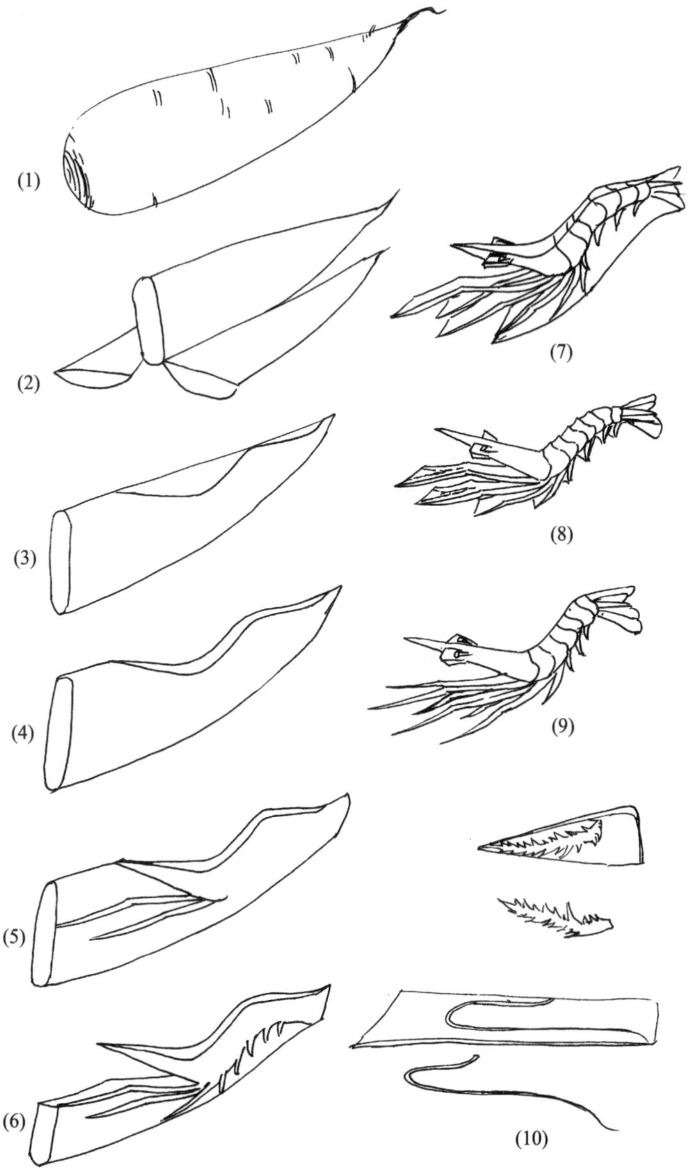

图 3-2 虾雕刻图

二、金鱼

1. 生态特征

金鱼属鲤科，原产于东亚地区，野生金鱼可长到45厘米长，而家养的金鱼全长很少超过15厘米。金鱼因其身姿奇异，色彩绚丽，主要作观赏鱼。金鱼头部一般分为平头、鹅头、狮子头三种类型；眼睛分为正常眼、龙眼、朝天眼、水泡眼。金鱼寓意和平、幸福、美好、吉祥、富贵（图3-3）。

2. 雕刻图解（图3-4）

（1）取一原料，在原料的前1/3处，下出斧刃形。

（2）在斧刃料的上端雕出金鱼的头部、背部及下面的腹部。

（3）在头部处雕出鱼眼及尾部的块面。

（4）用平口刀划出鱼鳞片及尾部纹路。

（5）细致调整出金鱼的嘴形，划出鱼尾的纹路。

（6）取一薄斧刃形原料，用刀划出鱼鳍的外廓，再用划线刀划出鱼鳍上的纹路。

图 3-3 金鱼

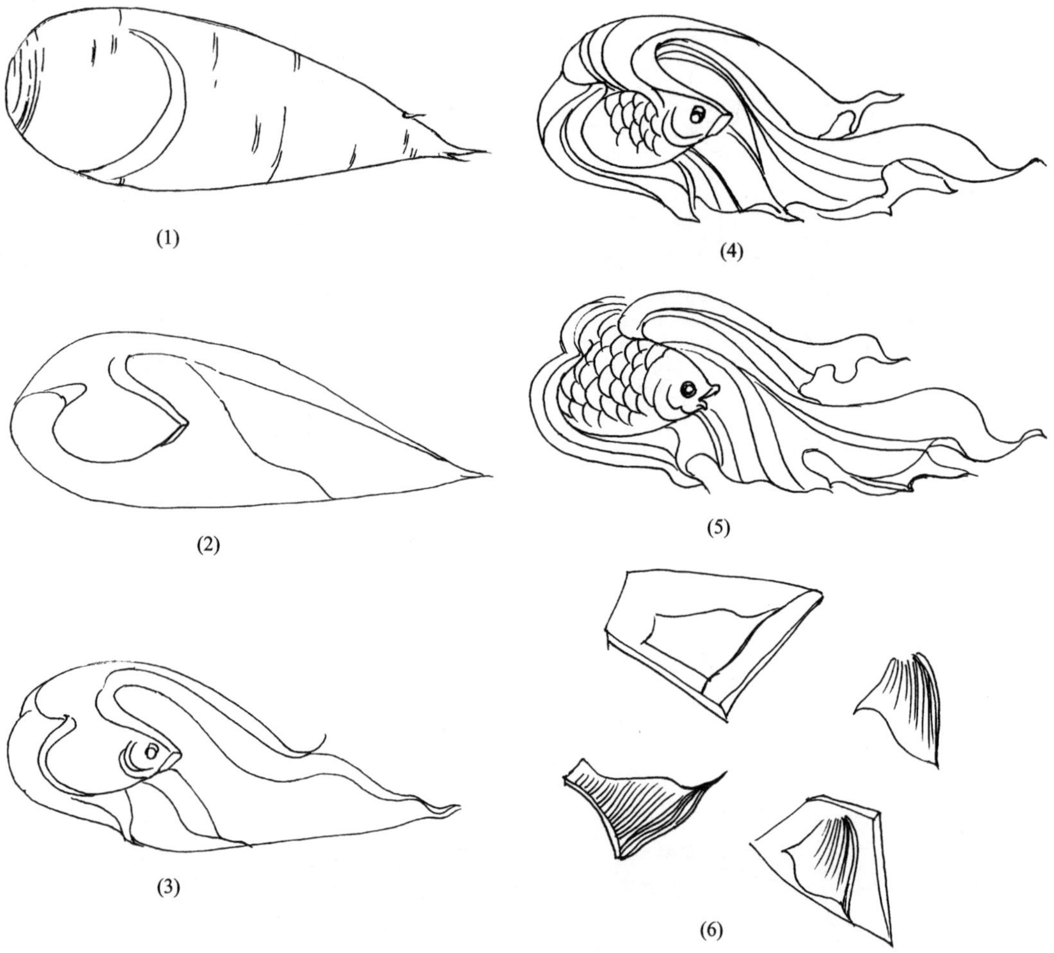

图 3-4 金鱼雕刻图

三、燕鱼

1. 生态特征

燕鱼属于丽鱼科，淡水鱼，全长15厘米。这种鱼生长在水藻繁茂的水域，以捕食小型的水生动物为主，属一种热带观赏鱼（图3-5）。

2. 雕刻图解（图3-6）

（1）取一根略长的原料。

（2）去头部。

（3）用平口刀顺长切开，分成三等份。

（4）用平口刀沿原料的最上端下刀。

（5）雕出燕鱼的前半部身形轮廓。

（6）取一块小料粘出燕鱼下面的鱼鳍，再雕出燕鱼的后半身外形轮廓。

（7）细致地去掉燕鱼身上的棱角线，修饰光滑即完成。

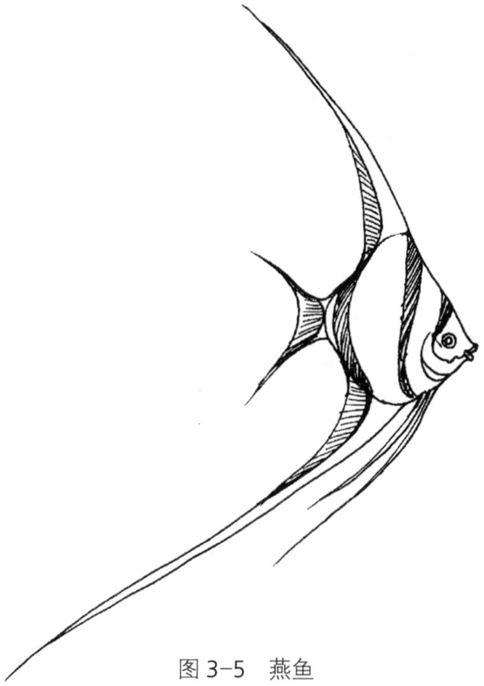

图 3-5　燕鱼

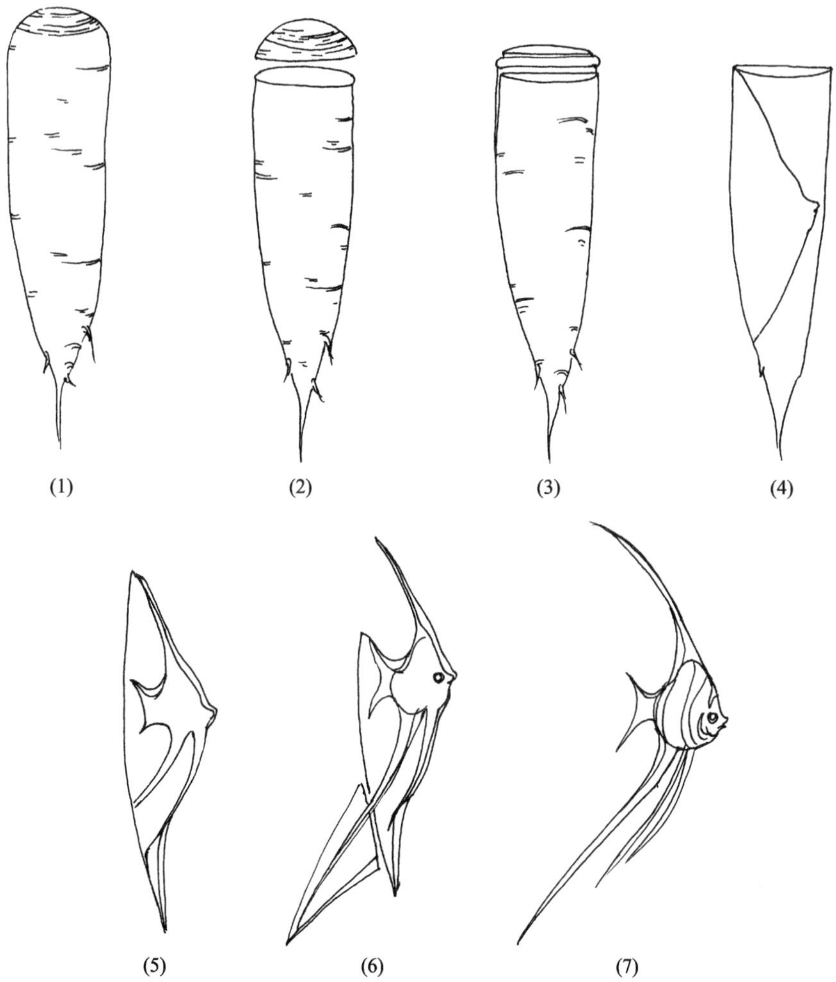

图 3-6　燕鱼雕刻图

四、鲤鱼

1. 生态特征

鲤鱼属于鲤科，分布于世界各地，是一种常见的淡水鱼。鲤鱼的身体呈青黄色，尾鳍为红色，体表布满圆鳞。它们的身长最大的可达1米多、口小向外突出，有两对触须，背鳍和臀鳍都有硬刺，鲤鱼有很强的生命力，能耐高温和污水，生长速度快，有很高的利用价值（图3-7）。

2. 雕刻图解（图3-8）

（1）取略带弯度原料一根，底座削平。

（2）从原料的最上端1/3处下刀，去掉根部，雕出鲤鱼脊背外形。

（3）用平口刀依次将鲤鱼的嘴部、下腹部、尾、浪花大体轮廓外形雕出。

（4）用平口刀将鲤鱼身形修饰光滑，划出鳞片，浪花加以细刻。

（5）取一块料切出鲤鱼鳍的外形。

（6）在背上用划线刀划出纹路。

（7）再取一块小料，用刀依次将鳃鳍、腹鳍、鱼须雕出。

图 3-7 鲤鱼

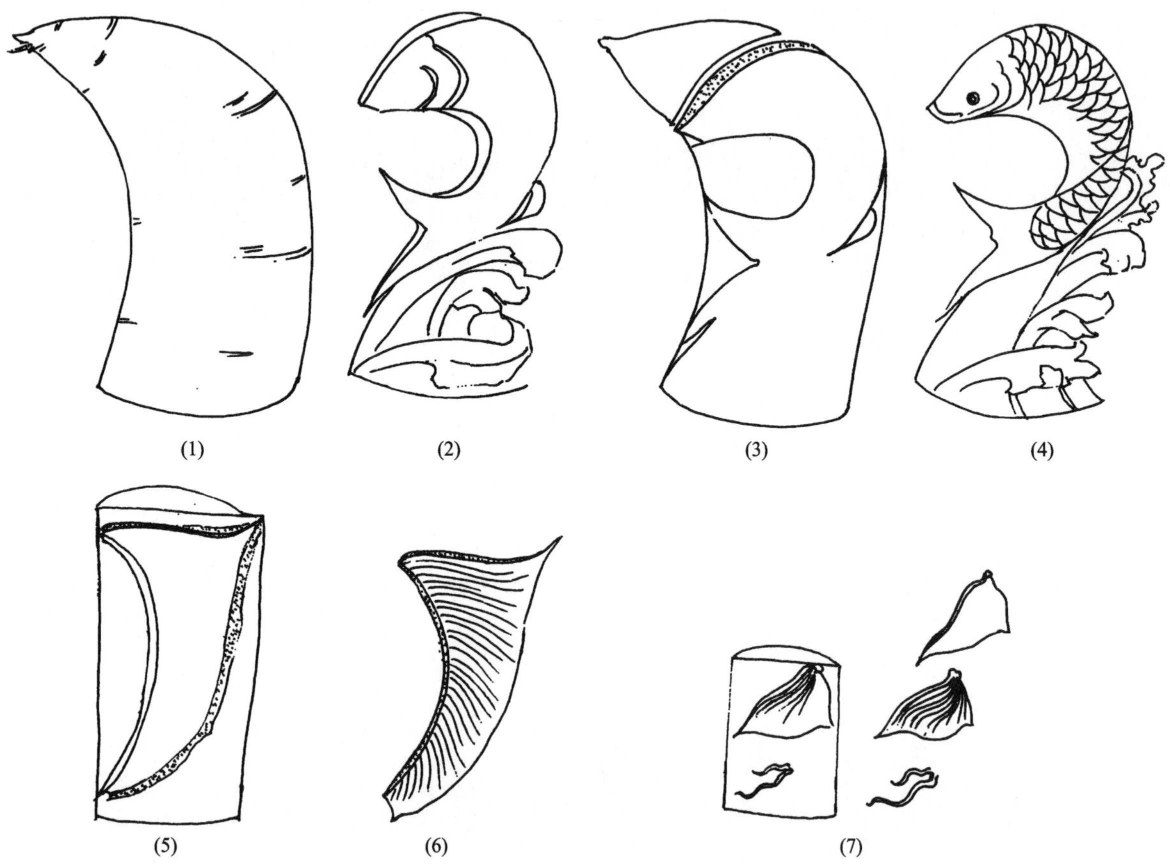

图 3-8 鲤鱼雕刻图

第二节 海洋鱼类雕刻解析

地球表面2/3的面积被海洋覆盖着，海洋中生活着形形色色的海洋生物，小的生物我们用肉眼都无法看见，大的有让人惊奇的巨型动物，如蓝鲸、鲸鲨等。

一、海豚

1. 生态特征

海豚属于哺乳纲，是体型较小的鲸类，共有62种左右，分布世界各大洋，体长1.2～4.2米，嘴略尖，以小鱼小虾为食，喜欢集体生活。海豚的大脑是动物中最发达的，经过训练，能做出非常多非常灵巧的动作，容易与人亲近，更是人们的好朋友（图3-9）。

2. 雕刻图解（图3-10）

（1）取一原料去头、去根。

（2）用平口刀在原料的最上方下刀。

（3）雕出海豚的嘴腹部与尾。

（4）去掉海豚背部的废料，并雕出浪花的大体外形轮廓。

（5）用刀将海豚整身形修饰光滑。

（6）取一小块薄料，分别将背鳍及身形侧面两个小鳍雕出。

图 3-9 海豚

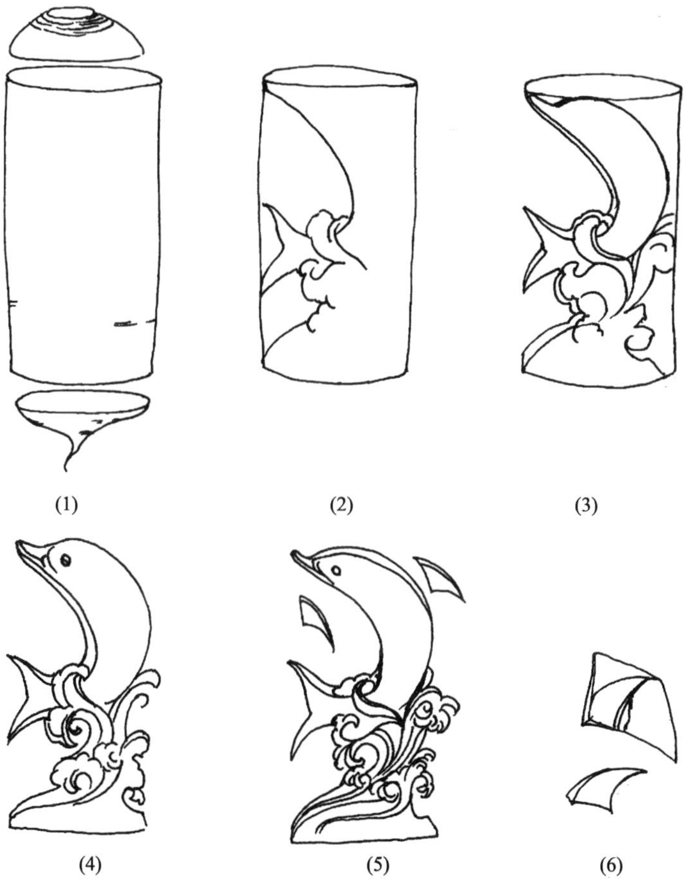

图 3-10 海豚雕刻图

二、蓝枪鱼

1. 生态特征

蓝枪鱼全长可达4米，体重可达180千克，蓝枪鱼的嘴很长，它们常用嘴搅乱鱼群，当鱼群行动缓慢后，再上前捕食。蓝枪鱼主要生活在温带和热带海洋中（图3-11）。

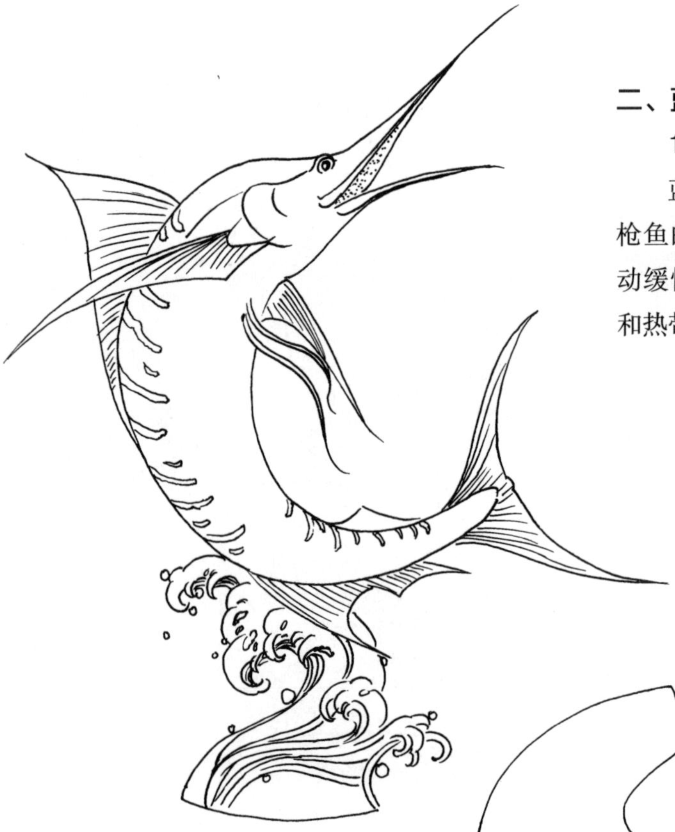

图 3-11 蓝枪鱼

2. 雕刻图解（图3-12）

（1）取有弯度原料一根，下边粘上一底座。

（2）在原料的最上端下刀，削成斧刃状。

（3）用平口刀在斧刃料的最上端雕出兰枪鱼的嘴及头。

（4）依次下刀将蓝枪鱼的背部、腹部、浪花，雕出大体轮廓。

（5）整体身形用四个块面来体现。

（6）去掉四个面的棱角线，将鱼身、浪花修饰光滑。

（7）取几块小薄料，分别将背鳍、鳃鳍等用刀划出来。

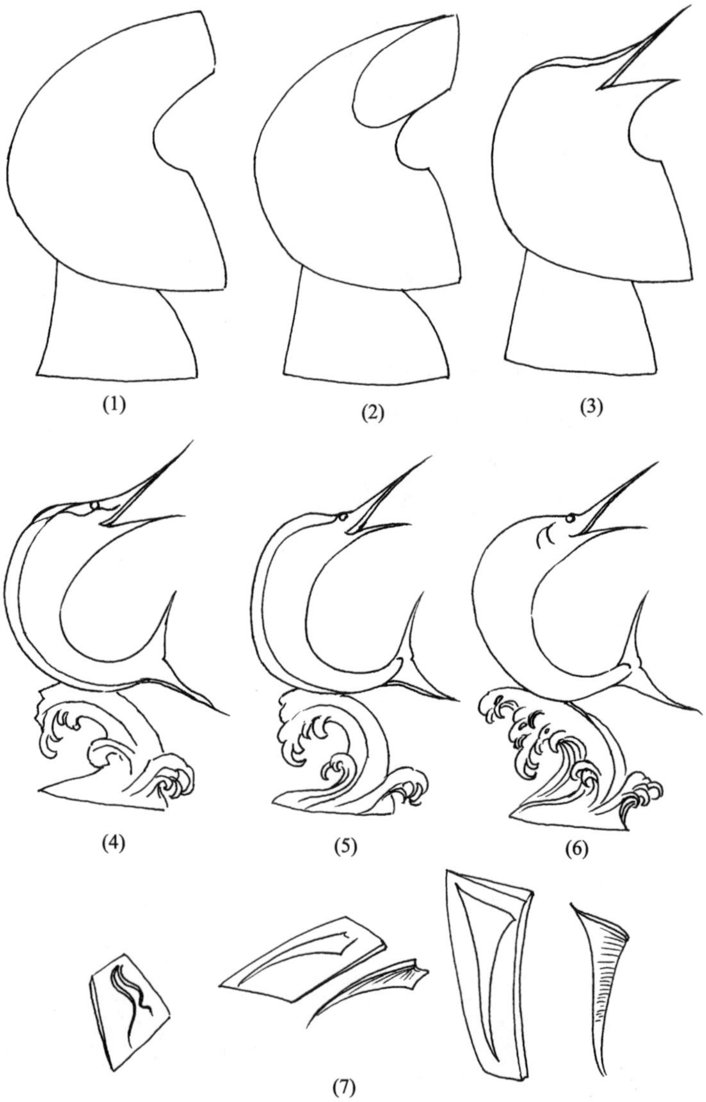

图 3-12 蓝枪鱼雕刻图

第三节　水族造型设计

一、鱼类造型设计

1. 共筑爱球（图3–13）

（1）主题　两条金鱼吐出水柱，筑起爱球，左侧有岩石及浪花做衬托和支撑、下边还有鹅卵石，整个气氛浓厚。

（2）寓意　两只相对的金鱼正相互表达着爱意，吐出的水柱是共同筑起的爱的桥梁，表示吉祥、美好之意。

图 3–13　共筑爱球

图 3–14　金鱼戏水

2. 金鱼戏水（图3–14）

（1）主题　两条金鱼一前一后，互相玩耍，嬉戏着水柱，共同享受着水的世界。

（2）寓意　两条金鱼在享受着水中的自然环境带来的美好生机、畅游无阻，表达安详自在之意。

图 3-15 鱼乐

3. 鱼乐（图3-15）

（1）主题 三条金鱼在翻起的浪花上翩翩起舞，畅游无阻，浪花做支撑，托起畅游的金鱼，共筑一个爱球。

（2）寓意 逍遥自在的金鱼翻腾起舞，似乎在庆祝它们美好的生活，对未来充满希望。

4. 鲤鱼戏莲（图3-16）

（1）主题 一条鲤鱼被浪花托起，另一条在下面，中间穿插着莲花、荷叶，上边的一条吐出水柱，戏一圆球，浪花喷洒在莲花上。

（2）寓意 象征着连年有余，莲同音连，鱼同音余，有丰收之感。

图 3-16 鲤鱼戏莲

5. 鲤鱼献宝（图3-17）

（1）主题　一条大鲤鱼口吐水柱，水柱的下面元宝铜钱已堆积起来，浪花做陪衬，左右呼应。

（2）寓意　堆积起来的元宝聚集在一起有聚财之意，再加上翻起的鲤鱼，象征着财源滚滚来，年年有余。

图 3-17　鲤鱼献宝

图 3-18　鲤鱼戏铜钱

6. 鲤鱼戏铜钱（图3-18）

（1）主题　一条大鲤鱼嘴叼一串铜钱，在翻起的浪花上。

（2）寓意　鲤鱼身下的元宝、铜钱堆积在一起，有聚财之意，象征财源茂盛。

7. 跃浪（图3–19）

（1）主题　一条翻起的鲤鱼身处荷花之中，由浪花托起的鲤鱼再翻越而起。

（2）寓意　鲤鱼在莲上翻起，比喻步步高升，连升三级之意。

图 3–19　跃浪

8. 戏浪（图3–20）

（1）主题　一条翻起的大鲤鱼吐出水柱戏一圆球，下面的两条金鱼赶过来共同分享。此作品由浪花和水柱做支撑点。

（2）寓意　鲤鱼、金鱼聚在一起嬉戏，有共同互助、共同向上、友好团结之意。

图 3–20　戏浪

图 3-21 鲤鱼跳龙门

9. 鲤鱼跳龙门（图3-21）

（1）主题 一龙门居于水中，上有一鲤鱼飞腾而过，由高高的水柱托起。

（2）寓意 此作品代表着科举成功、功成名就，又寄托着人们企盼高升、一朝交好运的愿望。

10. 飞燕畅游（图3-22）

（1）主题 一群燕鱼在珊瑚的陪衬下、畅游无阻、安详自在。

（2）寓意 象征着燕鱼虽小，但在海洋之中，无拘无束、自由前进充满勇敢和自信。

图 3-22 飞燕畅游

图 3-23 荷花鲤鱼

11. 荷花鲤鱼（图3-23）

（1）主题 作品由荷花、鲤鱼组成，并配有浪花做衬托，蜻蜓做点缀。

（2）寓意 年年有余。

12. 海阔凭鱼跃（图3-24）

（1）主题 两只海豚在浪花中，似乎要腾空而起，飞越时空之意。

（2）寓意 象征事业有成、腾飞在起、跨越时空。

图 3-24 海阔凭鱼跃

13. 鲤鱼戏珠（图3-25）

（1）主题 两条大鲤鱼在大元宝上共同戏珠。

（2）寓意 大元宝托起的两条大鲤鱼，元宝代表财富，鲤鱼象征年年有余，结合起来就是财源滚滚、年年有余。

14. 锦鲤戏菊（图3-26）

（1）主题 作品由锦鲤与菊花组成，以浪花做衬托，太阳做点缀。

（2）寓意 吉祥富贵。

图 3-25 鲤鱼戏珠

图 3-26 锦鲤戏菊

图 3-27 海底情深

15. 海底情深（图3-27）

（1）主题 一群在深海中畅游的蝴蝶鱼。前赴后继，两条大鱼带两条小鱼往前游动，后面有珊瑚做衬托。

（2）寓意 象征着母子之间的关怀，前边不管有任何危险都由父母冲在最前面来守护着孩子。

16. 海底蓝枪（图3-28）

（1）主题 张开嘴的蓝枪鱼，似乎寻找到了食物，而且鱼身一跃而起，在下面岩石的陪衬下，更加有气势感。

（2）寓意 代表着海中的鱼类也如此英勇、凶悍，体现出弱肉强食之意。

图 3-28 海底蓝枪

17. 独领神州（图3–29）

（1）主题 一条凶猛的大鲨鱼在浪花的托扶下一跃而起，凝视远方，在下方的小鱼显得是那样的渺小。

（2）寓意 鲨鱼不愧是海中霸王，有统领四方之意，威猛雄健，更加展现了海洋中的弱肉强食。

图 3–29 独领神州

图 3–30 畅游千里

18. 畅游千里（图3–30）

（1）主题 一条大鲨鱼腾浪而起，身底的岩石作为支撑点，并配有浪花、珊瑚、小鱼等，气势庞大。

（2）寓意 此鲨鱼给人以高瞻远瞩之感，形容站得高、望得远，有独领海洋之霸气。

二、各种鱼类造型（图3-31至图3-43）

图 3-31 金鱼

图 3-32 鲤鱼

图 3-33 飞鱼

图 3-34 逆戟鲸

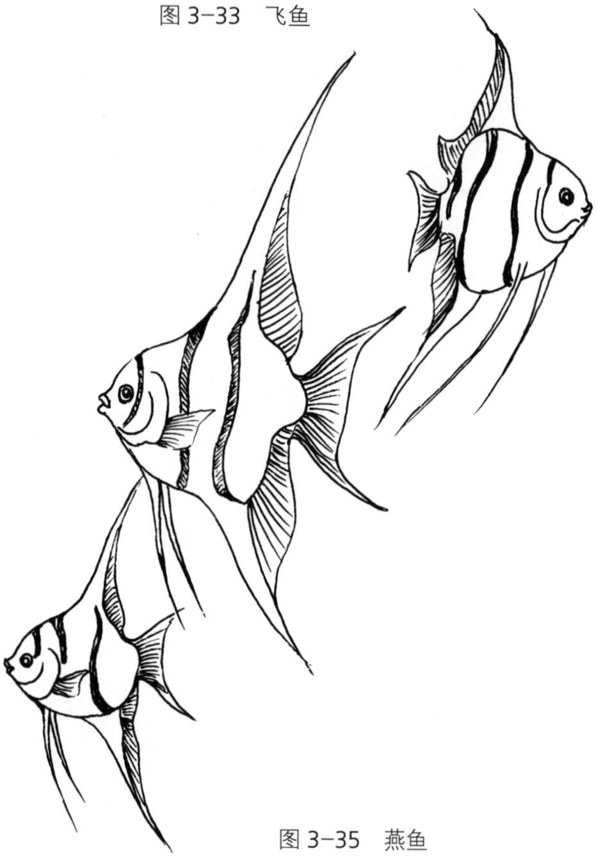

图 3-35 燕鱼

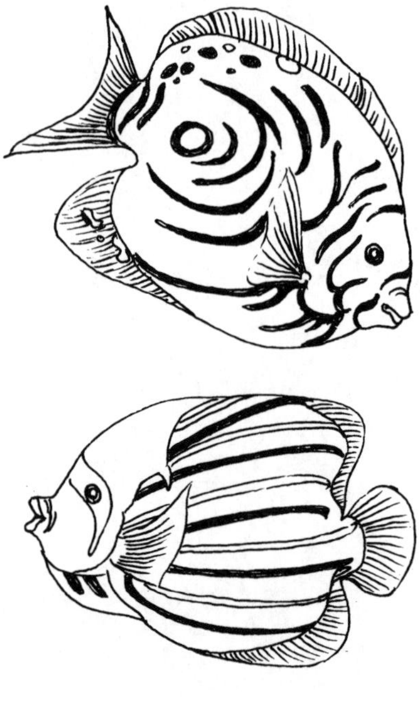

图 3-36 蝴蝶鱼

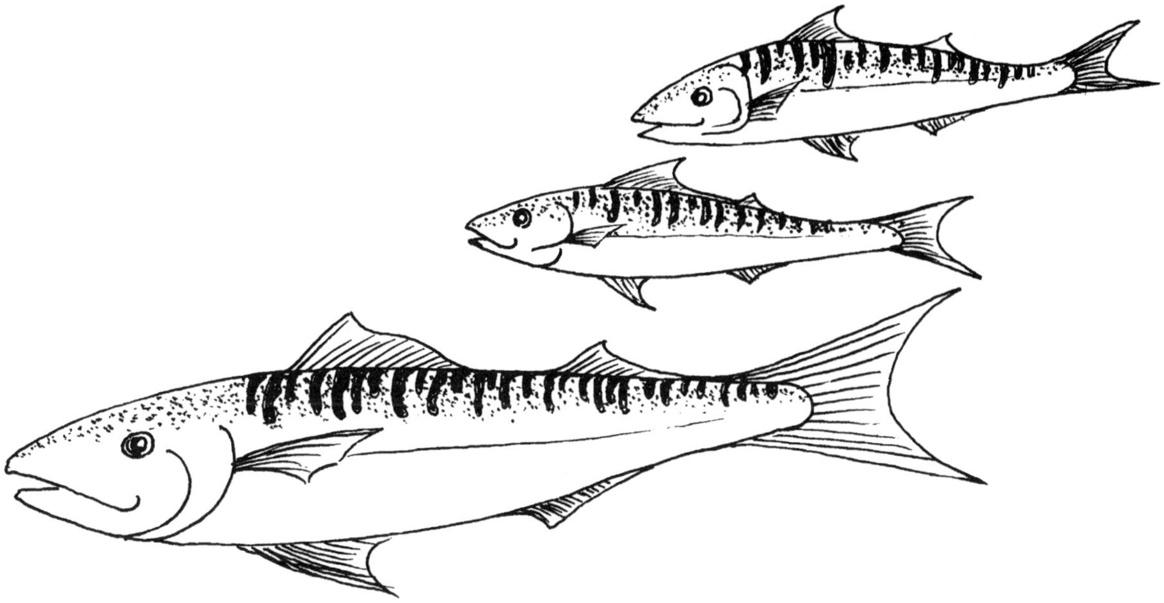

图 3–37　沙丁鱼

图 3–38　小丑鱼

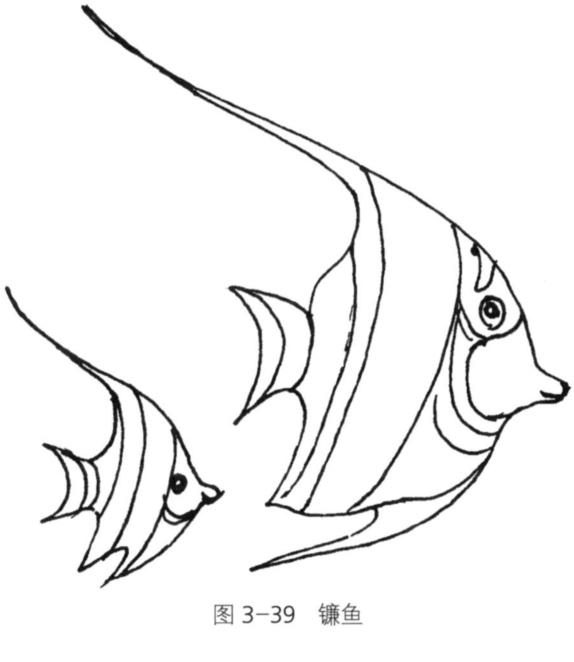

图 3–39　镰鱼

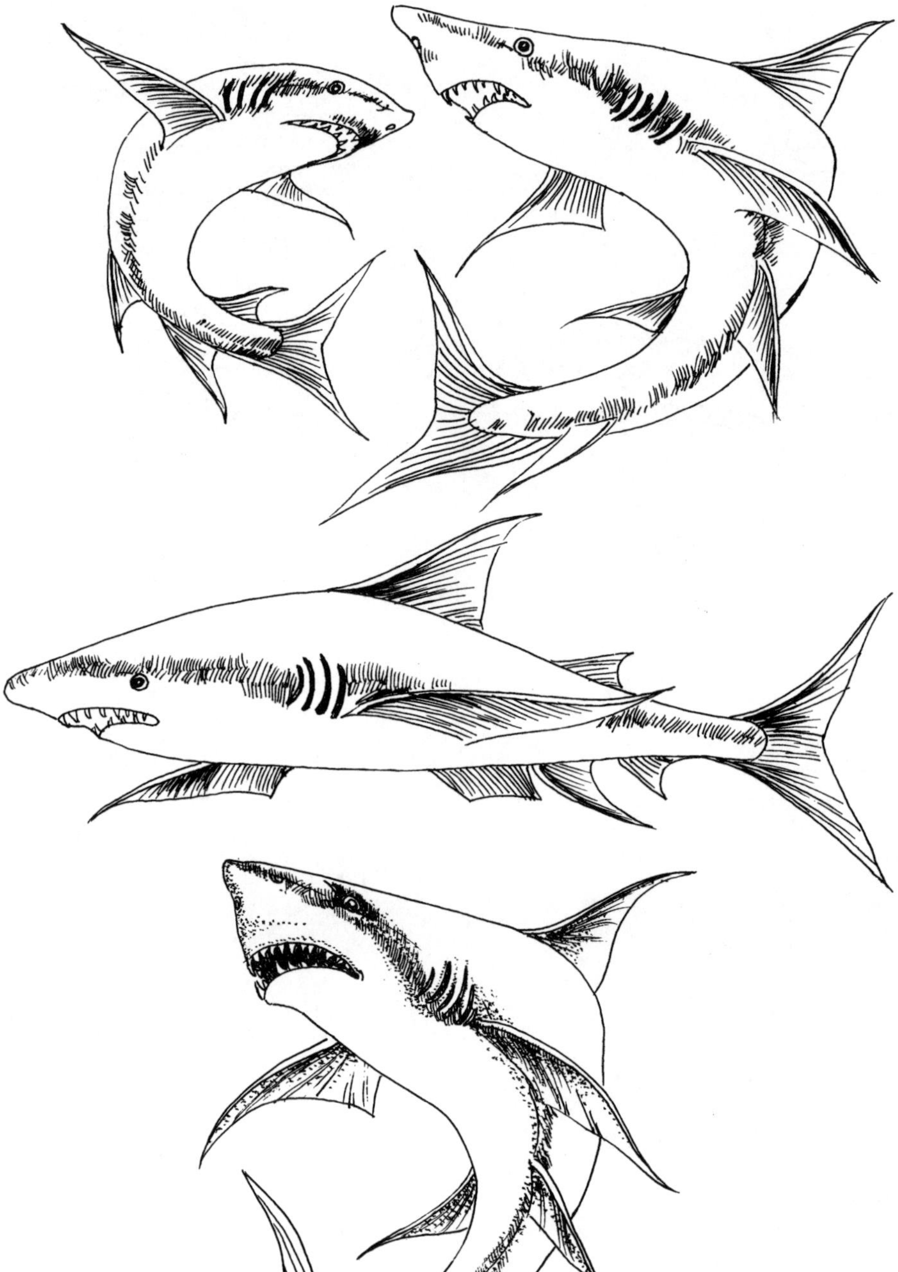

图 3-40　鲨鱼

图 3-41 蓝枪鱼

图 3-42 黄鳍鱼

图 3-43 海豚

三、各种螺类、贝类、虾类造型（图3-44至图3-56）

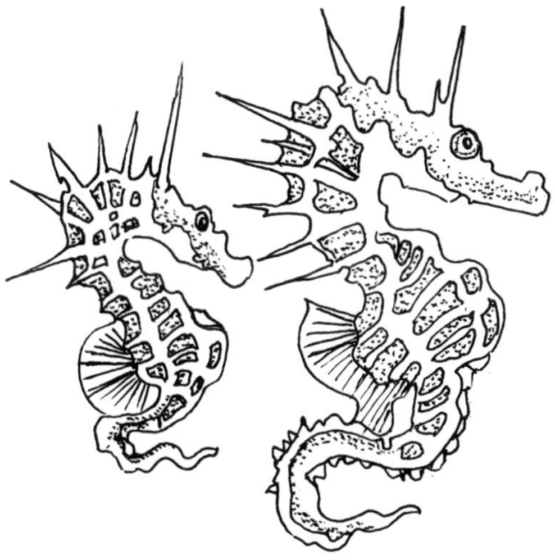

图 3-44 海马

图 3-45 海星

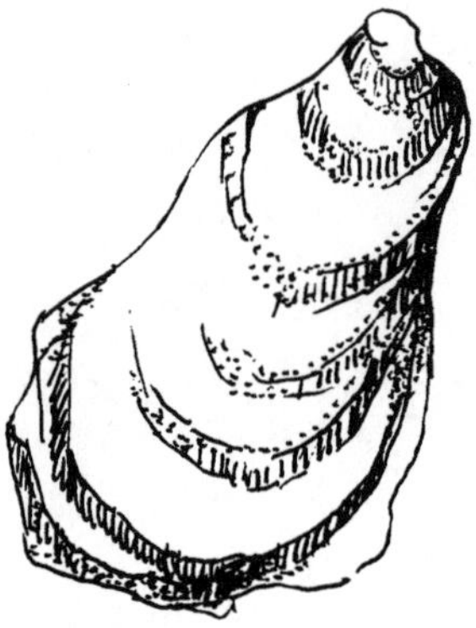

图 3–46 牡蛎

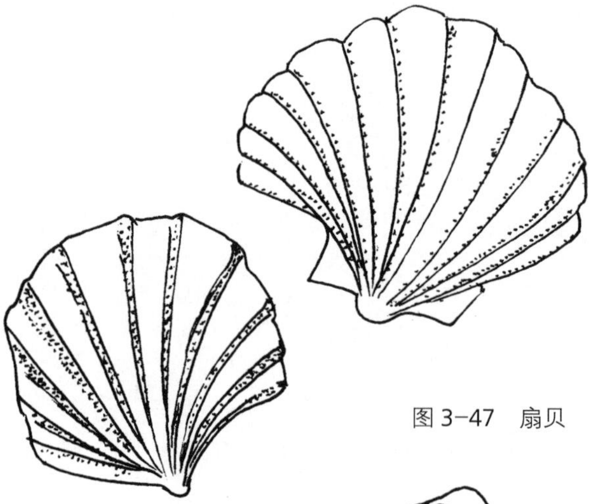

图 3–47 扇贝

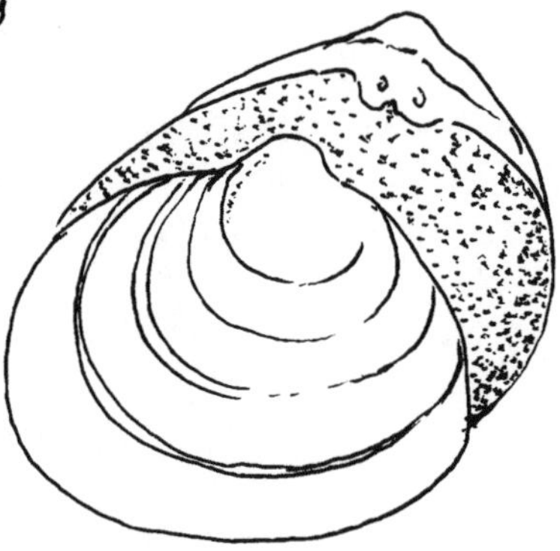

图 3–48 青蛤

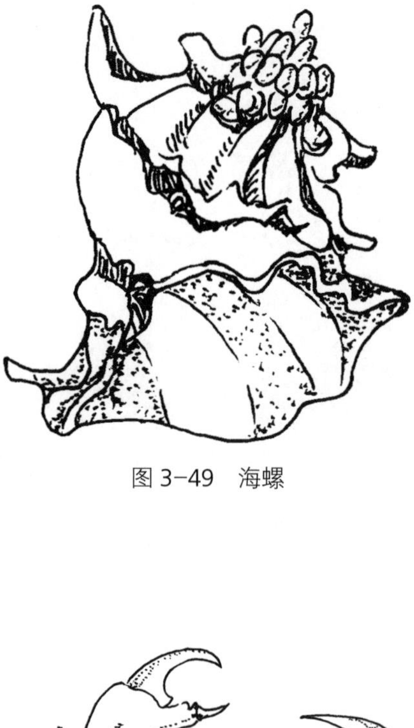

图 3–49 海螺

图 3–50 螃蟹

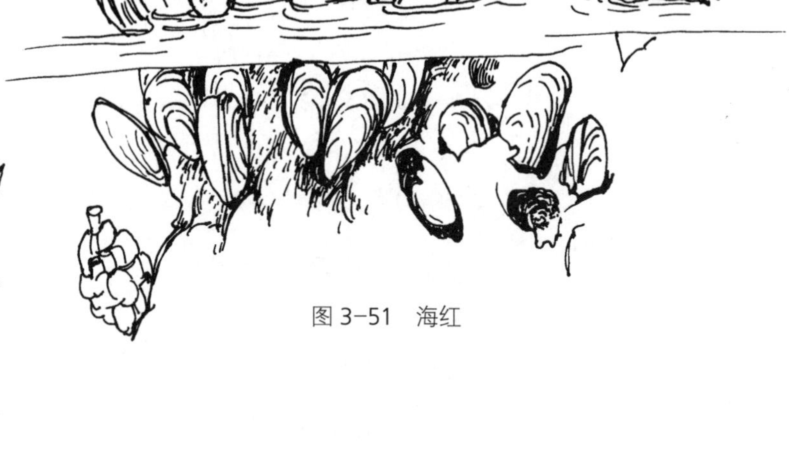

图 3–51 海红

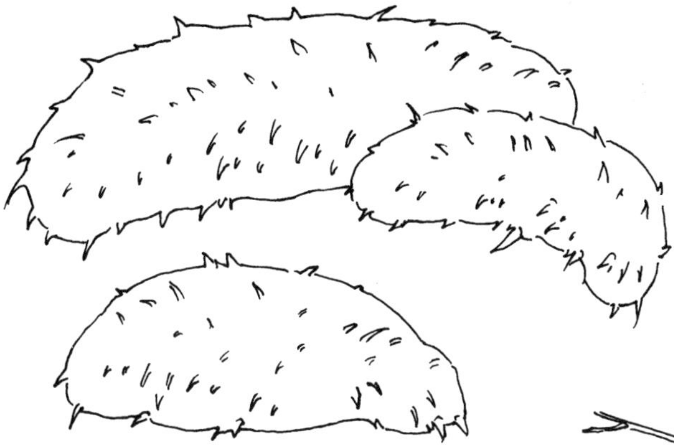

图 3-52 海参

图 3-53 龙虾

图 3-54 海胆

图 3-55 旋螺

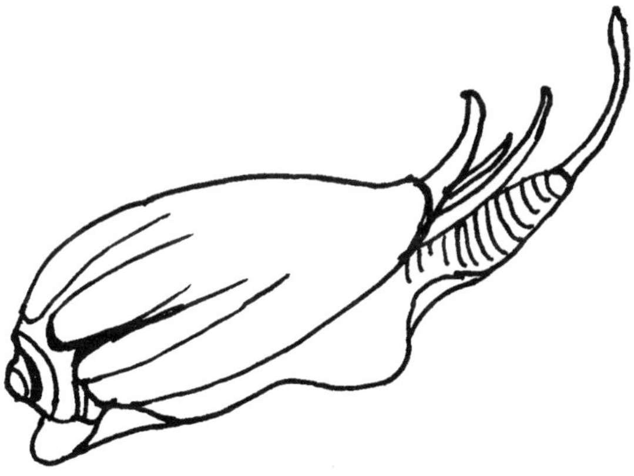

图 3-56 玉螺

四、海底世界造型设计（图3-57至图3-63）

图 3-57　海底世界（1）

图 3-58　海底世界（2）

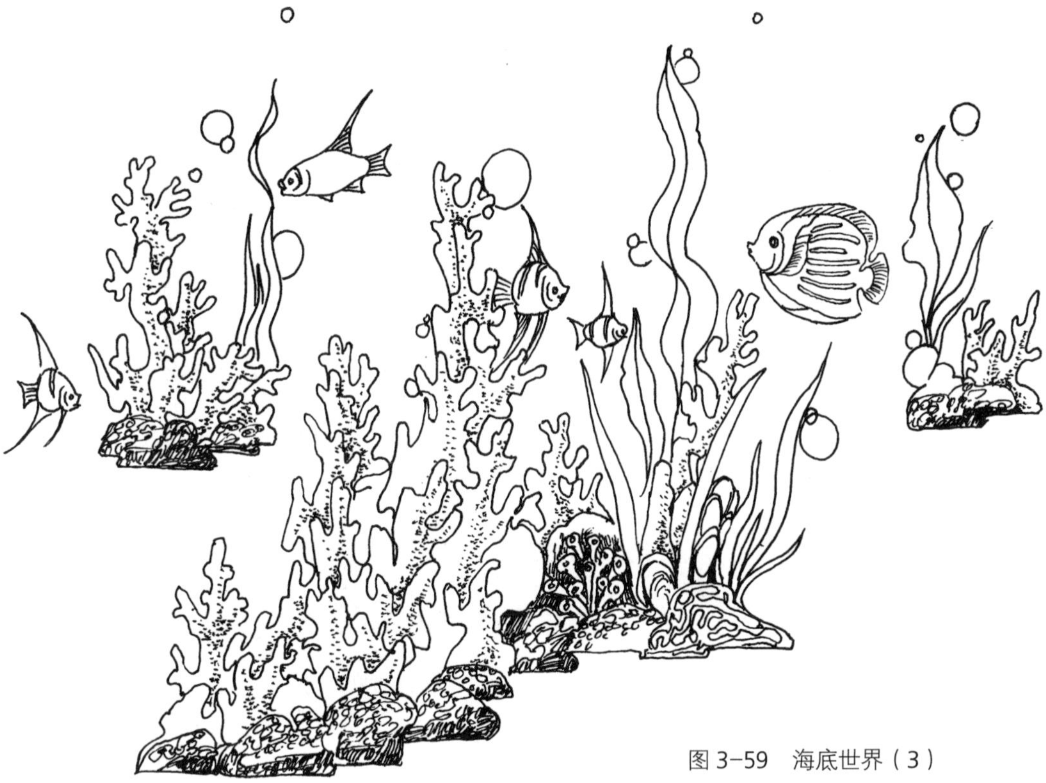

图 3-59 海底世界（3）

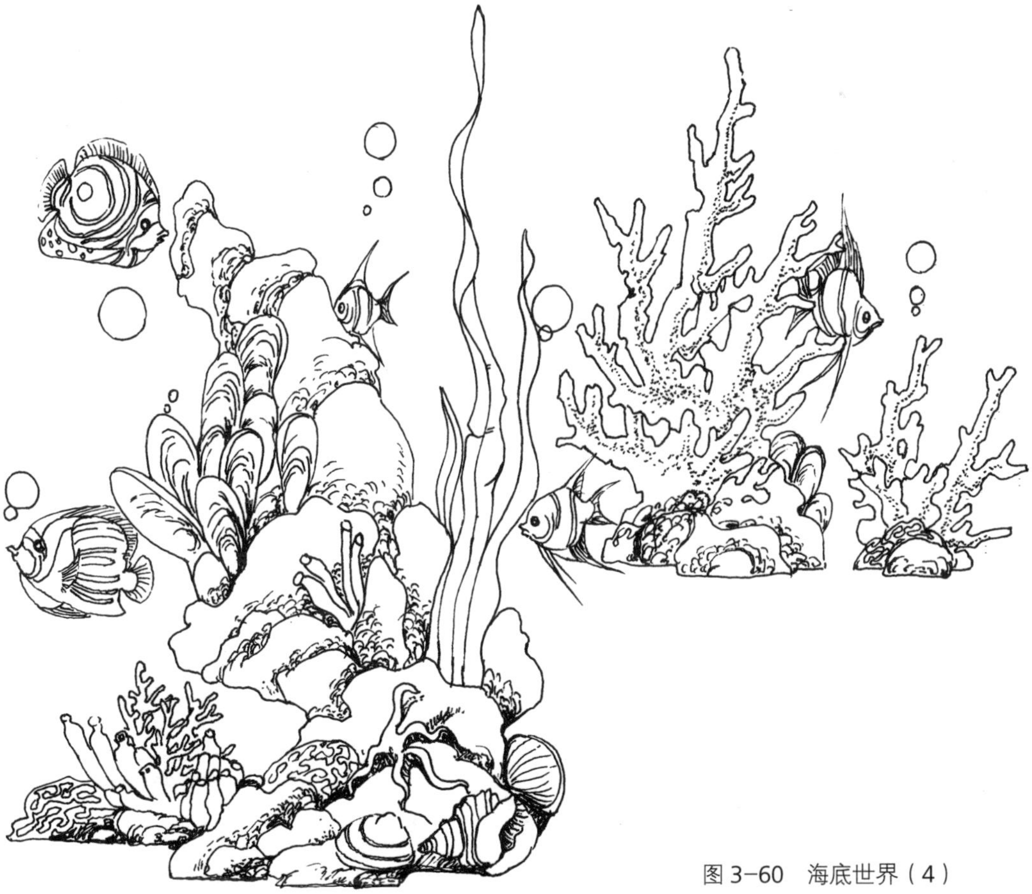

图 3-60 海底世界（4）

图 3-61　海底世界（5）

图 3-62　海底世界（6）

图 3-63　海

海底世界（7）

第四节 神兽雕刻解析

一、神兽

神兽是中国民间艺术家对自然界中的走兽进行美化，神化后的艺术形象，如中国四大神兽（图3-64）。它来源于自然又高于自然，大多是从古代人们在与自然现象做搏斗时，为了追求美好境界实现自己的愿望中虚化出来的，神兽成了人们征服自然驱除妖魔的精神寄托。

神兽是人们理想化的神物，神通广大。它们有的能翱翔蓝天；有的能翻江倒海；有的能驱邪辟妖；有的能带来吉祥。

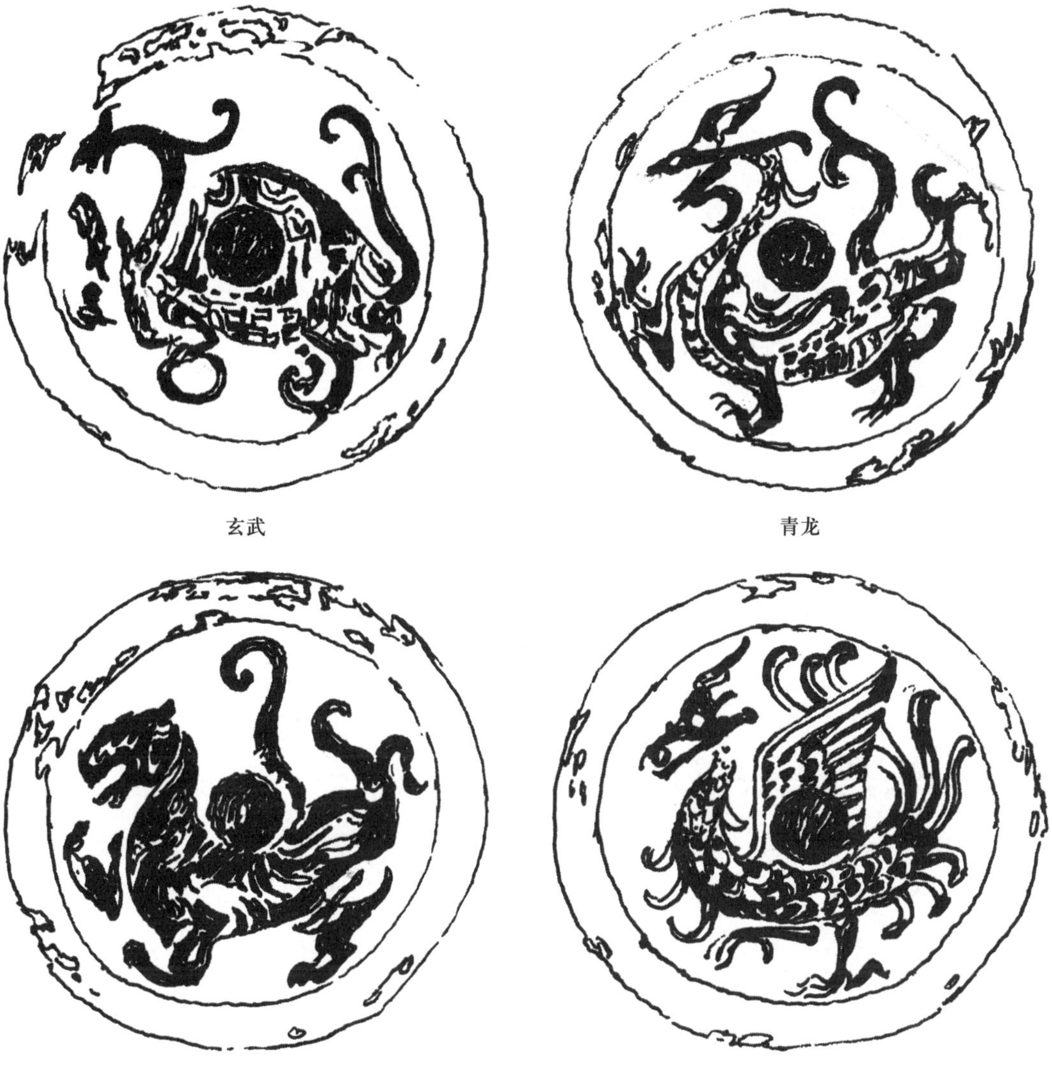

图3-64 中国四大神兽

二、龙的概述

龙是不存在于生物界中的一种虚拟的生物，我们现在看到的龙为“九似之物”——角似鹿、头似驼、眼似鬼、项似蛇、腹似蜃、鳞似鲤、爪似鹰、掌似虎、耳似牛。龙虽不存在于生物界，但它来源于生物界，是多种动物的综合体。龙起源于原始氏族社会的图腾崇拜，它是由许多动物图腾综合起来的虚拟物。龙的形象主要来源于蛇，奉龙为图腾。随着历史的发展，龙的演变和升华乃至最后成为“中国神龙”，成为中华民族发祥和文化的象征。而龙鱼（图3-65）、龙龟（图3-66）则是龙的演变，常用来寓意吉祥。

图 3-65　龙鱼

图 3-66　龙龟

三、龙造型各部位名称展示图（图3-67）

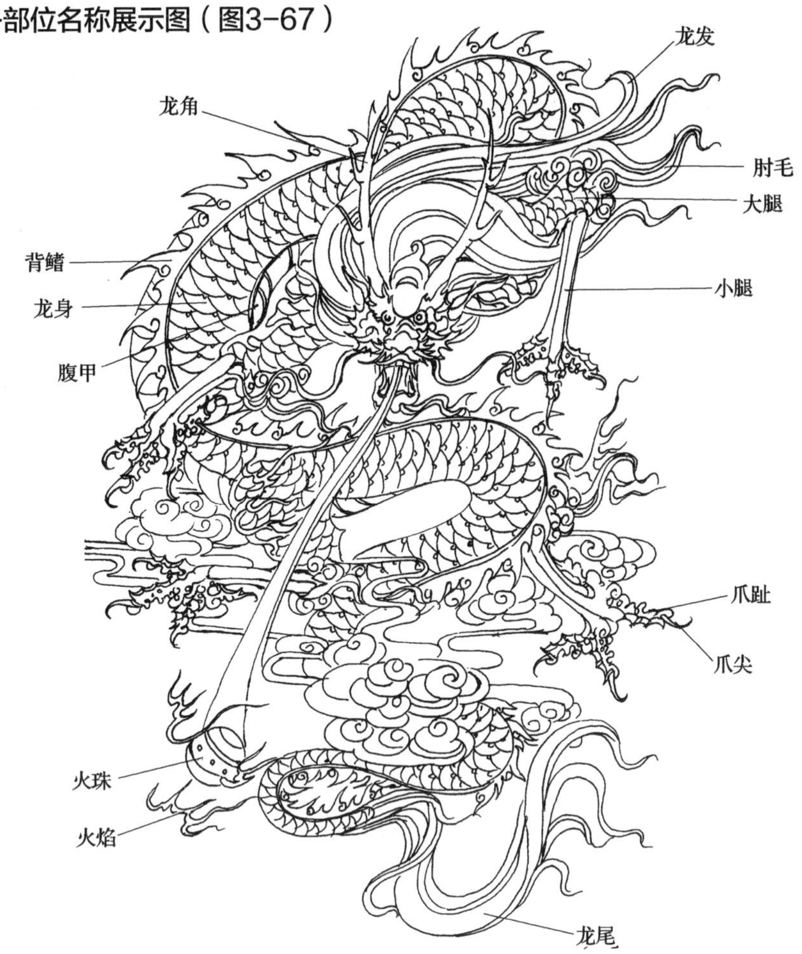

图 3-67　龙的造型

四、龙头造型各部位名称展示图（图3-68）

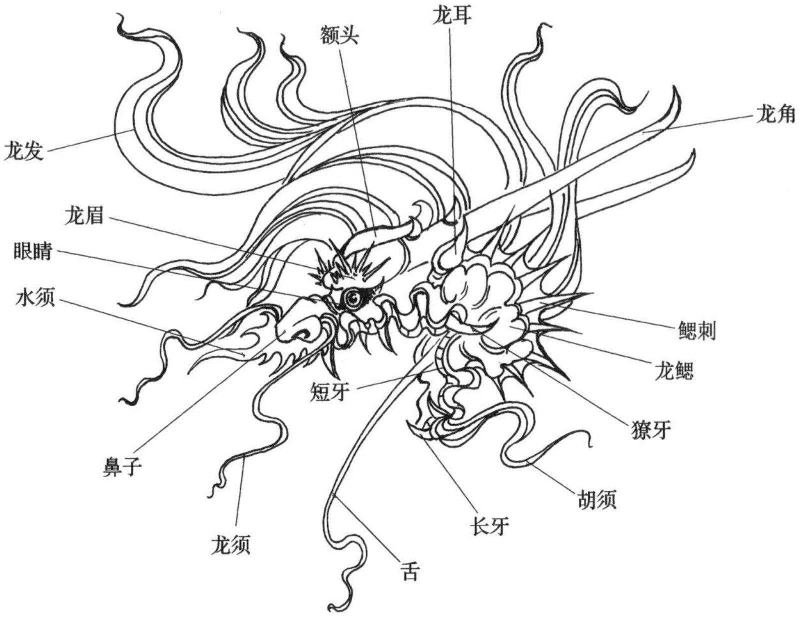

图 3-68　龙头造型

五、龙雕雕刻图解

1. 龙头雕刻图解（图3-69）

（1）取原料一根，去掉头和尾部。

（2）将中间主料用刀切开成长梯形。

（3）在梯形料最前端下刀，雕出水须及鼻尖。

（4）沿鼻梁到额头，依次雕出龙眼。

（5）用平口刀沿鼻翼后面下刀划出龙嘴的弧度和獠牙。

（6）依次雕出龙耳及龙鳃。

（7）将龙头的龙角根部雕出。

（8）细致调整出龙头、额、角及胡须。

（9）取一块长斧刃形原料，雕出龙角。

（10）再取一块大斧刃形原料，用平口刀在上边划出弯曲飘摆的龙发，并刻出。

（11）再取一薄斧刃料，用平口刀划出龙须。

（12）取一薄料，用平口刀划出舌头。

（13）取一薄斧刃料、用平口刀在上边划出鳃刺。

（14）取一小块料，用V形刀戳出龙眉。

（15）所有部件雕完后进行组装完成。

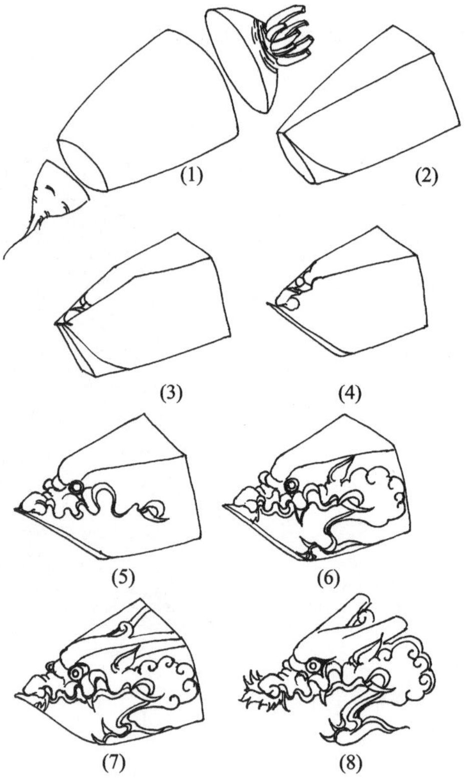

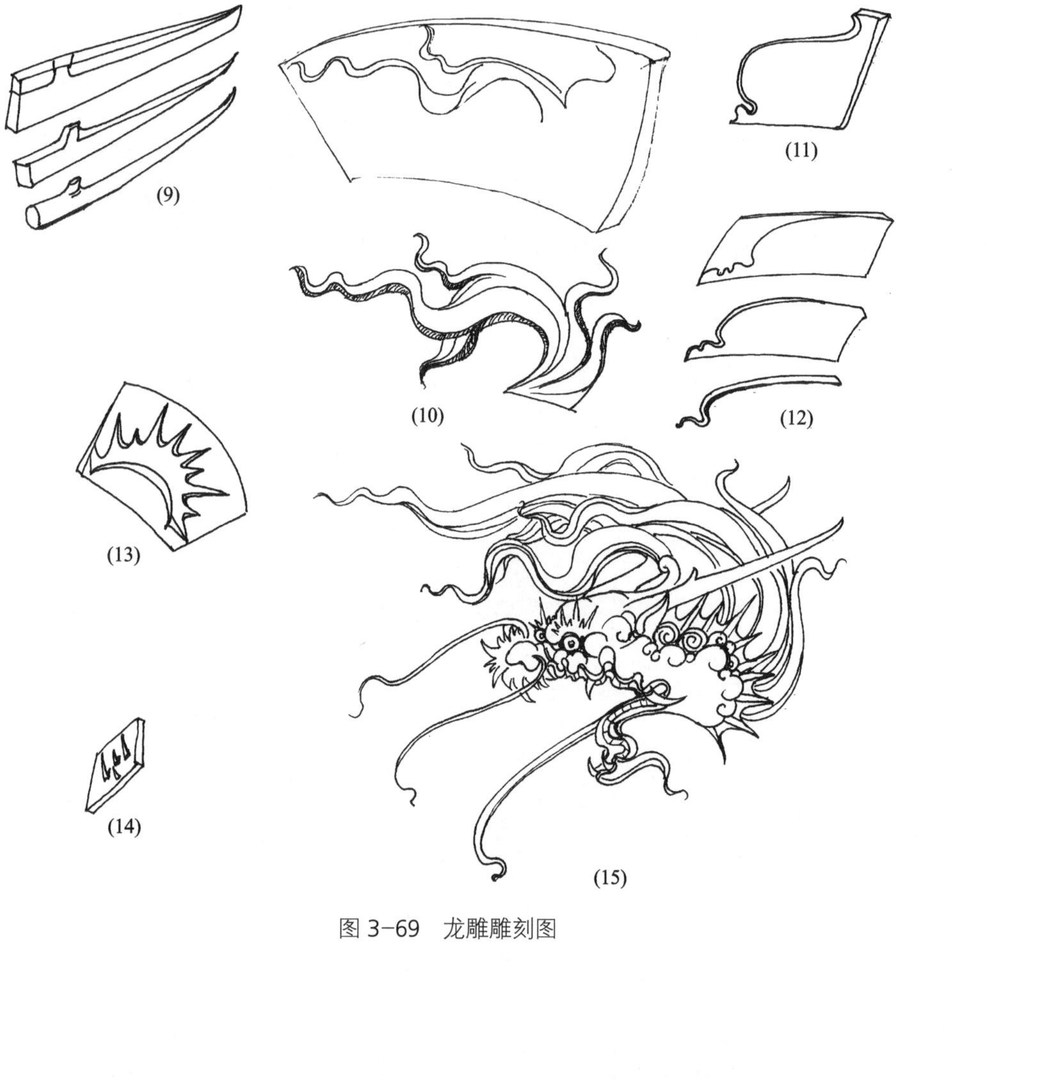

图 3-69　龙雕雕刻图

2. 龙尾雕刻图解（图3-70）

（1）取一块长薄斧刃料。

（2）用平口刀在薄斧刃的最上端下刀成曲线划出龙尾的上半部。

（3）依次划出龙的分支、主尾和次尾。

（4）将龙尾、龙身全部雕出。

（5）用平口刀细致划出龙身上的鳞片和龙尾上的纹路。

（6）取一长薄料，用平口刀划出龙的背鳍。

（7）进行组装完成。

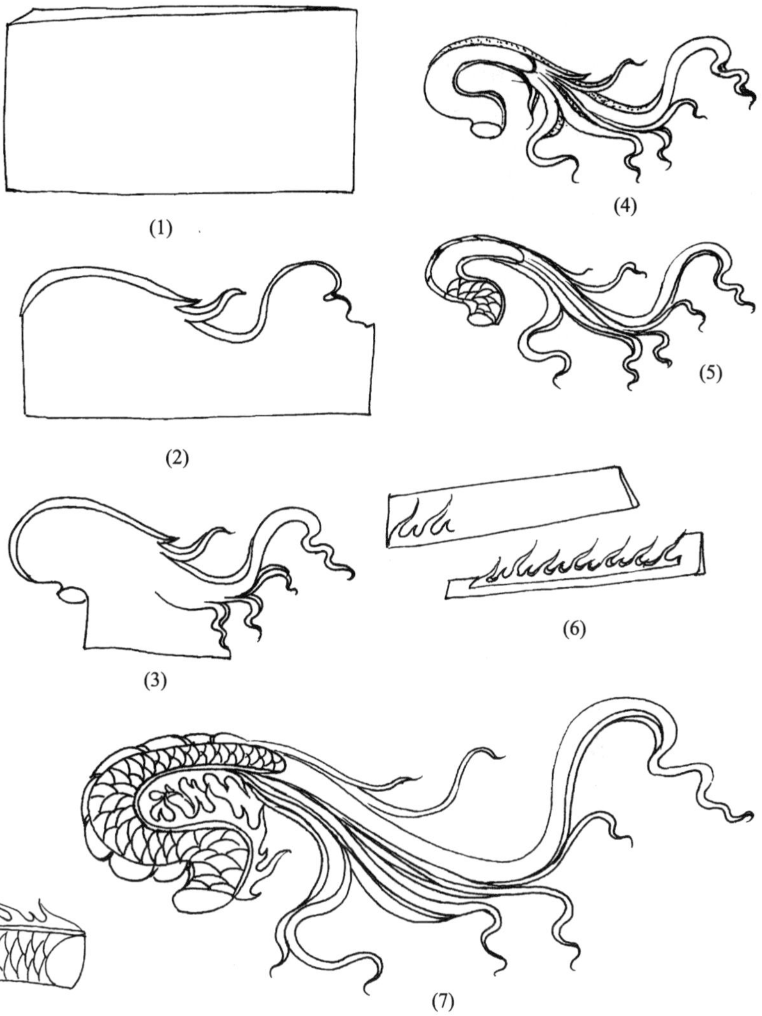

图 3-70 龙尾雕刻图

3. 龙身雕刻图解（图3-71）

（1）取一原料，顺长切去两块废料。

（2）取中间的主料备用。

（3）用平口刀在原料的最上端下刀成弧度去废料。

（4）再将龙身下面的废料去掉，让龙身成为S形的四个块面。

（5）将龙身上四个块面的棱角线去掉，划出腹甲再将背鳍棱角线雕出。

（6）取一长薄料，用平口刀依次划出龙身上的背鳍。

（7）进行组装完成。

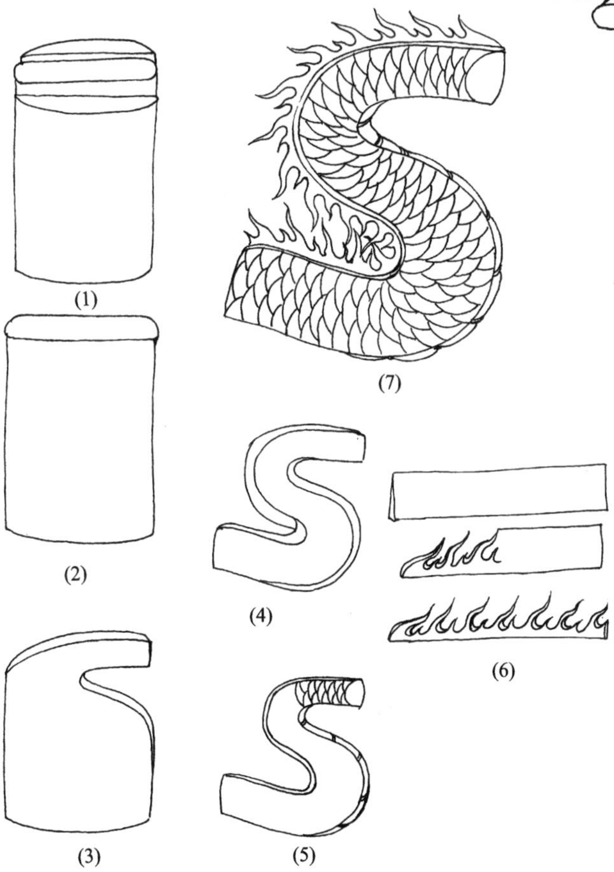

图 3-71 龙身雕刻图

4. 龙腿雕刻图解（图3-72）

（1）取一长斧刃原料。

（2）用平口刀先在最前端雕出龙爪尖及小腿、大腿的上部。

（3）再依次将小腿及大腿的下部雕出。

（4）用平口刀划出大腿上的皮毛和鳞片。

（5）取小料两块，分别雕出龙爪上的外爪和内爪。

（6）进行组装完成。

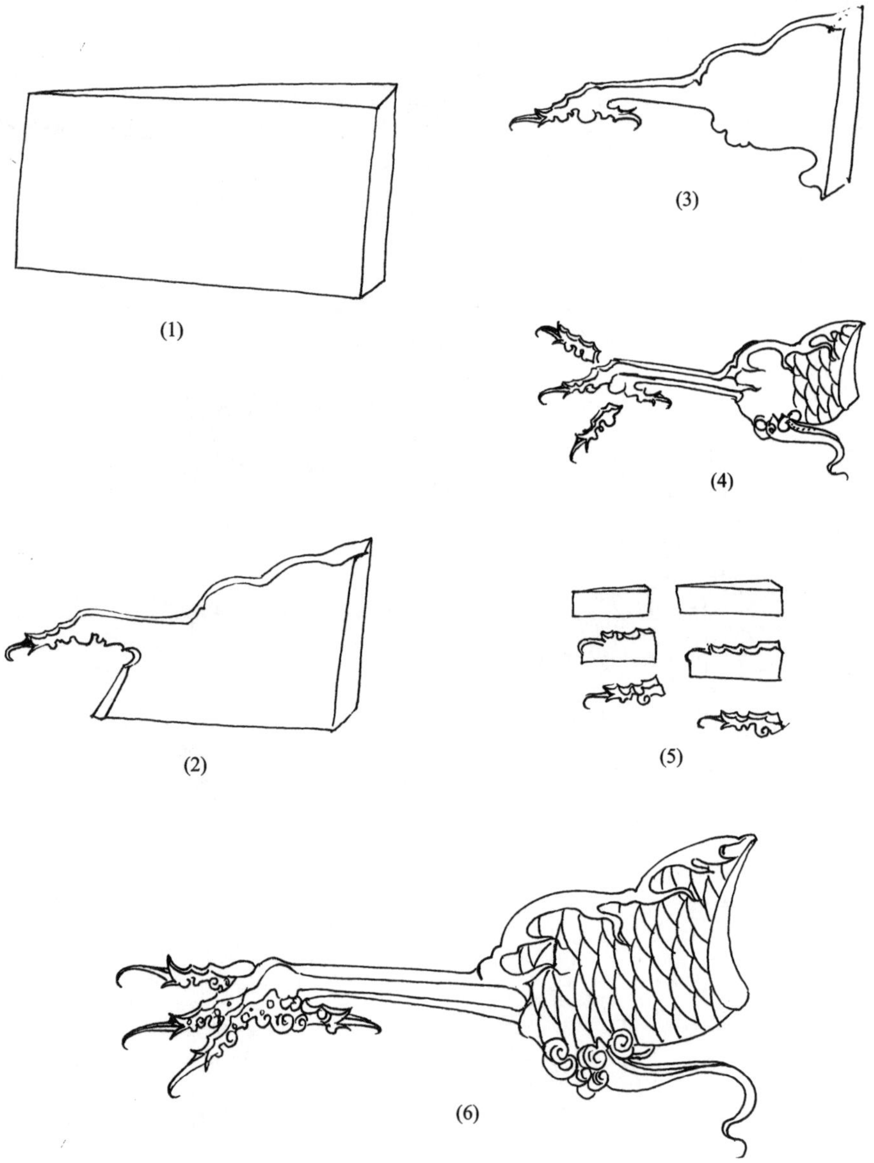

图 3-72 龙腿雕刻图

5. 整龙雕刻图解（图3-73）

（1）取一长原料，去掉头与根部。

（2）用刀将原料分成四等份。

（3）取其中一份先成弧度雕出龙脖颈一段，再依次雕出龙身中间一段和尾部一段。

（4）取一块薄斧刃料，用刀划出龙尾。

（5）将三段龙身进行组合。

（6）将组合后的龙身，划分出腹甲。

（7）取斧刃原料两块，分别雕出龙的两条前腿。

（8）取一梯形原料细致的将龙头雕出。

（9）取一长薄料，用刀划出龙嘴里吐出的水柱。

（10）再取一块原料，雕出云彩卷。

（11）取一薄料，依次将龙身背鳍雕出。

（12）将所有雕成的附属体与龙身进行组装。

（13）细致刻画龙身，完成。

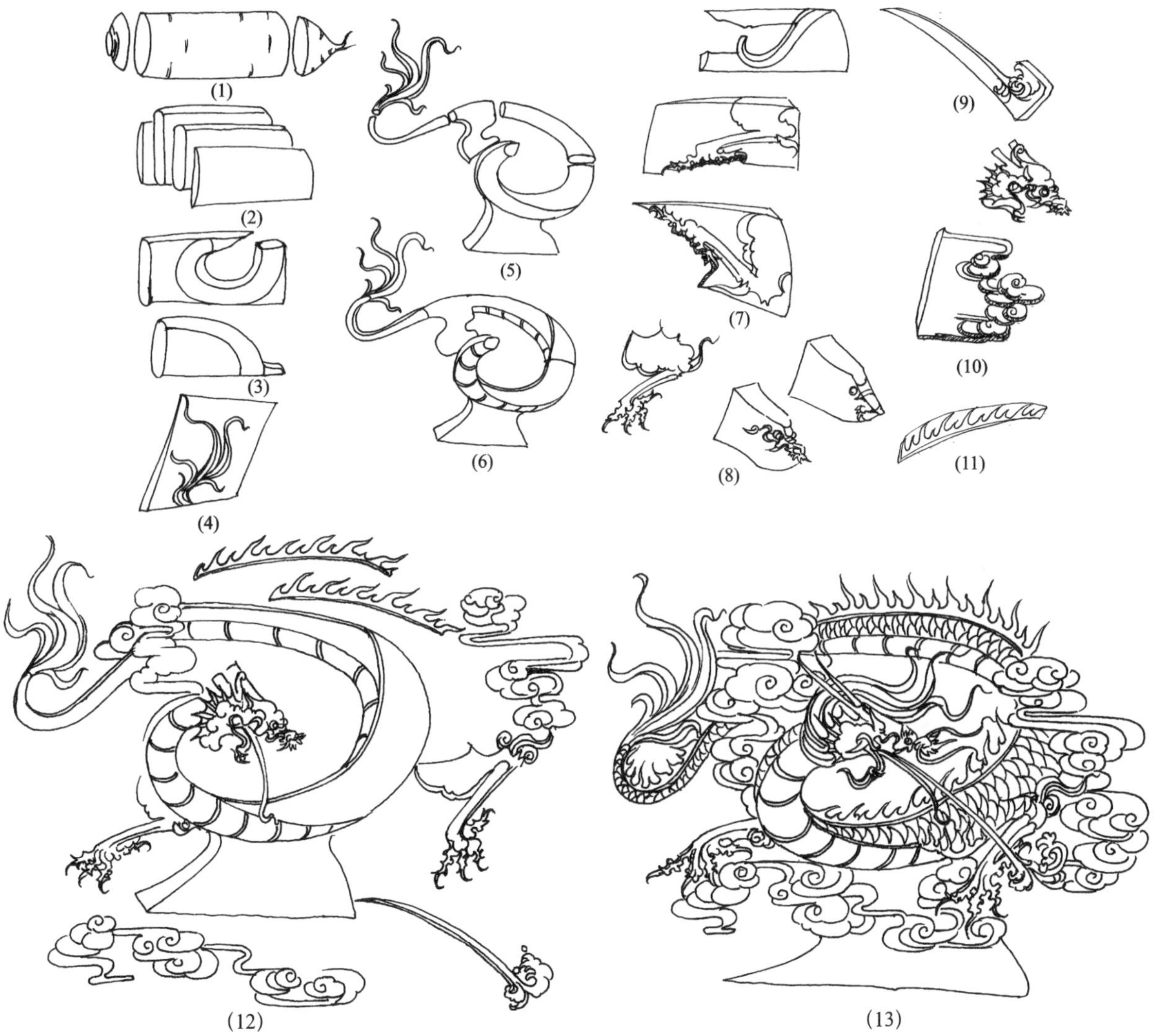

图 3-73 整龙雕刻图

第五节　神兽造型设计

一、龙头（图3-74）

图 3-74　龙头

二、龙腿、龙爪（图3-75）

图 3-75　龙腿、龙爪

三、龙尾（图3-76）

图 3-76　龙尾

四、龙身（图3-77）

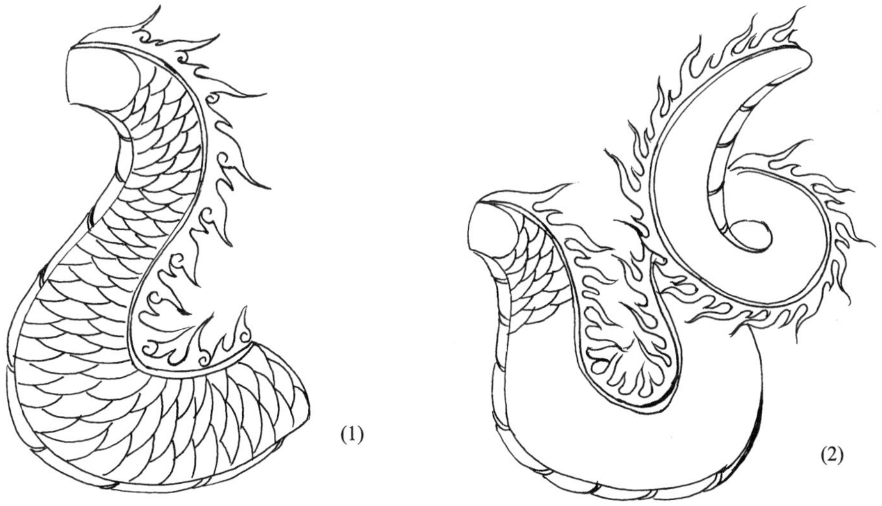

图 3-77　龙身

图 3-78 团龙

五、团龙（图3-78）

1. 主题

团龙，龙头在下、龙尾在上、口吐火珠、脚踏浮云，下边有翻起的浪花。

2. 寓意

团龙象征着圆圆满满、吉祥、高贵。

六、龙霸神州（图3-79）

1. 主题

一条正面对视的龙，口吐火珠，遨游空中，两腿蹬开，展示着它的威武气概。

2. 寓意

象征着英雄，威震四方、独领神州。

图 3-79 龙霸神州

七、龙腾盛世（图3-80）

1. 主题

一条座龙充分显示了它的苍老、干练，有高高在上之感，嘴里吐出的水柱似乎能形成江河。

2. 寓意

有高高在上之感，象征着地位、有权威之意。

图 3-80　龙腾盛世

图 3-81　二龙戏珠

八、二龙戏珠（图3-81）

1. 主题

两条巨龙舞动着自己矫健的身躯，相互争执，在翻起的浪花上，互戏火珠。

2. 寓意

二龙张开四爪、抢夺宝珠，两者又遥相呼应，展现了威武中的灵秀，健美中的柔和。

九、金龙吐玉（图3-82）

1. 主题

一条被水浪托起的金龙，猛然回头，口吐玉珠，双爪前伸。

2. 寓意

象征着正要捕捉财富之意，玉相当于宝物、财富的象征，有聚财之意。

图 3-82 金龙吐玉

十、翻江倒海（图3-83）

1. 主题

一条猛龙在波涛汹涌的浪花上，伸出前爪、大嘴张开、双眼圆睁、目视前方，凶悍有力。

2. 寓意

充分体现了此龙凶猛强悍、英勇不屈的效果。

图 3-83 翻江倒海

十一、猛龙过江（图3-84）

1. 主题

一条回转身子、前爪伸出的巨龙，在江水的衬托下，显得更加凶猛。

2. 寓意

此龙有勇往直前、不可阻挡之意。

图 3-84 猛龙过江

十二、龙马精神（图3-85）

1. 主题

在翻起的浪花上，一龙一马遥相呼应。似乎正在对话，展现了各自的勇敢气势。

2. 寓意

人们通常将威武的龙、雄壮的马，比喻成“龙马精神”，象征着中华民族的精神。

图 3-85 龙马精神

图 3-86 龙马争霸

十三、龙马争霸（图3-86）

1. 主题

一匹野马在一条威猛的巨龙下面迎面翻滚，四脚朝天，但看上去似乎还要与龙势比高低，毫无畏惧。

2. 寓意

此作品体现了龙马争霸，马明显表现较弱的趋势，跟龙相比显得格外渺小，更加突出了龙的神兽化身。它是强盛和荣耀的标志。

十四、麒麟祥瑞（图3-87）

1. 主题

麒麟脚踏玉书和吉祥葫芦，仰头长啸、脚下又有祥云加以衬托。

2. 寓意

麒麟为祥瑞之兽，它含仁怀义，择土而后践、不踩任何活物，与它头顶上的角一起，被看做是美德的象征。有麒麟所至，祥瑞相随而现之说。

图 3-87 麒麟祥瑞

十五、麒麟献玉书（图3-88）

1. 主题

一麒麟脚踩葫芦，转身回头、口吐玉书。麒麟是传说中的神兽，麒麟状如鹿。

2. 寓意

古人传说在孔子出生之前，麒麟来到他们的院中，口吐玉书，麒麟后来被人们认为是祥瑞如意的征兆，有“麟书呈祥”“麒麟送书”“麒麟送子”的赞誉。

图 3-88 麒麟玉书

十六、麒趾呈祥（图3-89）

1. 主题

一麒麟前右腿抬起，转头观望，左爪踩一葫芦、背上部一火珠。

2. 寓意

人们将朋友家的孩子誉称为“麒麟儿”，《诗经》曾用“麟趾”称赞子孙后代知书达理，后来“麟趾”一词被用于祝颂子孙贤惠。

图 3-89 麒趾呈祥

十七、玉麒麟（图3-90）

1. 主题

一只麒麟俯身朝下，嘴吐火珠，脚踏祥云。

2. 寓意

麒麟为仁兽，是吉祥的象征，能为人带来子嗣。

图 3-90 玉麒麟

图 3-91 麒麟戏珠

十八、麒麟戏珠（图3-91）

1. 主题

作品由麒麟、火珠和云彩构成。

2. 寓意

麒麟为送子神物。

图 3-92 狮滚绣球

十九、狮滚绣球（图3-92）

1. 主题

一头大狮子脚踏绣球，转头望视前方，下方的两个小狮子遥相呼应，活泼可爱。

2. 寓意

民间在吉庆的日子里常举行舞狮活动，模仿狮子行走、坐卧、俯仰、跳跃。

图 3-93 狮舞神州

二十、狮舞神州（图3-93）

1. 主题

一对狮子，一上一下，相互嬉戏、舞动绣球，在云彩的陪衬下更加神韵。

2. 寓意

舞狮代表着中国的民间传统文化，民间的喜庆节日都不可缺少的一项民间娱乐活动，体现了祖国神州大地上民族的崛起、更象征祛灾祈福。

第四章　兽类、自然景观和吉祥文字雕刻解析与造型设计

第一节　兽类雕刻解析

一、兽类概述

兽类是动物界中进化程度最高的自然类群，兽类属于脊椎动物中的哺乳纲，都是由爬行类进化而来的。从进化的程度来说，可分为原兽类，如鸭嘴兽、针鼹等卵生动物，它们是兽类中最原始的一类；其次是后兽类，这一类动物虽较原兽类进化程度高些，但也属于古老低等的一类，如有袋类动物，它们虽然是胎生，但没有胎盘，幼兽是在母兽的育儿袋中发育成长的；最后是真兽类，它们是现生兽类中最高等的哺乳动物，是脊椎动物甚至整个动物界中进化地位最高的类群。据统计，我国现生的兽类共有450余种，占世界兽类总数的10.6%，共有14目50科。

二、常见兽类雕刻图解

1. 兔

（1）生态特征　兔子是食草动物，上嘴唇中部短而向上翘，它们的牙齿十分锐利，适于咀嚼。它们的耳朵又大又长不仅能听到四面八方的声音，而且还能起到调节体温的作用。兔子是家兔的通称，由野兔驯化而来，繁殖能力较强，灵活好动，因而深得人们的喜爱，于是它们也被列入宠物的行列（图4-1）。

图 4-1　兔

（2）雕刻图解（图4–2）

① 取一弯度较大的原料一根，在原料的最前端下出梯形，在原料的1/3处再下出一厚斧刃形，这两处都属于兔头的位置。

② 用平口刀分别雕出两只兔的头及背部，身形外轮廓。

③ 再依次将兔奔跑的腿形以及下边的岩石轮廓雕出。

④ 将兔的整体身形先划分成四个块面。

⑤ 再依次将块面上的棱角线去掉，雕出兔眼。

⑥ 取一整原料，去掉头部，用平口刀先雕出萝卜的上边外形，再去掉下边的废料，将萝卜整理完成。

⑦ 取一胡萝卜，用刀削去多余的废料，最后修出胡萝卜外形，安上缨即成。

⑧ 取一块薄斧刃料，先用U形刀戳出兔子的耳窝，再用平口刀划出兔耳的外轮廓。

⑨ 进行组装，即完成。

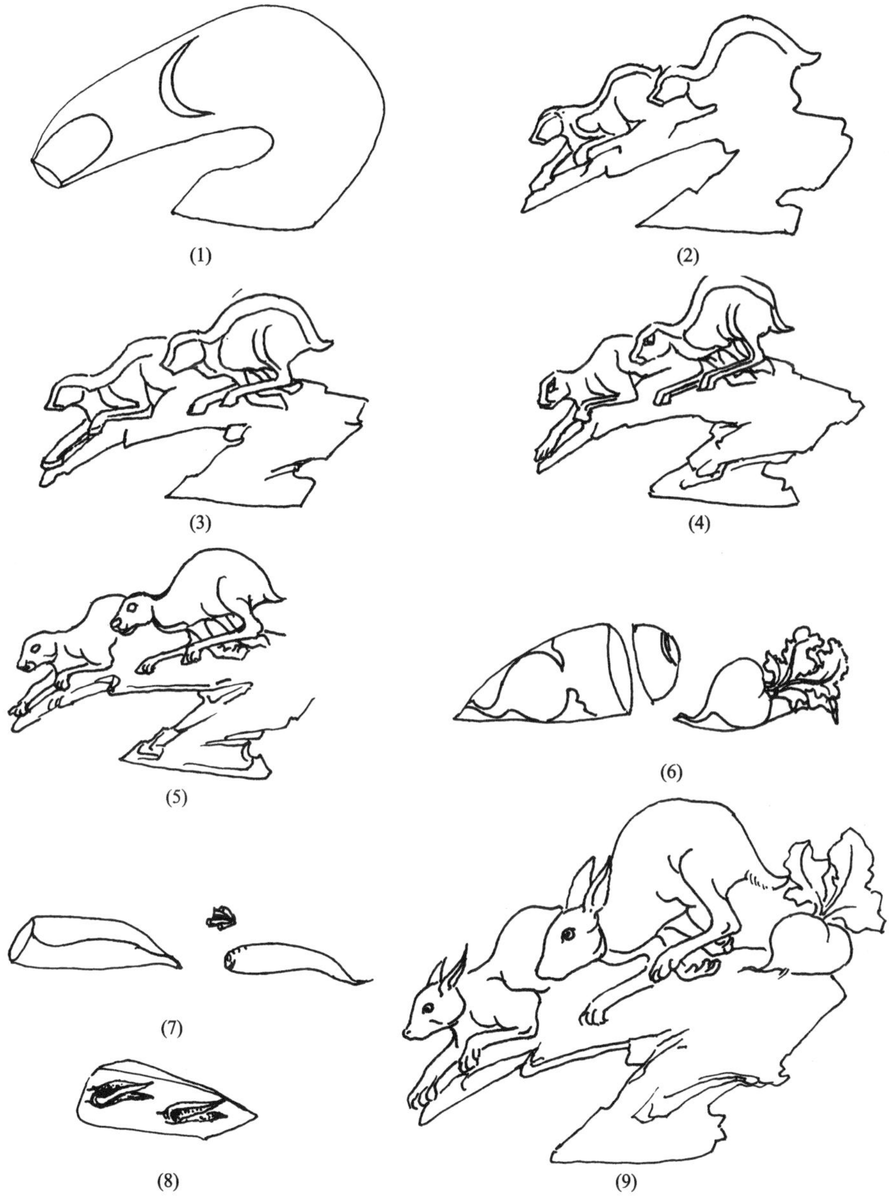

图 4–2　兔雕刻图

2. 鹿

（1）生态特征　鹿是一种原始反刍动物，美洲和亚欧大陆都有分布，通常生活在森林地区，在树木稀少的沼泽地里也能见到它们的身影，鹿可以与人类和平共处，有野生也有人工饲养。鹿角的形状或短或长、有的还分出很多叉，鹿主要吃草、嫩枝、树皮和芽等食物，每年还要进行长距离的迁徙。

鹿的种类繁多，体形大小不一，小的只有狗一般大，大的如马一般大小。鹿一般过群居生活，其毛为棕色、或灰色，鹿身上有很多东西都可作为珍贵药材和装饰品（图4–3）。

图 4–3　鹿

（2）雕刻图解（图4–4）

① 取一根略有弯度的原料。

② 在原料的两侧去掉厚皮、切成薄梯形，再取其中一块薄料顺长接在主原料上面，待用。

③ 用平口刀先从原料的最前端下刀，雕出鹿头上半部和鹿角外轮廓。

④ 依次将鹿的整体身形用四个块面来概括，再将下面的山石雕出。

⑤ 细致雕出鹿眼及鹿身上的结构。

⑥ 去掉棱角线，将鹿的整体身形修饰光滑，即完成。

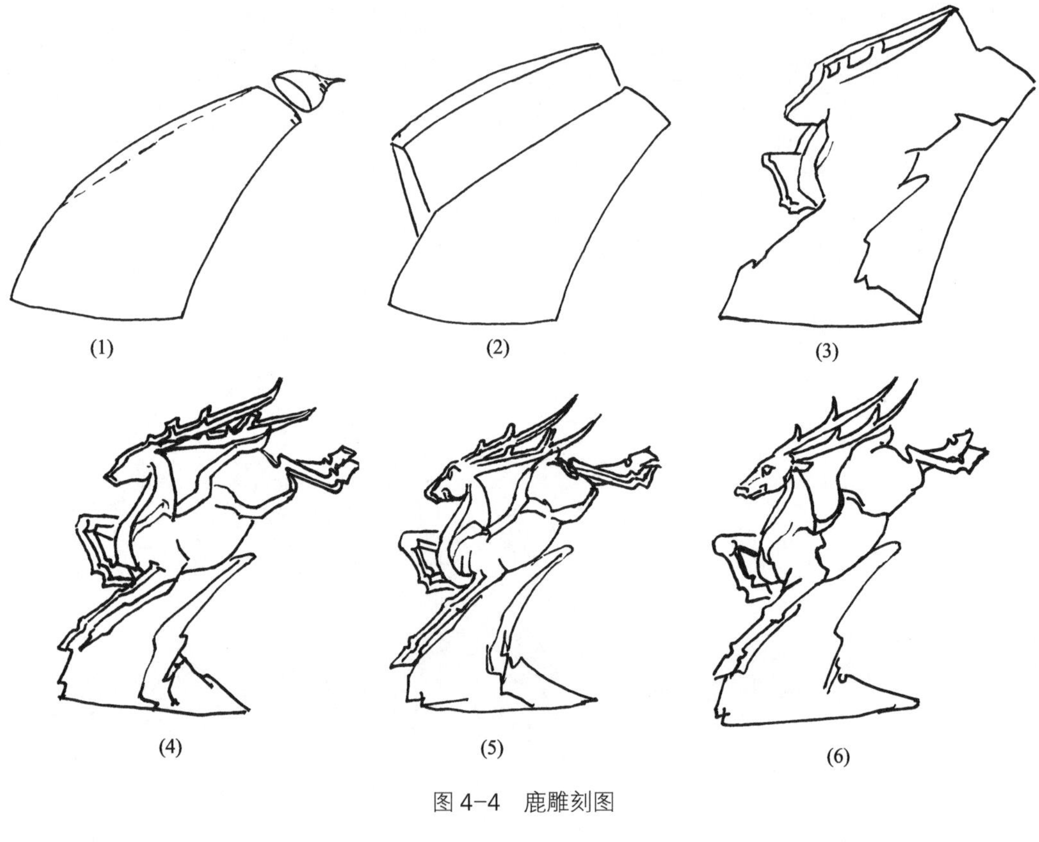

图 4–4　鹿雕刻图

3. 马

（1）生态特征　马是草食性家畜，在4000多年前被人类驯服，马在古代主要被用做交通工具和农业生产。

不同品种的马，体格相差悬殊，重型品种体重达1200千克、体高200厘米；小型体重不到200千克，体高仅95厘米。

马的头面平直偏长，耳短、四肢长、骨骼坚实、肌腱和韧带发育好。马的颜色有黑色、栗色、褐色、奶油色和白色等。马对气味和声音的辨别力很强，路途识别能力也强，能从数百里以外返回原地。马的平均寿命为30～35岁，最长可达60岁。

马的祖先是生活在5000多万年前新生代、第三纪的始祖马；大约过了1000多万年，到渐新世时才出现渐新马；又过了1000多万年到中新世时出现了草原古马；最后随时代变迁和进步，形成了现在的马（图4-5）。

图4-5　马

（2）雕刻图解（图4-6）

① 取一根带弯度的原料，去掉根部，在有弧度的上端再粘合一块料，便于雕刻马头。

② 用平口刀先将原料的最上端下刀，雕出马头及马脖子。

③ 将整体马的外形轮廓，采用四个块面来划分，再将马腹部以下的岩石雕出。

④ 再取一块薄斧刃料，粘合在马脖子上，用平口刀划出马鬃飘摆的弧度。

⑤ 去掉多余棱角线，用平口刀将马修饰光滑，再用U形刀戳出马身上及腿部的肌肉块，这样能增加马的力量和结实感。

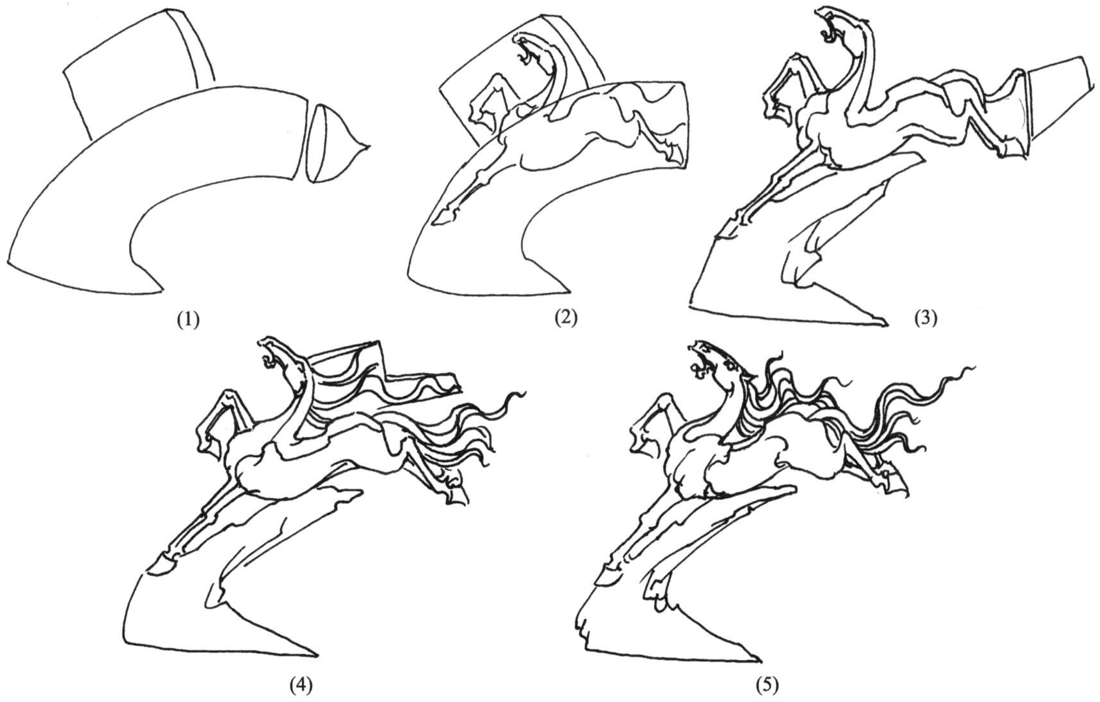

图4-6　马雕刻图

4. 牛

（1）生态特征　牛属草食性反刍家畜，哺乳纲、偶蹄目、牛科，肉和乳可供食用。牛还可用于农业生产。

普通牛分布较广，头数最多，世界上牛头数最多的国家是印度。

牛的起源是“原牛”，在新石器时代开始驯化，驯化后的普通牛在外形、生物学特性上都有很大变化，体形变得高大健壮、四肢粗壮。

图 4-7　牛

在牛科动物中，一般将牛、水牛、倭水牛、非洲野牛等通称为牛类，共约16种。牛类是哺乳动物中最后出现的一个类群。家牛适应性很强，过群居生活，适合家养。牛属一种安静的动物，性格温顺，如被惹怒，会发起凶猛攻击。中国人向来把牛当做吃苦耐劳的象征（图4-7）。

（2）雕刻图解（图4-8）

① 取较粗的原料一根，在下面粘合一底座，将牛的姿态大体划在粗原料上，有一个形体轮廓。

② 采用平口刀在原料的前上方呈弧度去掉废料，形成一个厚梯形。

③ 沿梯形的上端下刀，将牛的脊背、腰先雕出大形。

④ 再依次将牛的头部、腿部、形体姿势、岩石，用块面的形式分割出来。

⑤ 去掉牛身上的棱角线，再用U形戳刀戳出牛身上及腿部的运动肌肉，细致雕出牛眼、牛尾。

⑥ 取一小块料，用平口刀将牛角刻出。

⑦ 再取一小块料，雕出一对牛耳。

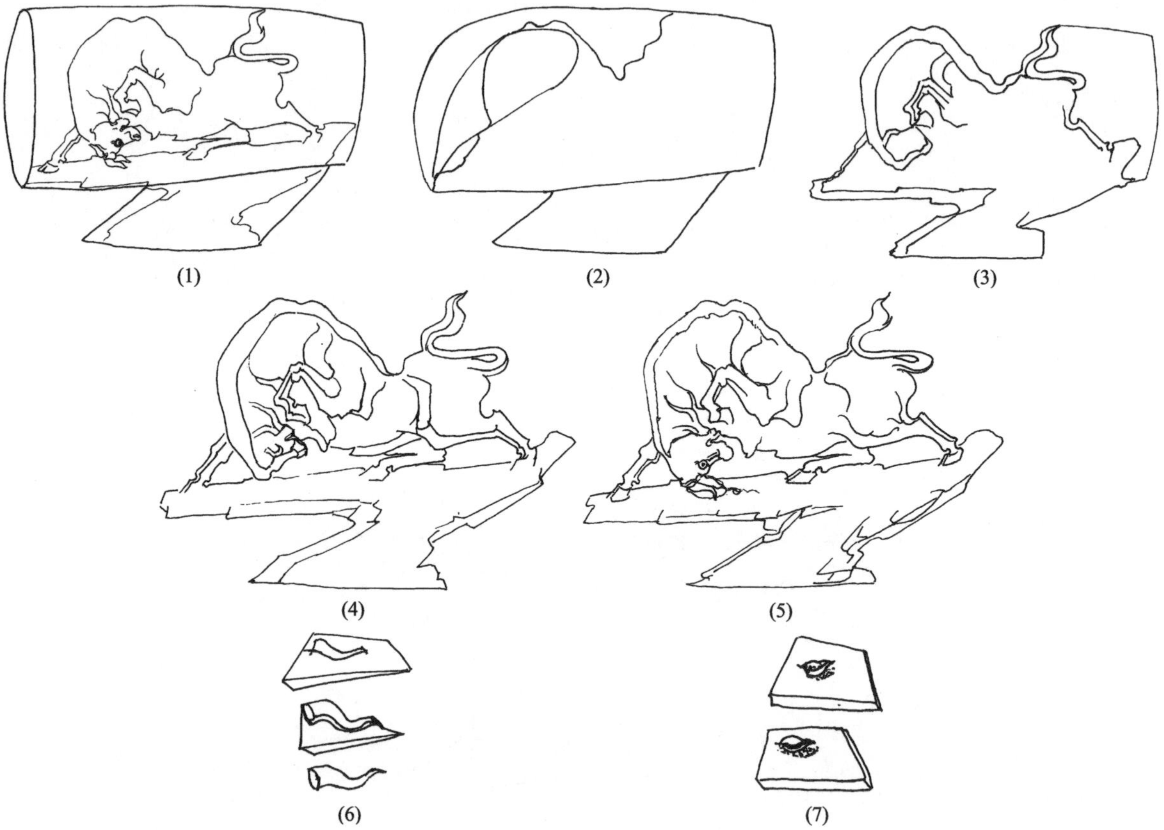

(1)　(2)　(3)　(4)　(5)　(6)　(7)

图 4-8　牛雕刻图

5. 狮

（1）生态特征　狮子有“森林之王”的称号，这是因为除了威猛之外，它还有狩猎本领。狮子的身体强壮，腿较短，头较大。雌狮和雄狮的外部特征存在着明显的差异，雄狮具有鬃毛，而雌狮没有。狮子与其他猫科动物相比，一个明显特点是群居。狮子属食肉动物，一头狮子一次能吃掉34千克肉。

狮子是猫科动物，属猫科中最大的动物。狮子主要生活于非洲（图4-9）。

图 4-9　狮

（2）雕刻图解（图4-10）

① 取一根略弯的原料。

② 再取一块长梯形料，粘合在原料的正中间，用于雕头。

③ 采用平口刀先将狮子的头及前腿外轮廓雕出，并雕出眼睛。

④ 再将狮子的后半部及尾部都用块面的形式表现出来。

⑤ 去掉狮子身上的棱角线，细致将狮头上的鬃毛雕出，再用U形刀戳出狮身上的肌肉结构。

⑥ 再取一块长料，用平口刀划出狮子头上最长的鬃毛。

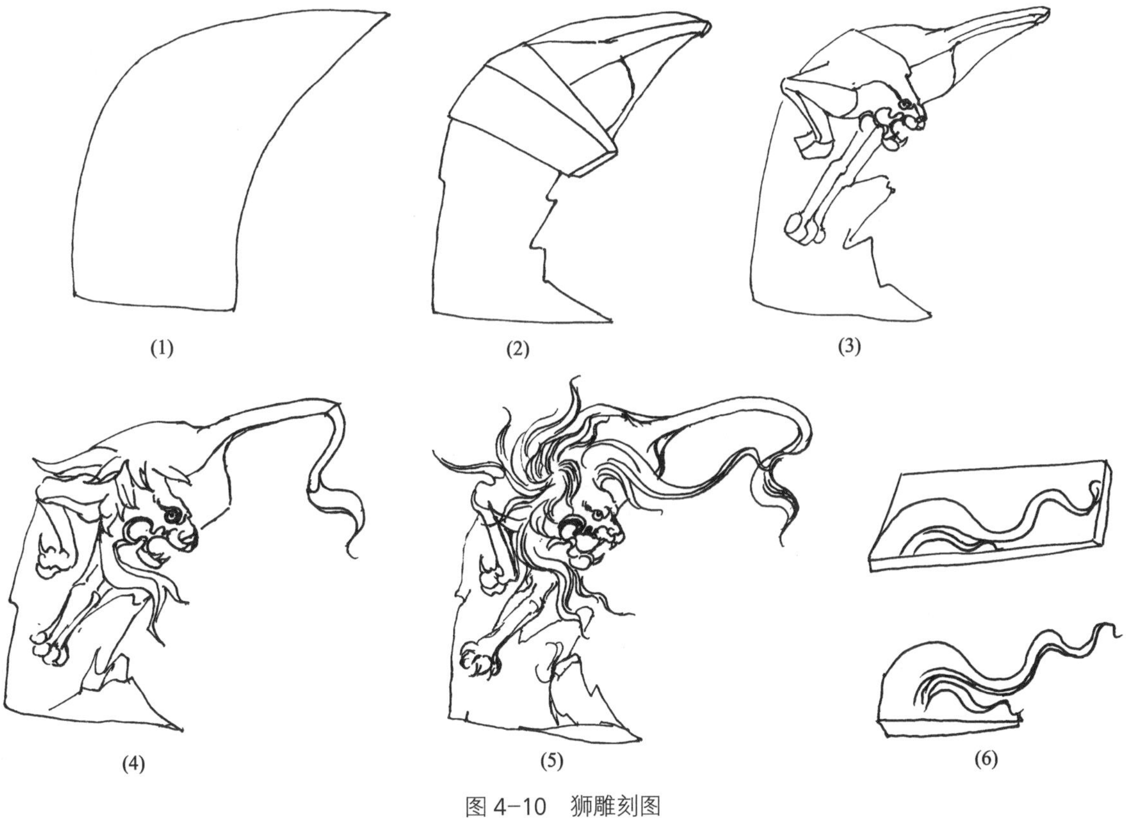

图 4-10　狮雕刻图

6. 马

（1）生态特征　马是一种草食性家畜，颈上有鬃、尾有长毛、长有马蹄。马分布于世界各地，原产于中亚草原。

（2）马头的结构特征（图4-11）马的头颅（图4-12）体积小，而面颅十分长，有细长的鼻骨、粗壮的下颌骨、高挺的眉弓、宽大的颌平面、下颌骨没有颏隆突等构成了马头外形（图4-13）的主要特征。

图 4-11　马头造型

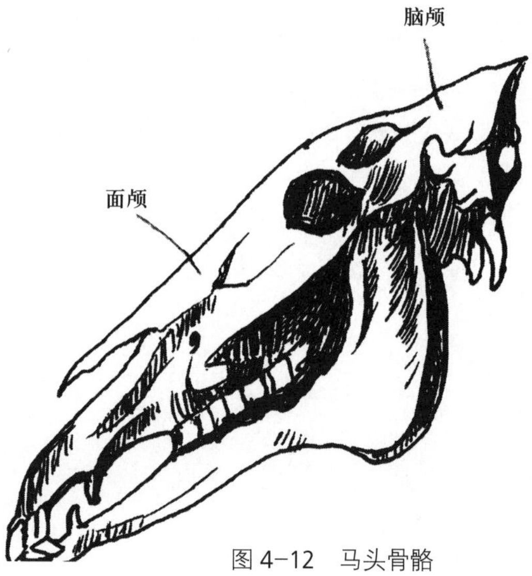

图 4-12　马头骨骼

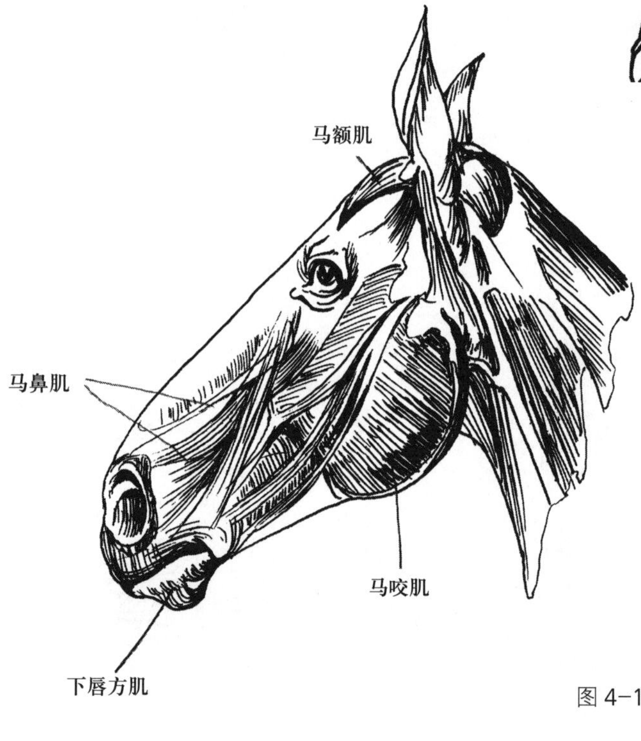

图 4-13　马头部肌肉

7. 马头（图4-14）雕刻图解（图4-15）

（1）取一块粗料，略短一点，平放，先在上面划出一个大体轮廓。

（2）用平口刀在前面将原料削出梯形，便于在梯形上雕马头。

（3）采用平口刀雕出马头上鼻梁骨的直面，再雕出张开的马嘴。

（4）大体将马头分成四个块面及马脖子。

（5）去掉马头及马脖子上的棱角线，将马眼雕出。

（6）将马头修饰光滑，再取一薄斧刃料用平口刀将马鬃划出，再与马脖子粘合，另取一小料、两块，分别雕出一对马耳，再将马耳粘在马头上。

图 4-14　马头

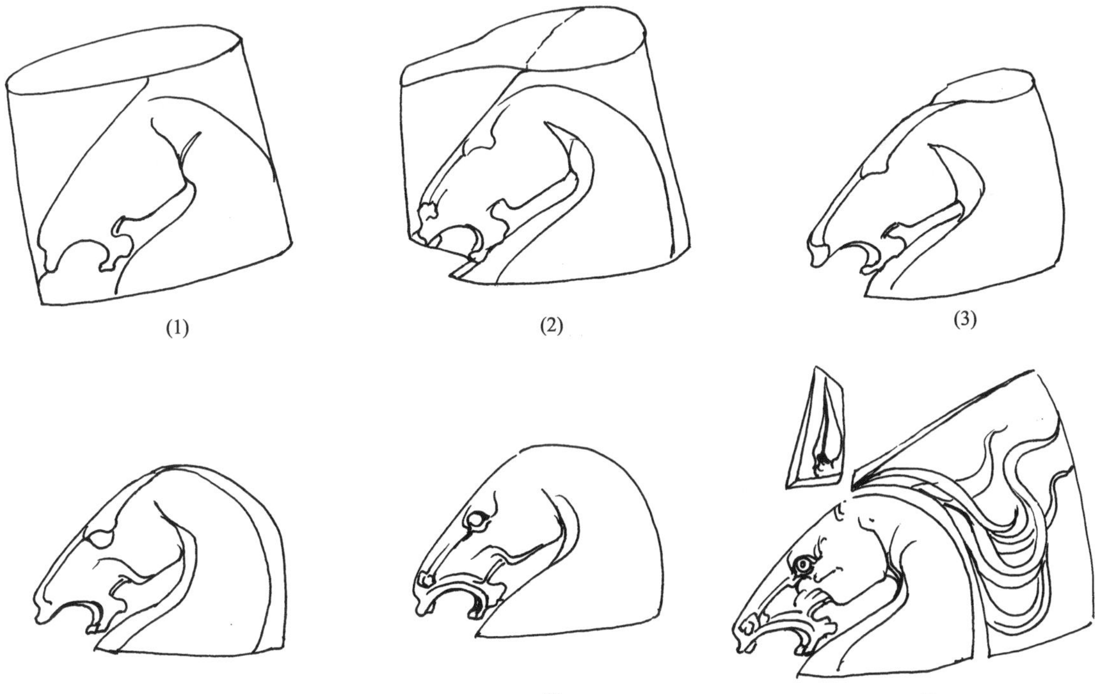

(1) (2) (3)

(4) (5) (6)

图 4-15　马头雕刻图

8. 回头马（图4-16）雕刻图解（图4-17）

（1）取一根带弯度的原料，去掉根部，再取一长梯形料粘在原料有弧度的中上部。

（2）用平口刀在长梯形的最前端下刀，先雕出马头、颈、前腿外轮廓。

（3）再往下依次雕马的后腿、腰部及马尾。

（4）采用块面的形式划分出马的整体身形及腿部。

（5）采用平口刀去掉马身上的棱角线，再将马身修饰光滑。

（6）取一薄斧刃形原料，用平口刀将马鬃划出。

图4-16　回头马

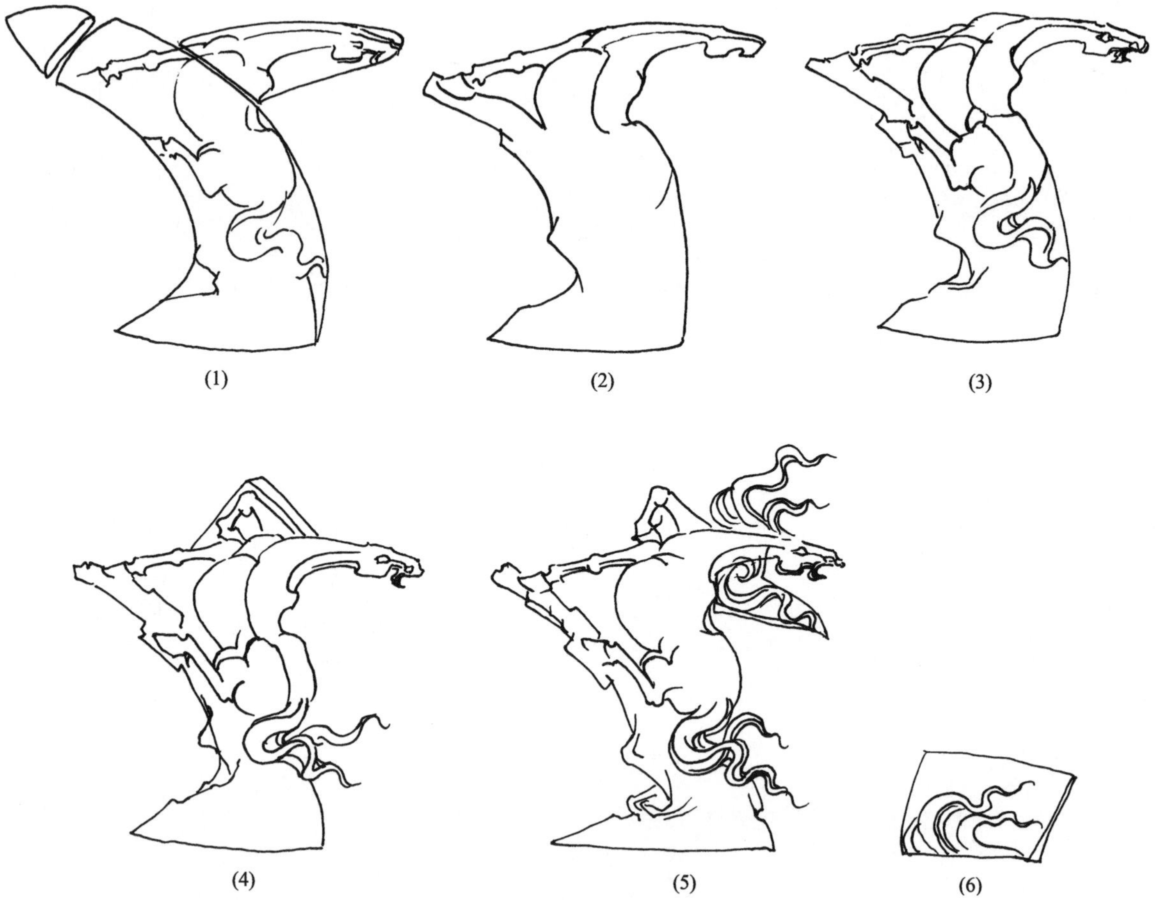

图4-17　回头马雕刻图

9. 牛头（图4–18）雕刻图解（图4–19）

（1）取一粗原料，去掉根部，将前端呈弧度去废料。

（2）用平口刀将前端削成厚斧刃形。

（3）在厚斧刃料的前端先雕出牛的鼻梁骨、额头、下颌等外轮廓。

（4）将牛头初步定出四个大块面，划出张开的牛嘴。

（5）去掉牛头上的棱角线，细致刻画出牛的眼睛及牛头面部肌肉结构关系和变化。

（6）取一薄斧刃料，用平口刀雕出一对牛角。

（7）再取一薄料，先用U形刀戳出牛耳蜗，再用平口刀划出牛耳外形。

（8）将牛角、牛耳与牛头粘合，即可。

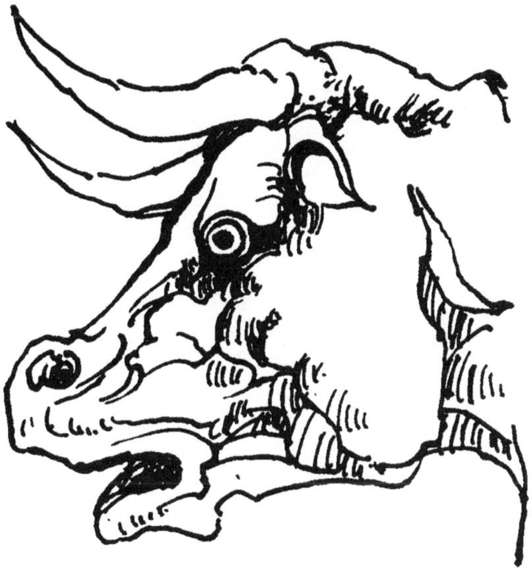
图 4–18　牛头

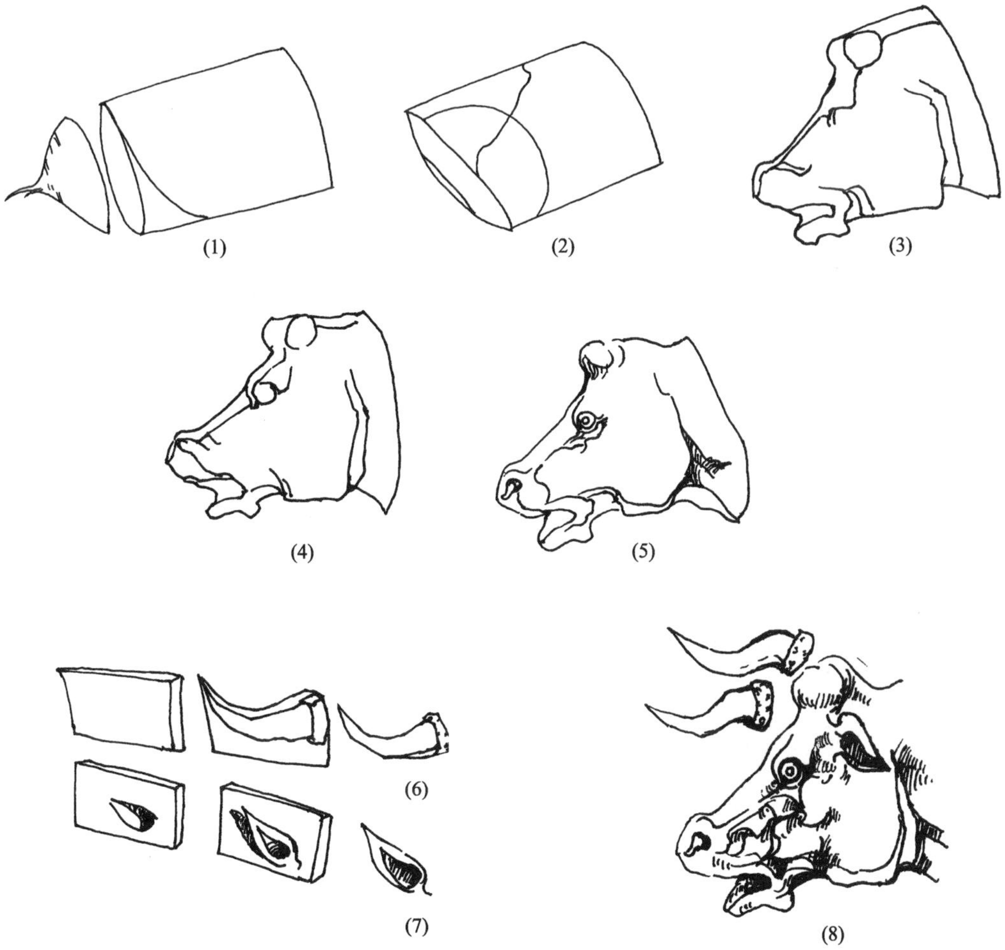

图 4–19　牛头雕刻图

第二节　兽类造型设计

一、兽类头部展示

1. 马头姿态展示（图4-20）

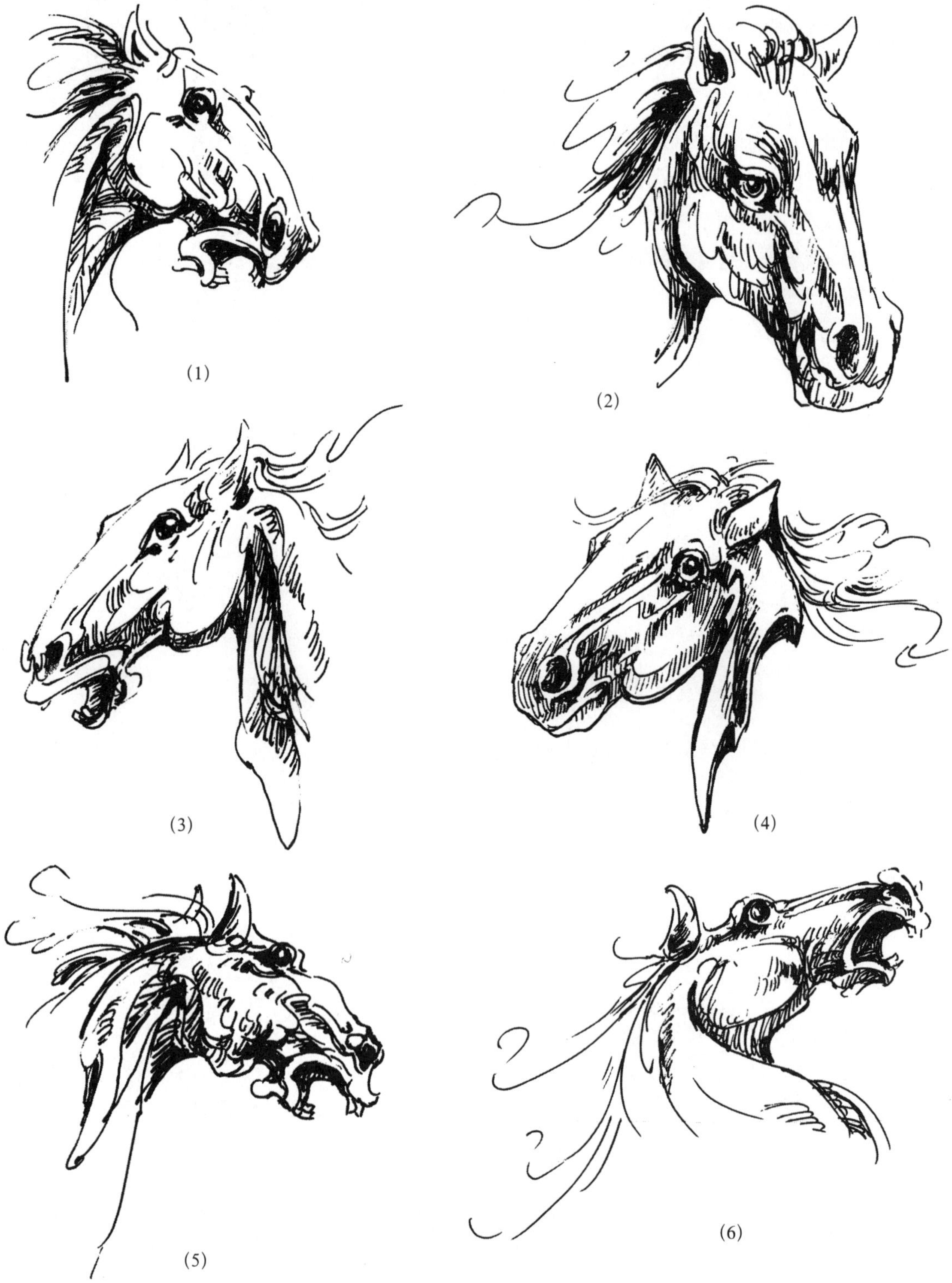

图 4-20　马头造型

2. 其他兽类头部展示（图4-21至图4-34）

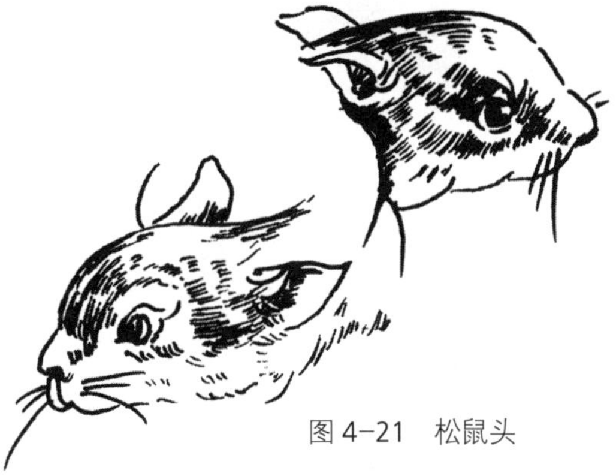

图 4-21　松鼠头

图 4-22　猴头

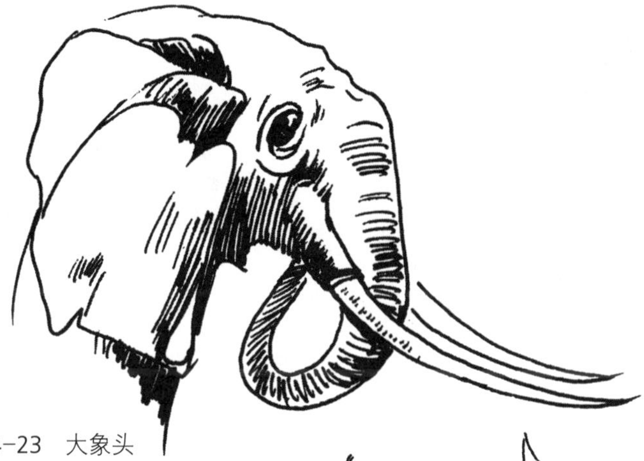

图 4-23　大象头

图 4-24　兔头

(1)

(2)

(3)

图 4-25　牛头

图 4-26　羊头

图 4-27 狗头

图 4-28 熊头

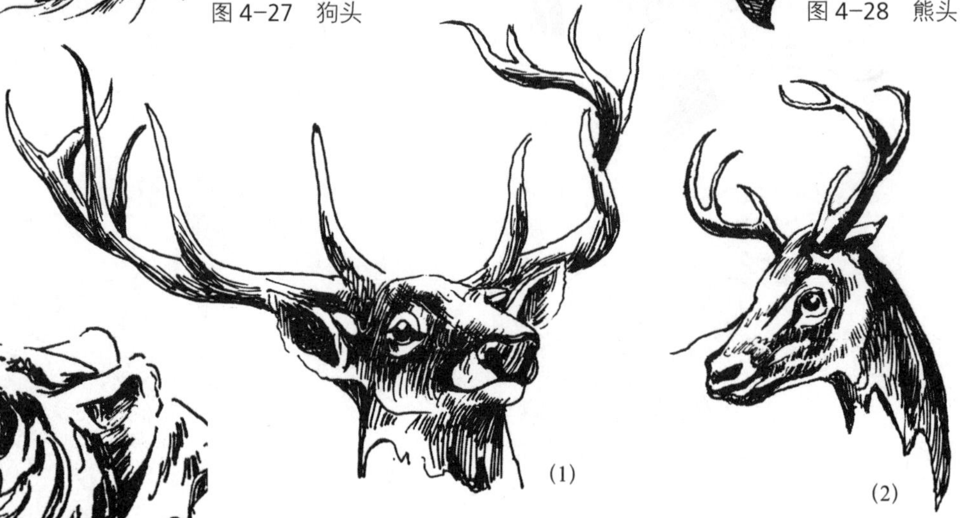

(1)

(2)

图 4-29 鹿头

图 4-30 虎头

图 4-33 猪头

图 4-31 狼狗头

图 4-32 熊猫头

图 4-34 猫头

二、兽类造型展示

1. 马的造型展示（图4-35）

图 4-35　马的造型

2. 五鼠闹松林（图4–36）

（1）主题　五只松鼠在长满松枝的树干上嬉戏玩耍，有的在享受美餐；有的在观望；还有的在寻食。

（2）寓意　在长满松针的松树上，五只快活的小松鼠在自由活泼的嬉戏，象征着大自然带来的无比生机和丰富的果实，充分体现出要保护自然、爱护自然。

图 4–36　五鼠闹松林

3. 田园兔趣（图4–37）

（1）主题　两只兔子：一只兔子的爪扒在一个大萝卜上；另一只在一旁观望和守护。

（2）寓意　充分体现了兔子捕捉到的胜利战果，另一只在旁守护，共同享受着田园的美景。

图 4–37　田园兔趣

4. 回头鹿（图4-38）

（1）主题　一只站着的鹿回头望着什么。

（2）寓意　安详、自在。

图 4-38　回头鹿

5. 母爱（图4-39）

（1）主题　一只小鹿正钻在一只大鹿的身子底下，吮吸着奶汁，大鹿在回头凝视。

（2）寓意　体现了兽类跟人类一样，专心致志地哺育着它们的幼子，展现了动物们的母子情深和关爱。

图 4-39　母爱

图 4-40 鹿奔山野

6. 鹿奔山野（图4-40）

（1）主题 两只鹿一前一后，奔跑于山野之间，相互追逐。

（2）寓意 鹿为长寿、繁荣昌盛的美好象征，鹿与禄同音，有福寿双全、高官厚禄之意。

7. 鹿赶青天（图4-41）

（1）主题 一群奔跑的鹿，正在奔向高坡，直冲青天，还有的在回头观望，相互照应。

（2）寓意 象征着动物的和谐相处，共同前进，展望美好未来。

图 4-41 鹿赶青天

8. 一马当先（图4-42）

（1）主题　一匹狂奔的野马，在浪花的托扶下，张着嘴、马鬃飘摆。

（2）寓意　中国古人视马为尊贵，是祥瑞的象征。

图 4-42　一马当先

9. 望浪狂奔（图4-43）

（1）主题　一匹仿佛脱了缰的野马，四蹄蹬开，马嘴大张，眼睛圆睁，马鬃飘摆，狂奔于望浪之上。

（2）寓意　代表马之狂也，英勇善战，有权威之意。

图 4-43　望浪狂奔

10. 双马踏春（图4-44）

（1）主题　两匹马遥相呼应、面面相对，都在张嘴鸣嘶。

（2）寓意　两匹马似乎相互在表达爱意之情，更展现出春天的活力。

11. 双马驰千里（图4-45）

（1）主题　一匹马在展开双腿，向前狂奔，在前面的另一匹马转头向其鸣嘶。

（2）寓意　最前边的马看上去在传递信息。

图 4-44　双马踏青

图 4-45　双马驰千里

图 4-46 争先恐后

12. 争先恐后（图4-46）

（1）主题 两匹野马，一高一低互不相让，各显其英姿。

（2）寓意 有步步高升之意，象征一浪更比一浪高。

图 4-47 马到成功

13. 马到成功（图4-47）

（1）主题 一匹马跃起，另一匹马已摔倒，正在翻起，毫不示弱。

（2）寓意 在唐代，马为最高统治者、权威的象征，马到即成功，又代表矫健雄姿和永远奔腾向上的精神。

14. 天马望月（图4-48）

（1）主题　一匹腾空而起的马，回头望月，双腿抬起，下边又有云朵陪衬。

（2）寓意　充分展现了马的英姿、豪放，又有览望青天、皓月当空之意。

图 4-48　天马望月

15. 回首（图4-49）

（1）主题　一匹骏马奔驰在岩石之上，瞬间回头展望嘶鸣，马鬃飘摆。

（2）寓意　有着回头观望、留恋之意。

图 4-49　回首

16. 纵横千里（图4-50）

（1）主题 一匹骏马踏浪而来、双腿展开、向前奔跑。

（2）寓意 马是勇士的象征，有不屈不挠的精神，为人们所喜爱。

图 4-50 纵横千里

17. 搏斗（图4-51）

（1）主题 两只猛牛、互不相让，已拉开搏斗的架式，想争个鱼死网破。

（2）寓意 俗话说两者相争，必有一伤。牛的相争，威力巨大，所以最好谦让，和谐相处，才更有利于团结。

图 4-51 搏斗

18. 开荒牛（图4-52）

（1）主题　两只开荒的牛使尽全身的力量往前行走，一个低头，另一个抬头眺望远方，仿佛后面被拉动的犁犹如泰山一样沉重，抬头中似乎感觉到达目的地，有胜利在望之感。

（2）寓意　从古到今、自始至终，牛被人民认为是中华民族勤劳的象征。

图 4-52　开荒牛

19. 虎

虎，俗称老虎，属于猫科动物。其主要分布在亚洲、西伯利亚等地。

虎的结构特征：虎头（图4-53）呈圆形，颈短而粗壮，嘴阔、耳短、眼窝大、鼻骨较平、嘴由上颌骨和下颌骨组成（图4-54）。从正面看虎头上宽下窄，从侧面看，虎头和颈部的斜方肌与其他肌肉连在一块，形成一条优美的曲线。虎爪（图4-55）能自由伸缩。

图 4-53　虎头造型

图 4-54　虎头骨

（1）虎后足

（2）虎前足

图 4-55　虎爪

20. 饿虎扑食（图4-56）

（1）主题　一只饥饿难忍的老虎，纵身一跃而起，扑向前方的猎物。

（2）寓意《易经》革卦中云："大人虎变，其文炳也"又称云从龙、风从虎、虎啸生风为大人者，寓革新大业，事业有成。

21. 蓄势待发（图4-57）

（1）主题　一只猛虎在蓄势待发，准备对猎物发起进攻。

（2）寓意　虎为勇气、胆量的象征，也可以用来辟邪、保佑平安。

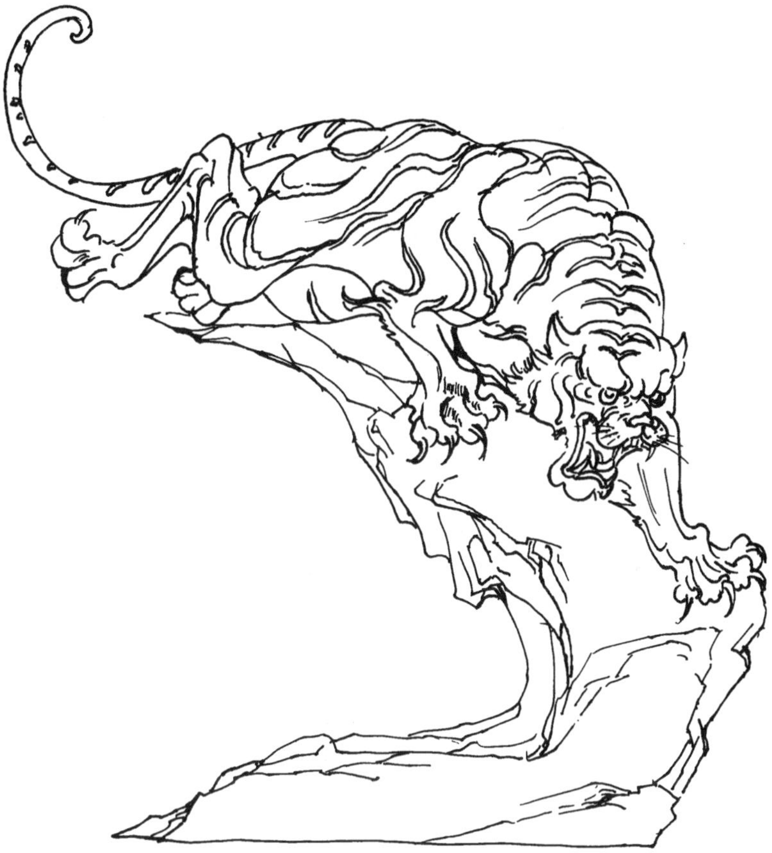

图4-56　饿虎扑食

图4-57　蓄势待发

22. 下山虎、上山虎（图4-58）

（1）主题　两只老虎均表现出不同的姿势，这三种姿势为人们最常见的姿态，也是一些艺术家们善于表现的姿态。

（2）寓意　自古以来，关于虎的词很多，称英勇善战的将军为“虎将”，雄健奋发的儿子为“虎子”，威武雄壮的步伐为“虎步”，豪雄人杰奋发为“虎啸生风”等。

（2）下山虎

（1）上山虎

图4-58　下山虎、上山虎

23. 狮吼神威（图4-59）

（1）主题　一只雄狮一跃而起，往前俯冲，仰头、张着大嘴、毛发甩起、气势磅礴。

（2）寓意　狮子与虎一样，在百兽中也称之王。狮子凶猛威严，象征着权势、富贵、庄严。

图4-59　狮吼神威

图4-60

24. 北极熊（图4-60）

三只北极熊：一只北极熊刚刚捕食猎物归来；另一只小熊往前迎上，似乎等待着母熊的喂食；其余一只在岸边等待猎物的出现。

25. 其他兽类造型展示（图4-61～图4-71）

图 4-61 象

(1) (2)

图 4-62 兔

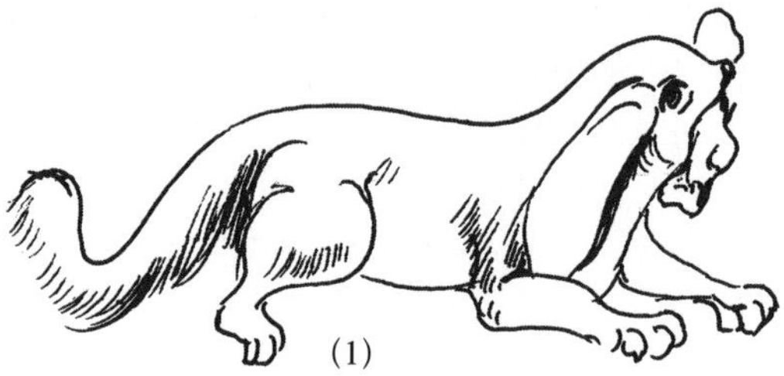

(1)

(1) (2)

图 4-63 鼠

(2)

图 4-64 狗

图 4-65 牛

图 4-66 猴

(1)　　(2)

图 4–67　马

图 4–68　鹿

图 4–70　虎

图 4–69　羊

图 4–71　松鼠

第三节　自然景观雕刻解析

一、浪花

浪花是在外力的作用下，波浪互相冲击或拍击在别的东西上激起的水点和泡沫。

1. 水的形象

水有溪水、急流、瀑布、水柱、泉水、波浪、湖水、海水和河水之分。在形态上又有浪尾、浪花、水沫、水珠之别。

2. 水的特征（图4-72）

（1）浪头　似虎爪有力翻卷，浪背光滑，浪组之间有层次、高低、主次之分，有后浪推前浪之感。

（2）溪水　流动缓慢，一般在坡角、卵石旁轻绕回流。

（3）急流　流动急滞、翻，线条分组。

（4）漩涡　水线条旋转，围绕漩涡中心，自里向外散开。

（5）瀑布　向下冲泻，线条平直，下面有溅起的水沫。

（6）水柱　水势激烈集中，四面射出浪花。

（7）河水　水波起伏、较缓、线条长圆。

（8）海水　水波起伏大，浪头汹涌，互相碰撞，此起彼伏。

（9）湖水　水面较平静，无浪、微风时波纹细碎，一上一下、有风时波纹加大。

(1) (2) (3) (4) (5)

图 4-72　水

3. 大浪花（图4–73）雕刻图解（图4–74）

（1）选一根略长的原料。

（2）去掉头部及根部，先在原料上构图。

（3）用平口刀先去掉浪朵上边的废料，再将下边的浪身大形雕出。

（4）去掉多余的棱角线，将小浪朵细致地雕出。

（5）将浪朵修饰光滑，再细致的刻画出浪身上的纹路，即可完成。

图 4–73　大浪花

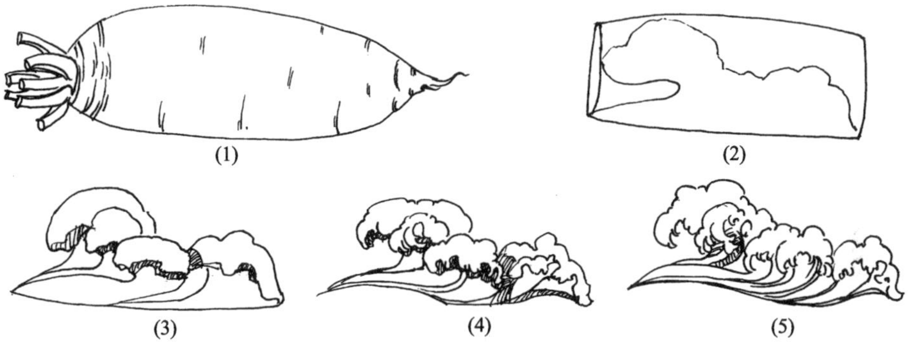

图 4–74　大浪花雕刻图

4. 小浪花（图4–75）雕刻图解（图4–76）

（1）取较粗原料一根。

（2）用刀切开，取其中一块，先构图。

（3）用平口刀将浪花外形雕出。

（4）细致刻画出浪身，将浪朵修饰光滑，即可完成。

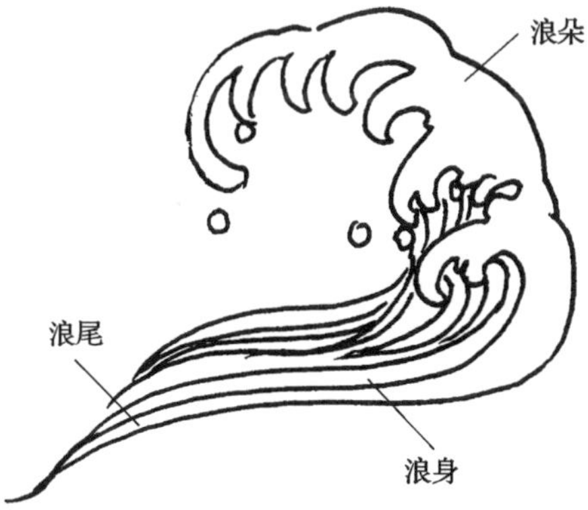

图 4–75　小浪花

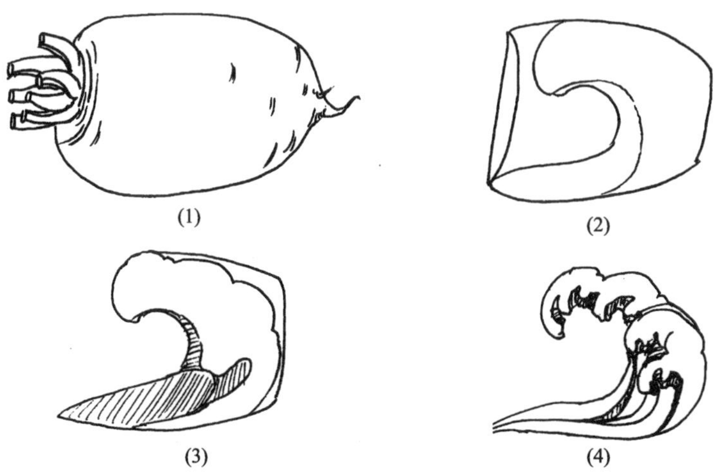

图 4–76　小浪花雕刻图

二、云彩

天上的云彩千变万化、千姿百态，一直为人们所喜爱和赞赏，天空的云彩有高、有低，高的一万多米，低的只有几十米。

云的形成：主要是由潮湿空气上升，当上升空气的饱和水气压下降时，就会有一部分水汽以空中的尘埃为核而凝结成为小水滴，这些小水滴的体积非常小、浓度大，在空气中下降的速度极小，能被空气中上升的气流所顶托，所以能够悬浮在空中而成为浮云。

1. 云的形象

云厚时像棉花，薄时像带子，轻盈飘逸，遇风生态，随时飘动（图4-77）。

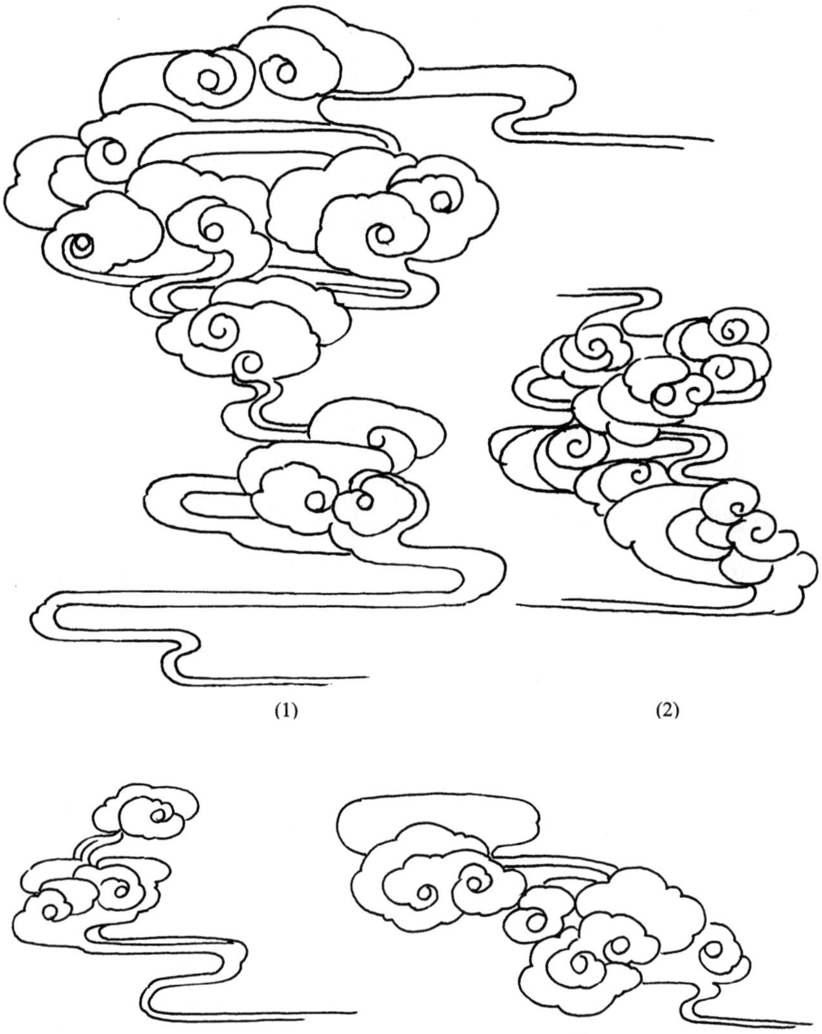

(1) (2) (3) (4)

图 4-77 云

2. 云的特征（图4-78）

云有祥云、流云、层云、行云、积云、带状云、团云、云海、云气等。

云有云朵、云尾之分，有卷有舒，以品字形组合，有聚散、主次、层次之分，要有统一的风向。

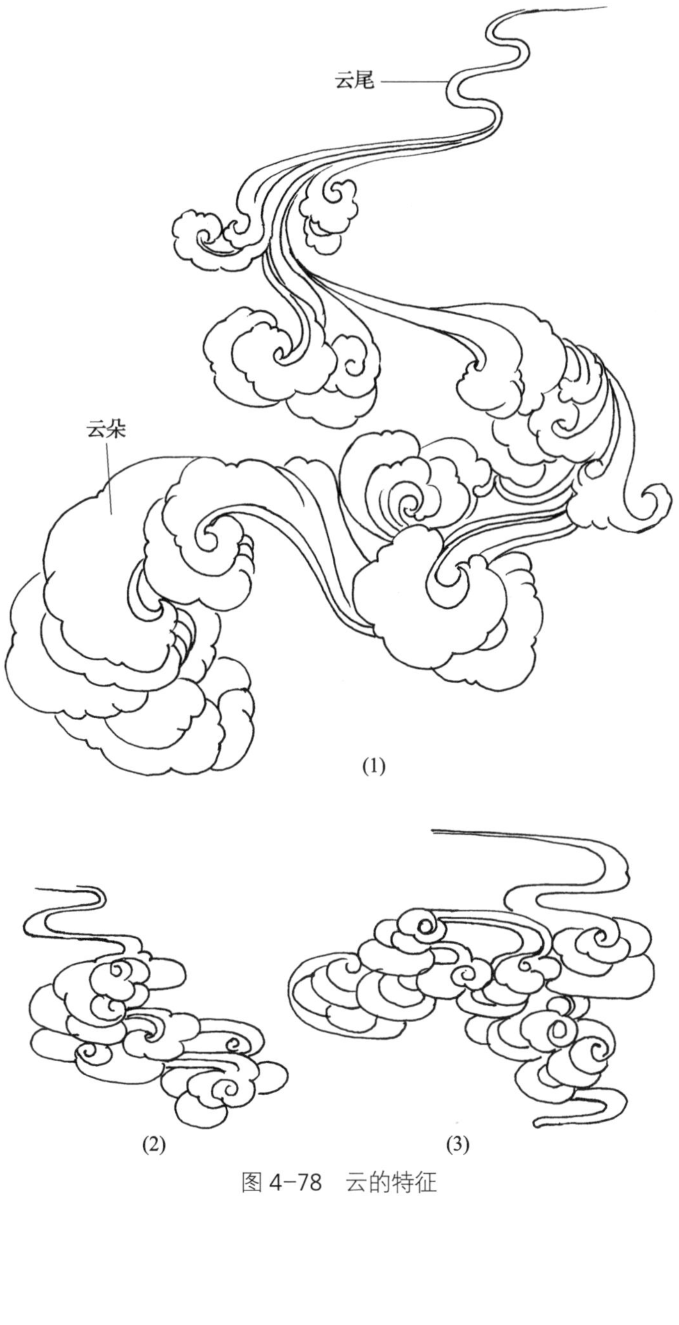

图 4-78 云的特征

3. 大云彩（图4-79）雕刻图解（图4-80）

（1）取粗原料一根，去掉头与根。

（2）用平口刀切出一块厚料，先设计出云彩的变化。

（3）由最下端下刀，去掉废料，由一点用平口刀向四周旋转，每划一周就要去掉一周的废料，这样才能有层次感。

（4）分出几朵云彩，按层次划分。

（5）去掉多余废料，将所有云朵刻画完成。

图 4-79 大云彩

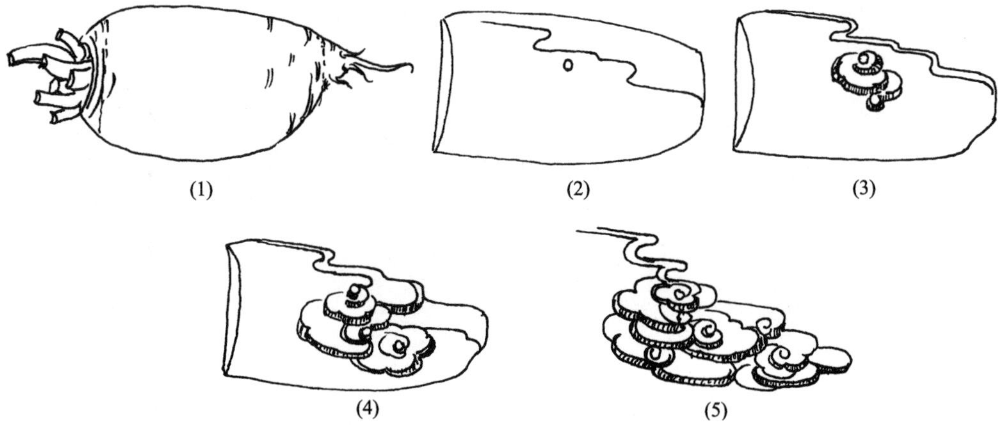

图 4-80 大云彩雕刻图

4. 小云尾（图4-81）雕刻图解（图4-82）

（1）取略薄原料一块，先构思出大形。

（2）用平口刀在原料的最下端下刀，去掉废料。

（3）再从上端下刀划出呈曲的云尾，再往下雕出小云朵。

（4）细致将云尾云朵调整完成。

图 4-81 小云尾

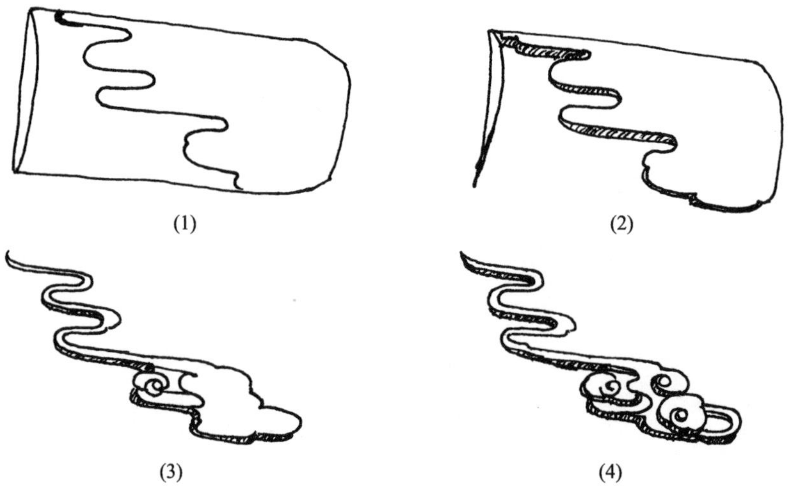

图 4-82 小云尾雕刻图

三、八卦与太极

（1）八卦　八卦（图4–83）是古代中华民族的基本哲学概念，是古代的阴阳学说，所谓八卦就是八个卦相。八卦分别是乾（☰）、坤（☷）、震（☳）、巽（☴）、坎（☵）、离（☲）、艮（☶）、兑（☱），象征天、地、雷、风、水、火、山、沼泽八种自然现象。

（2）太极　太极图（图4–84）外面一个正圆就是太极图，内分黑白两个逗号一样的（术语为阴阳鱼）叫做阴阳。分为黑白二色，代表阴阳两方，天地两部；黑白两方的界限就是划分天地阴阳界的人部。白中黑点表示阳中有阴，黑方白点表示阴中有阳。这就是一个太极阴阳图（阴阳鱼互纠太极图）。“左升右降，左白右黑”。太极图是研究周易学原理的一张重要的图像。

图 4–83　八卦图

图 4–84　太极图

四、火

火的形成需要三方面要素才能完成。① 空气；② 达到着火的温度；③ 被燃烧的物体，三者缺一不可。满足了这三个条件，火就自然形成了。

1. 火的形象（图4–85）

火有火纹，分文火、急火、火苗、小火焰、火环等。一般文火圆厚、弯曲，急火较直、细长有力，在表现时应区别它们之间的不同之处。

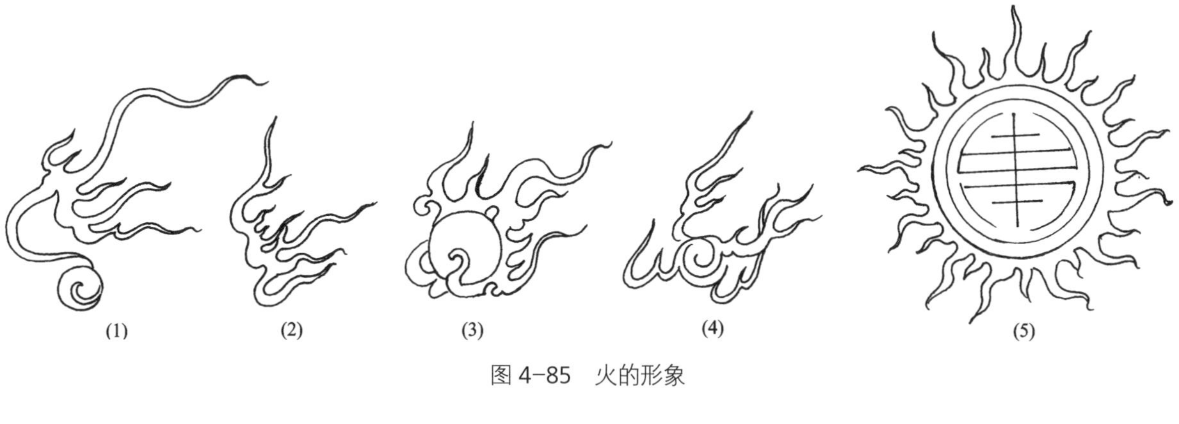

图 4–85　火的形象

2. 火的特征

火无定形，无风也动，火遇风生态，火是向上的、轻盈的，火苗应朝同一方向飘动。

3. 火焰（图4-86）雕刻图解（图4-87）

（1）选一根略较粗的原料，切一薄料。

（2）取一薄斧刃料，先构思出火的大形。

（3）用平口刀从原料最上端下刀，划出最上面的火焰轮廓。

（4）依次用刀去掉下端的废料。

（5）去掉火焰上的棱角线，修饰光滑即成。

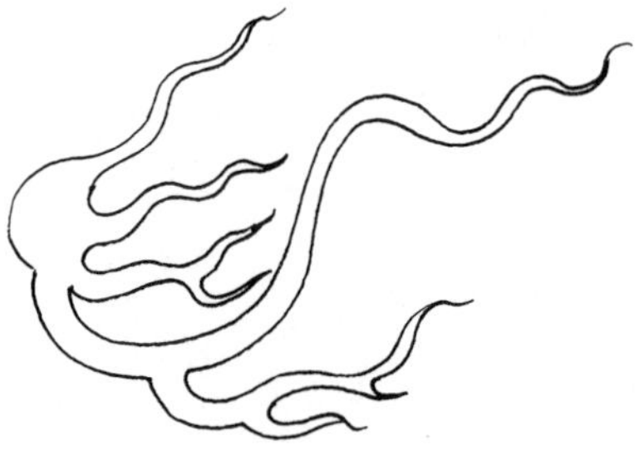

图 4-86　火焰

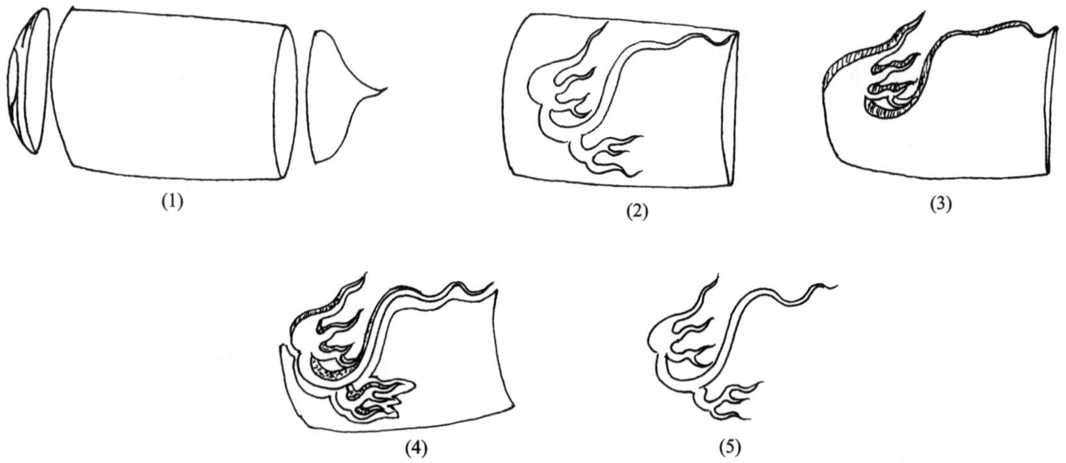

图 4-87　火焰雕刻图

五、岩石概述

岩石是天然产出的具有稳定外形的矿物或玻璃的集合体。

它构成地壳的基本部分，按其成因分为三大类，即岩浆岩、沉积岩、变质岩，地球成形之初，地核的引力把宇宙中的尘埃吸过来，凝聚的尘埃就变成了山石（图4-88）。

1. 岩石的种类

岩石主要包括山石、坡石、湖石和礁石。

（1）山石　山石分面整体大块，脉络清楚，无孔，叠纹多直线，转折成角。

（2）坡石　一般在山脚、山坡、河滩上较多，体积块较小、较方。

（3）湖石　即孔石，层次较多、转折弯曲、玲珑多孔。

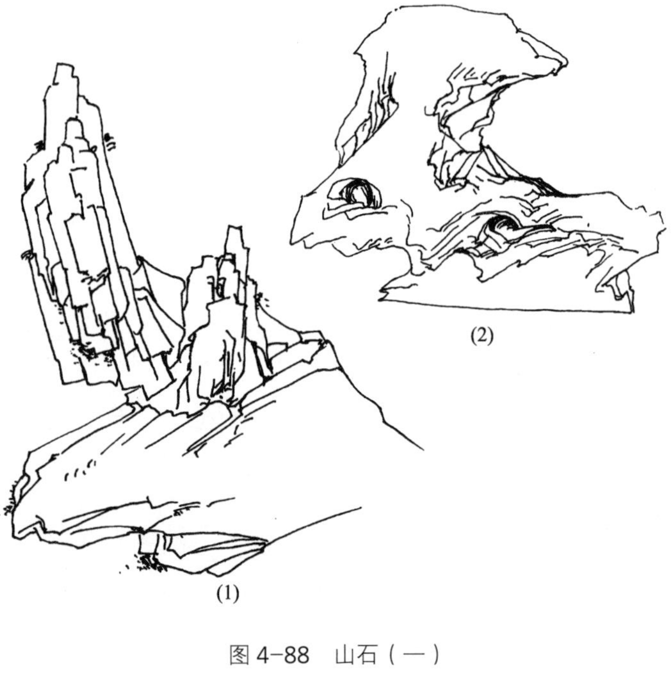

图 4-88　山石（一）

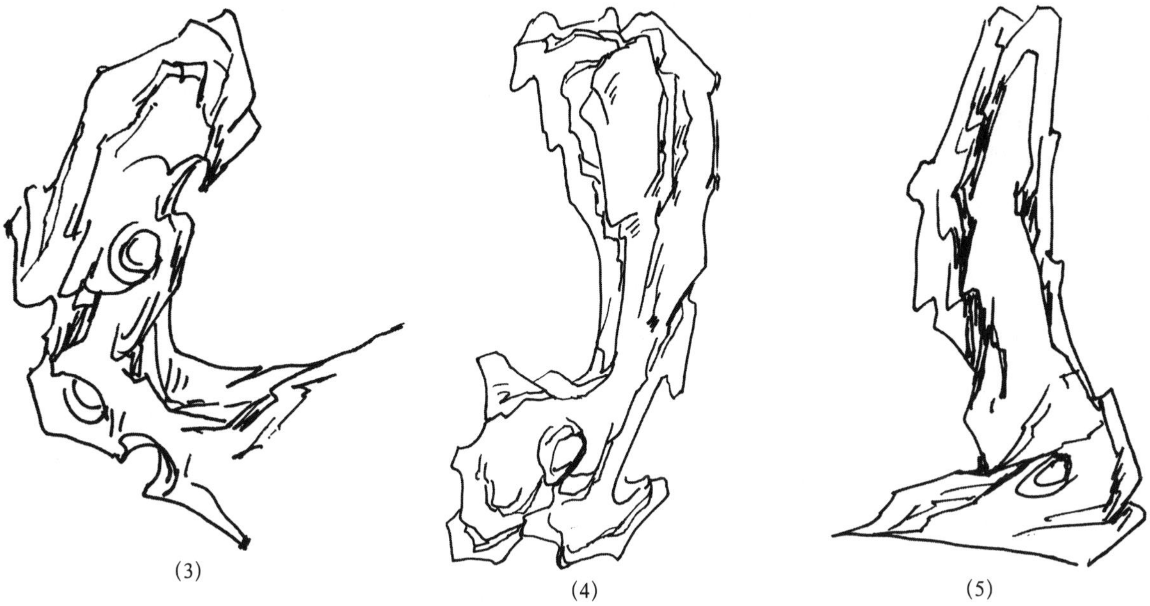

图 4-88 山石（二）

（4）礁石 在海水、浪头之间，硬而棱圆。

2. 岩石造型要求

岩石的脉络转折，来龙去脉要交待清楚，注意前后层次相背、互相穿插，防止零碎，软而无力，平板无变化。

3. 岩石（图4-89）雕刻图解（图4-90）

（1）取较粗原料一根，先构思出岩石的外形。

（2）用平口刀切出岩石的上部外形。

（3）用平口刀分出岩石大体块面。

（4）较深入地划分出岩石的小块面的肌理结构。

（5）细致的刻画出岩石的基本结构和褶皱即完成。

图 4-89 岩石

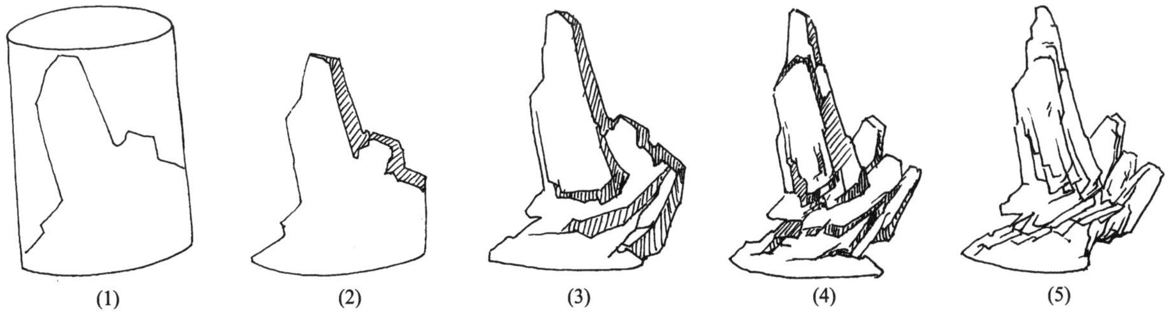

图 4-90 岩石雕刻图

六、葫芦

葫芦属葫芦科，原产旧大陆热带，在温暖地栽培数百年。果实大小各不相同，有棒状、瓢状、海豚状、壶状等。葫芦种子繁殖、易栽培，要求有较长的炎热季节果实才能成熟，植株藤蔓长而叶茂，外圆中空，自古以来被作为器皿用来盛水、酒、丹药等物（图4-91）。

1. 葫芦寓意

葫芦不但在民间流传，在神话传说中也经常出现，如老寿星的宝葫芦、太上老君的仙丹葫芦、八仙中铁拐李装灵丹妙药的大葫芦、济公的酒葫芦等。

葫芦的谐音“福禄”，因繁殖力强，果实多而在传统吉祥图案中有“子孙万代”之意。

2. 葫芦（图4-92）雕刻图解（图4-93）

（1）取一根原料；一头粗、一头细一根，去掉头和根。

（2）先在原料上构思出其大形。

（3）用平口刀沿葫芦的大形削去多余的废料。

（4）葫芦的大形已被雕出。

（5）去掉多余棱角线，将葫芦修饰光滑，再用划线刀，划出葫芦上的图案。

（6）取一块薄斧刃料，用平口刀去掉飘带上端的废料，再依次将飘带下面的废料去掉，这样飘带的整体大形已被雕出，细刻完成。

图4-91　葫芦图

图4-92　葫芦

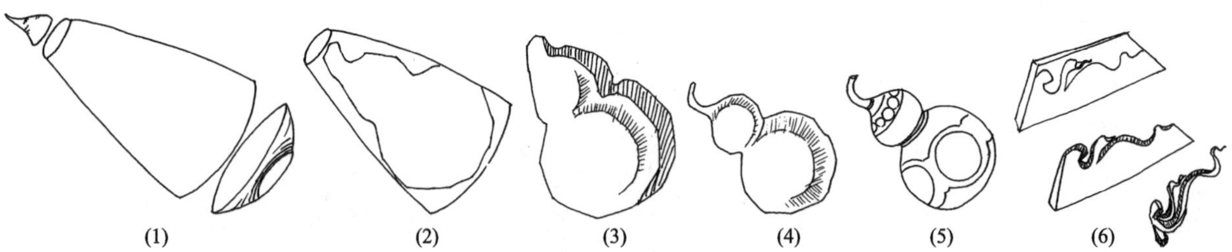

(1)　(2)　(3)　(4)　(5)　(6)

图4-93　葫芦雕刻图

七、自然景观成品设计参考

1. 树木

（1）概述　树是具有木质树干及树枝的植物，可存活多年。树的主要四部分是树根、树干、树枝、树叶。树木可以调节气候、净化空气、防风降噪，是人类最好的朋友（图4–94）。

（2）寓意　树是生命的象征，它代表了赋予生命的宇宙。

(1)

(2)

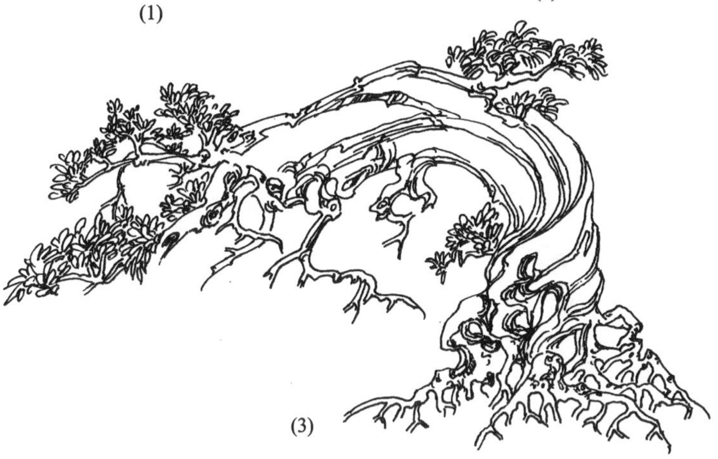

(3)

图 4–94　树木

(1)

(2)

(3)

图 4–95　中国古代建筑

2. 建筑

建筑是人们用泥土、砖、瓦、石材、木材等建筑材料，构造成一种供人居住和使用的空间。

中国传统的建筑是以木结构为主，西方的传统建筑以砖石结构为主，现代建筑是以钢筋混凝土为主。中国古代建筑具有朴素淡雅风格，主要以茅草、木材为建筑材料。古人很早就能运用平衡、和谐、对称、明暗、轴线等设计手法，达到美观的效果，充分体现了古代人民的勤劳和智慧的结晶（图4–95）。

第四节 吉祥文字造型设计

一、吉祥概述

1. 文字吉祥

吉祥文字就是表示美好的文字，所谓古者，福善之事；祥者嘉庆之征，《说文》中说“吉”善也，“祥”福也，说白了，吉祥就是好兆头。“福”是古今人间最美好的字，是吉祥意义最丰富、最典型的字。

2. 数字吉祥

数字吉祥，中国文化中三、六、八和九，从一到十、百、千、万，数字都有吉祥含义。比如一帆风顺、二龙腾飞、三阳开泰、四季平安、五福临门、六六大顺、七星高照、八方来财、九九同心、十全十美、百事亨通、千事顺遂、万事如意等。

3. 灵异吉祥

麟、凤、龟、龙谓之四灵，这四者千百年来成为中国人生涯中认同的吉祥物。

4. 动物吉祥

飞禽走兽、游鱼爬虫，被人赋予吉祥意义的动物应有尽有，如鸟类中的仙鹤、喜鹊、鸳鸯、鸽子等；兽类中的鹿、雄狮、虎、马、大象等；鱼类中有鲤鱼、鲇鱼等；虫类中有蝴蝶、蜘蛛等，都是吉祥物。

5. 时节吉祥

中国的时节很多，以春节为例，春节是中华民族一大节，与春节有关的春联吉字，如守岁、放爆竹、拜年等。

6. 行为吉祥

比如庆典、婚嫁、生育、开业、奠基、纪念等，在人们大部分的工作生活交往行为中，都有吉祥文化的渗透。

7. 植物吉祥

吉祥植物如花草、树木、果实、组成图案，构成吉祥意义，如天地长春、杞菊连年等。槐象征长寿、红豆象征思念、栗象征立子，石榴象征多子多福、橘象征大吉、佛手象征幸福、芙蓉象征荣华富贵等。

8. 谐音吉祥

比如花瓶中插如意，为“平安如意”；百合花和柿子，在一起则为百事如意；蝙蝠倒着画，称福到了；马上蹲一只猴子寓意马上封侯等。吉祥文化早已渗透中国人工作生活的方方面面。

二、吉祥文字造型设计（图4-96）。

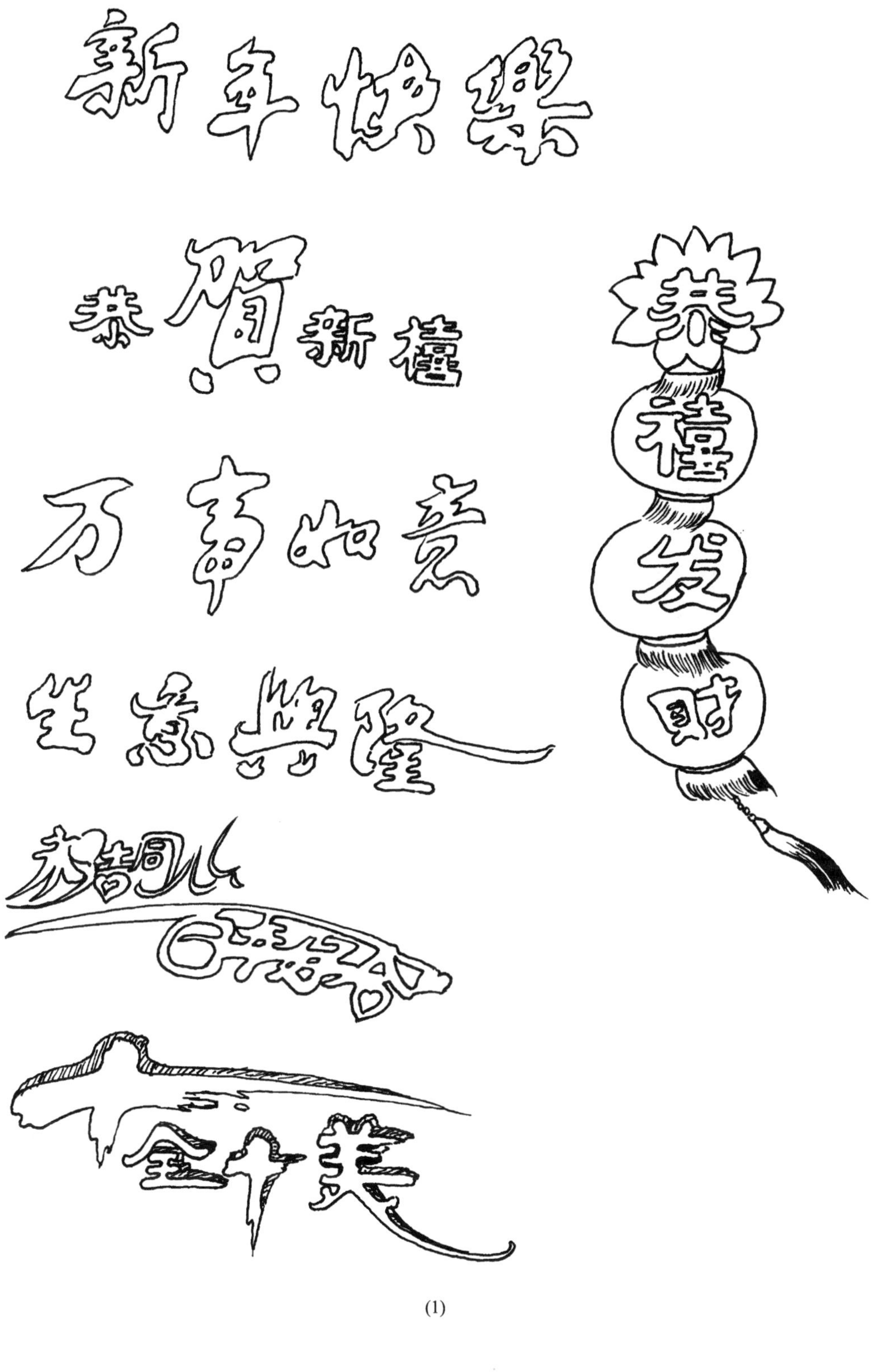

(1)

(2)

(3)

图 4-96　吉祥文字

第五章　人物雕刻解析与造型设计

第一节　人的五官、头像、手足和服饰造型设计

一、人的五官

五官指眉、眼、鼻、嘴、耳。眉可分浓眉、剑眉、蛾眉等；鼻可分为高鼻、钩鼻、肥鼻、瘦鼻等。

1. 女性五官

设计女性五官时，要线条细长、柔和、清秀，少加过多的结构。

（1）眼眉设计（图5-1）

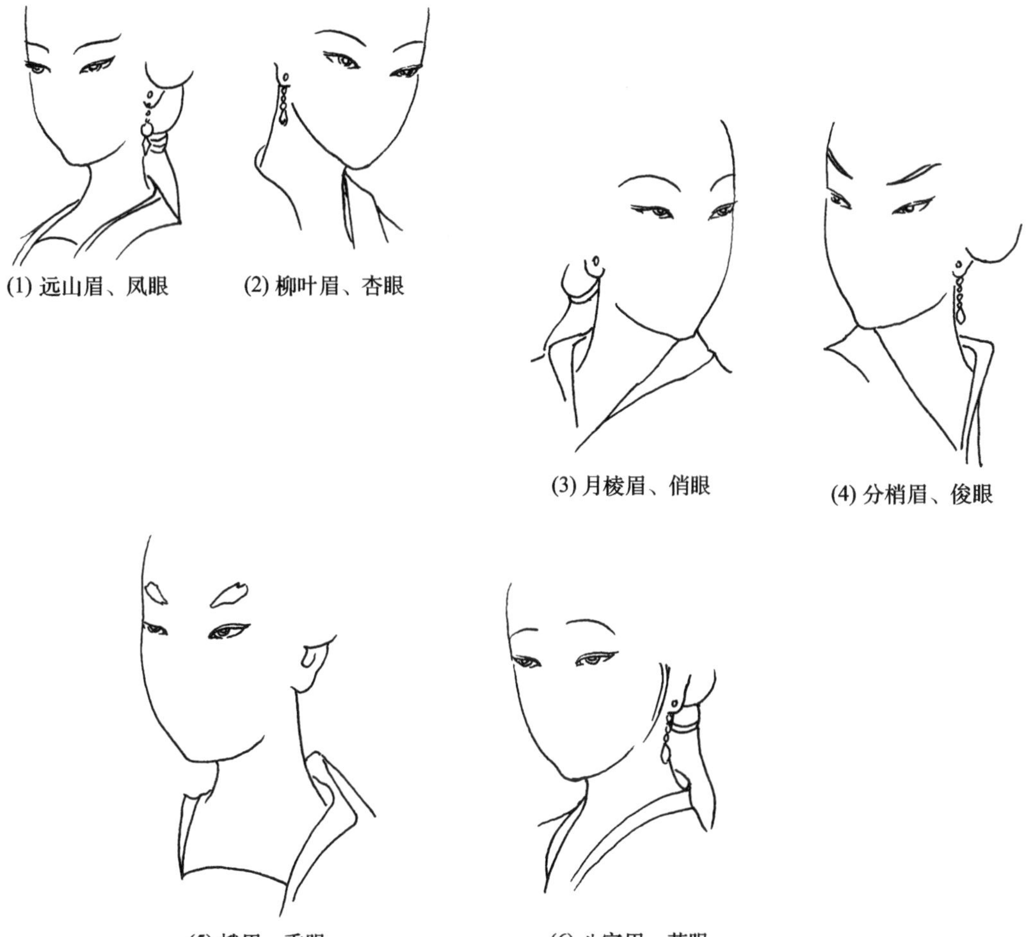

(1) 远山眉、凤眼　(2) 柳叶眉、杏眼　(3) 月棱眉、俏眼　(4) 分梢眉、俊眼　(5) 蛾眉、秀眼　(6) 八字眉、英眼

图 5-1　眼眉

（2）耳设计（图5-2）

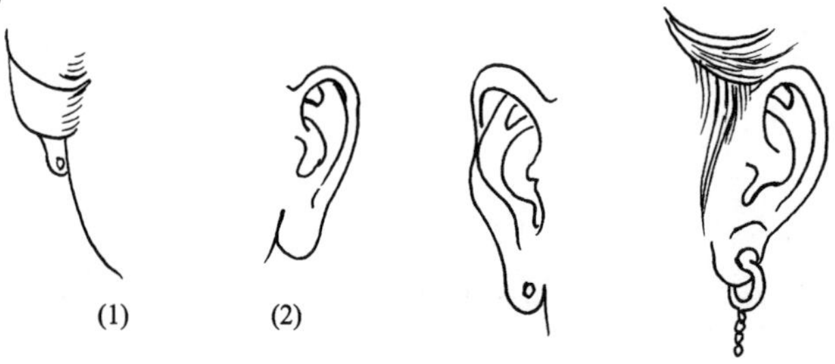

(1)　(2)　(3)　(4)

图 5-2　耳

（3）鼻嘴设计（图5-3）

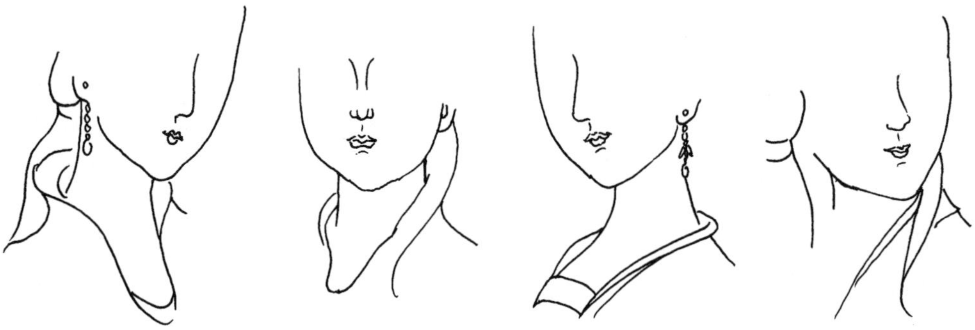

(1) 樱桃嘴、直鼻　(2) 观音嘴、结鼻　(3) 鲤鱼嘴、俏鼻　(4) 龋齿嘴、尖鼻

图 5-3　鼻嘴

2. 男性五官

表现时，应注意方、直，显示要刚劲有力、结构突出，显示出男人的阳刚之气。

（1）中年男性五官设计（图5-4）

(1) 眉毛、眼

(2) 鼻

(3) 嘴

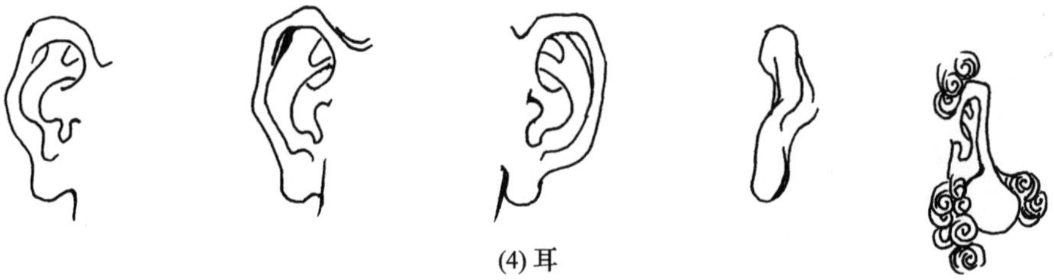

(4) 耳

图 5-4　男性五官

（2）脸谱设计（图5-5）

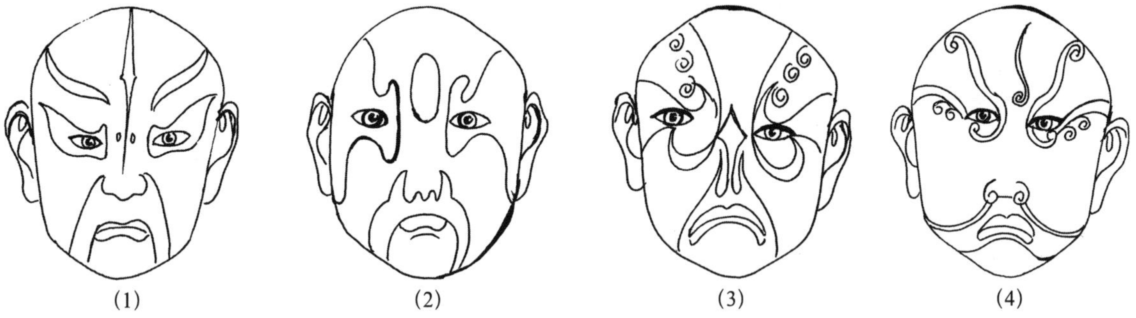

图 5-5 脸谱

二、头像

人的脸型最为丰富，是人的形象传神的重要部分。不管男人、女人，其脸型都有长、方、圆、瓜子脸等。在雕刻时一定要注意左右眉、左右眼、左右耳的对称，都在一条线上。只有对称，头像中的五官才不易走形，雕出的头像才能更加形象生动。

1. 女性头像

（1）女性头像概述 女性头像的发型种类很多，自身头发有限，需要假髻、假头发配合装饰，才能巍峨高耸，大致可分为双丫髻、盘桓髻、堕马髻、迎风髻、回心髻、飞天髻、单螺髻、凌虚髻和元宝髻九种（图5-6）。

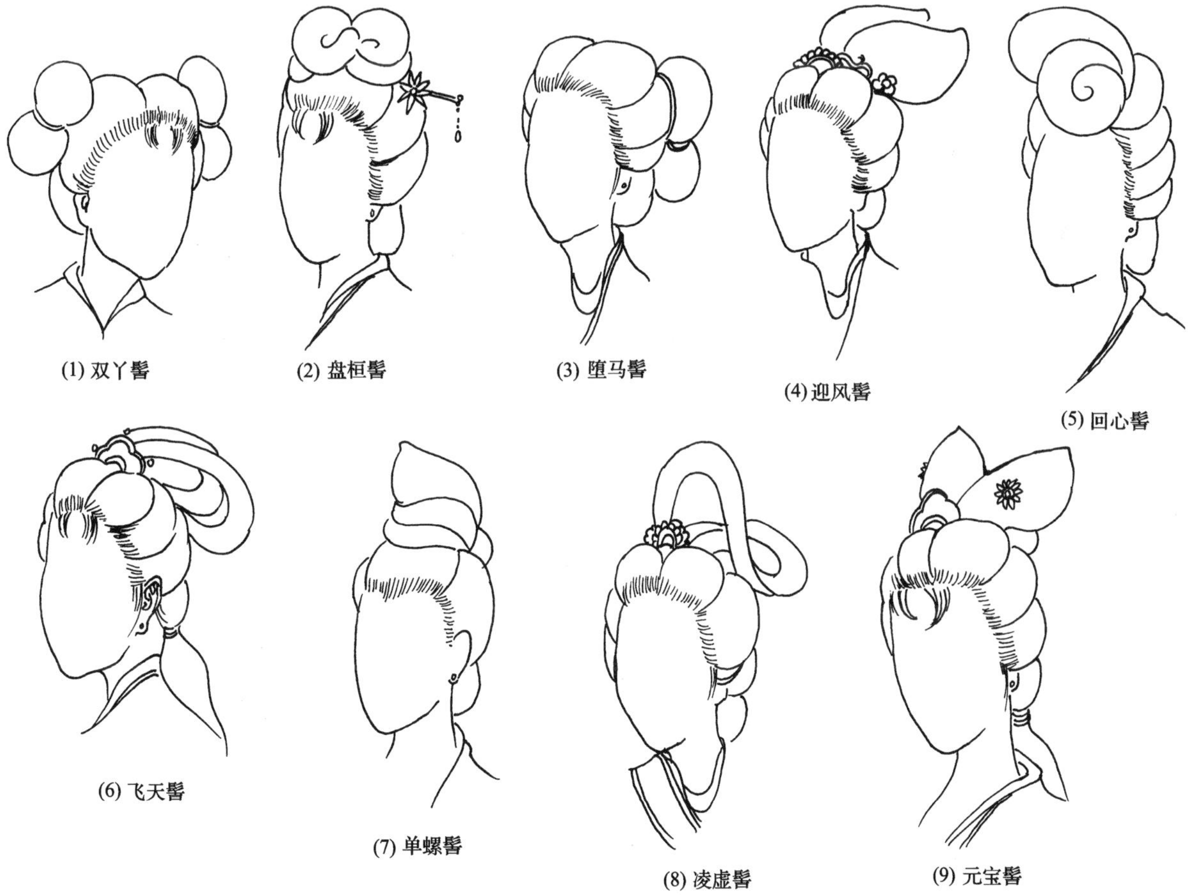

图 5-6 女性发髻

（2）女性头像设计参考（图5-7）

(1)

(2)

(3)

(4)

(5)

(6)

(7)

(8)

(9)

(10)

(11)

(12)

(13)　(14)　(15)

图 5-7　女性头像

2. 古代女子半身像设计参考（图5-8）

女子半身像是以古代女子为表现对象，采用自然的断接和抽象的浪花式的装饰图案为背景加以衬托，使作品更加有特色。

(1)　(2)　(3)

(4)　(5)　(6)　(7)

图 5-8　古代女子半身像

3. 常用人物头像设计参考（图5-9）

（1）书生

（2）李白

（3）花木兰

（4）老者-1

（5）千里眼

（6）东方朔

（7）观音-1

（8）观音-2

（9）钟馗-1

（10）老汉

（11）道士

（12）渔翁-1

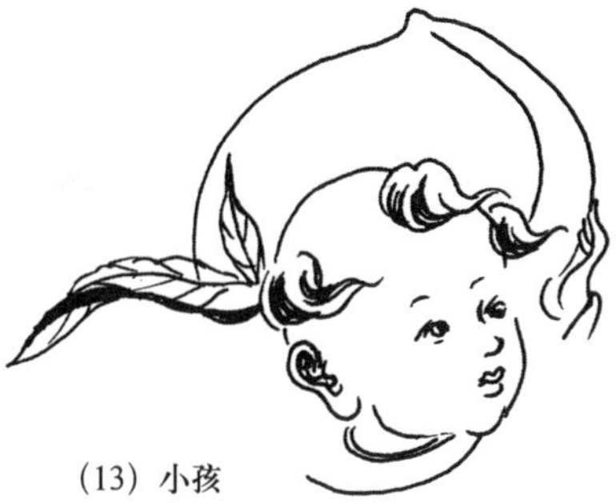

（13）小孩

（14）老者-2

（15）渔翁-2

（16）钟馗-2

（17）渔翁-3

（18）布袋和尚

（19）南极仙翁

（20）弥勒佛-1

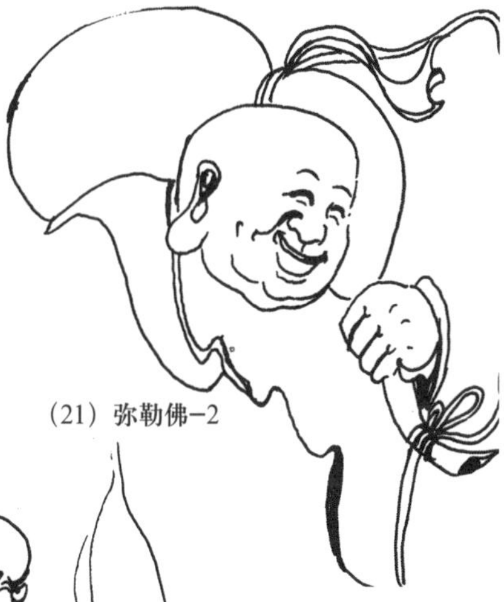

（21）弥勒佛-2

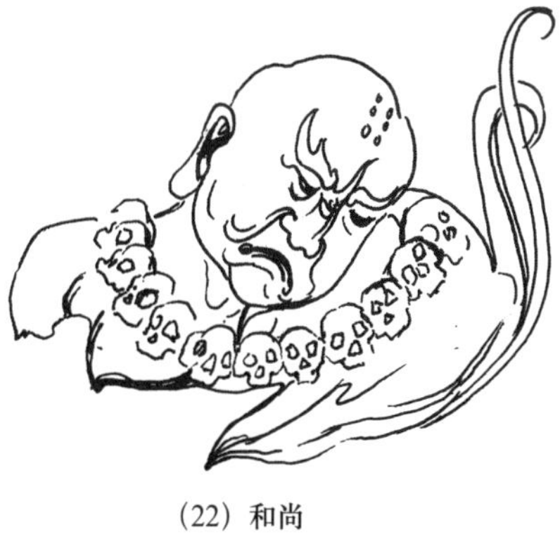

（22）和尚

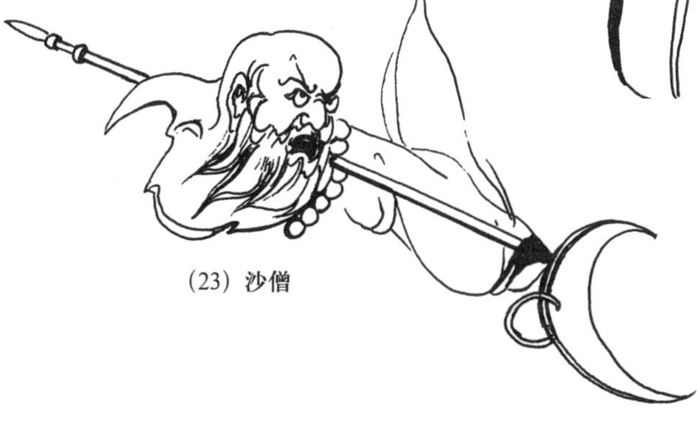

（23）沙僧

（24）关羽-1

（25）关羽-2

（26）寿星-1

（27）寿星-2

（28）寿星-3

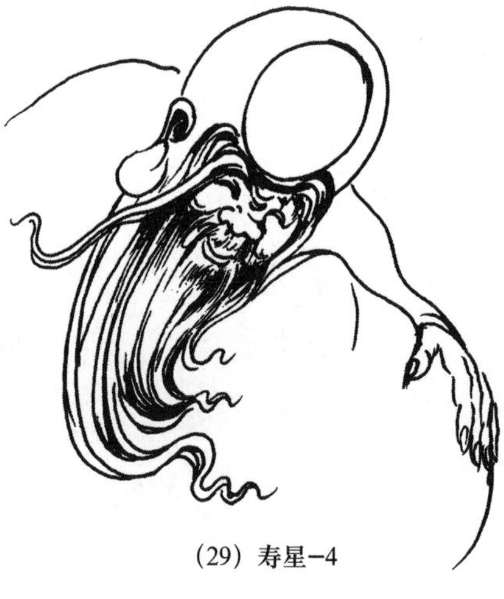

（29）寿星-4

（30）寿星-5

（31）仙人

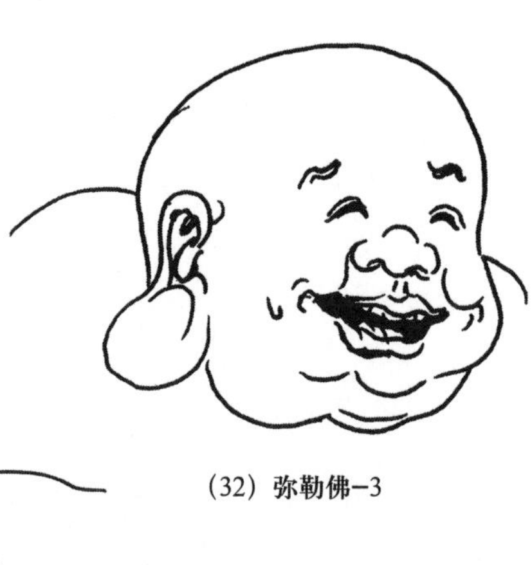

（32）弥勒佛-3

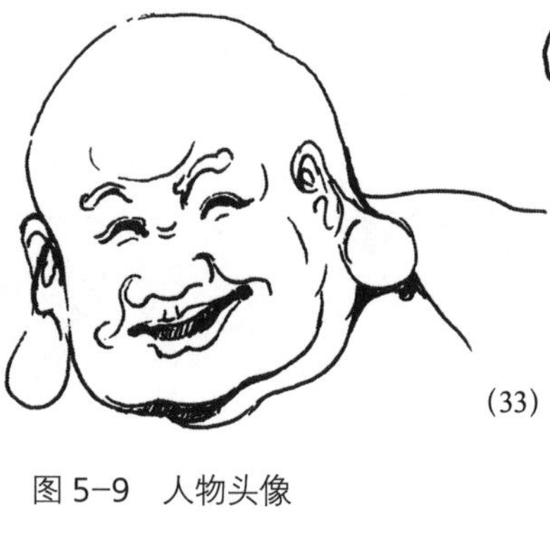

（33）弥勒佛-4

图 5-9　人物头像

4. 十八罗汉头像设计参考（图5-10）

（1）坐鹿罗汉

（2）欢喜罗汉

（3）举钵罗汉

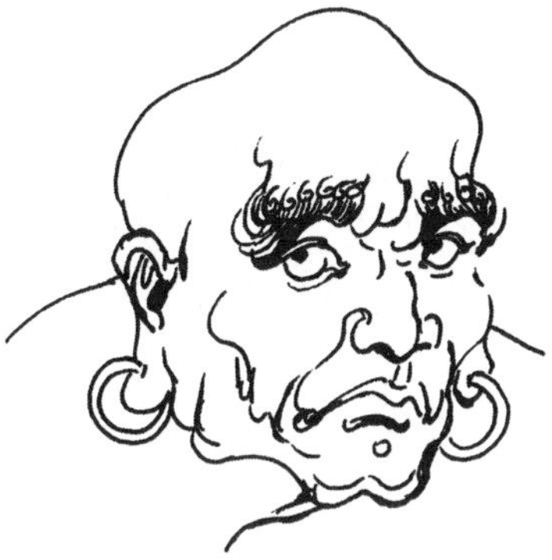

（4）托塔罗汉

（5）静坐罗汉

（6）过江罗汉

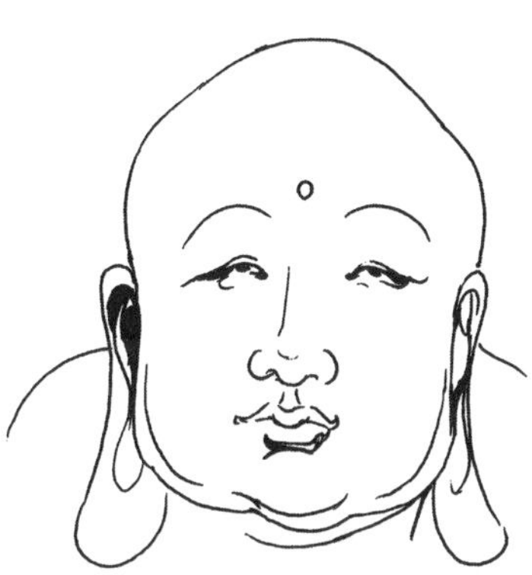

（7）骑象罗汉

（8）笑狮罗汉

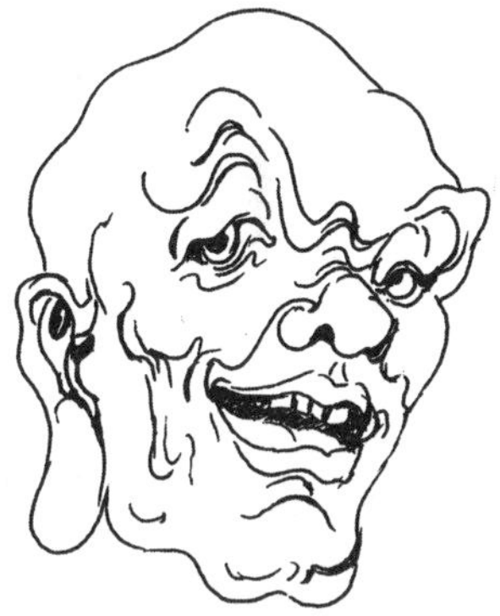

（9）开心罗汉

（10）探手罗汉

（11）沉思罗汉

（12）挖耳罗汉

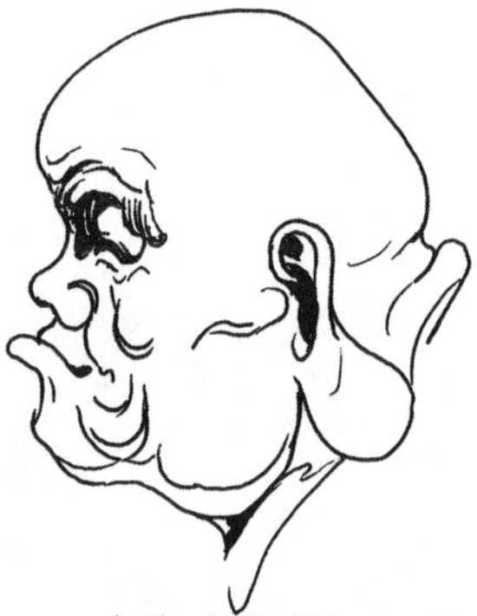

（13）布袋罗汉

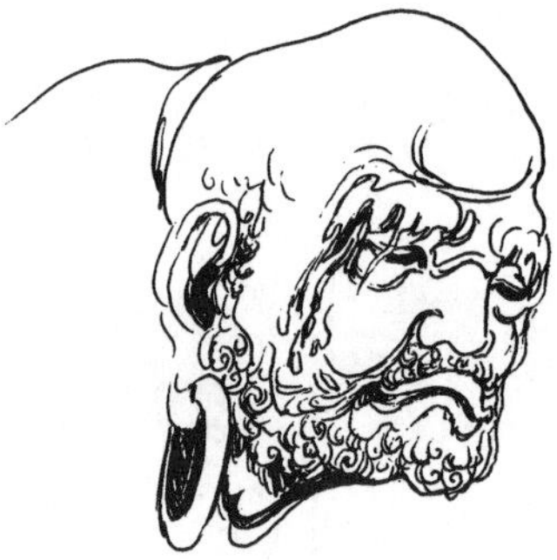

（14）芭蕉罗汉

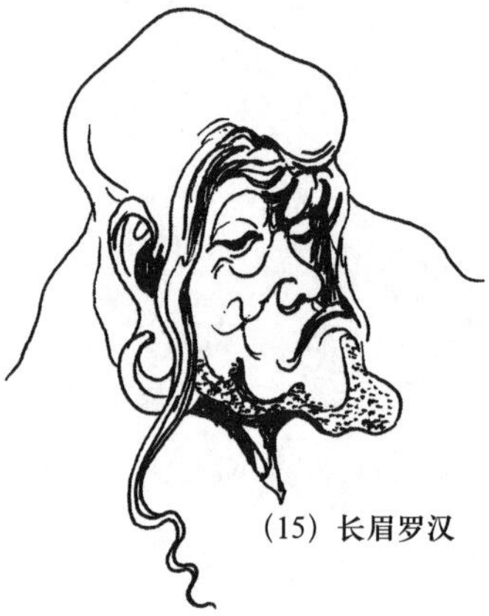

（15）长眉罗汉

（16）看门罗汉

（17）降龙罗汉

（18）伏虎罗汉

图 5-10　十八罗汉头像

5. 达摩头像设计参考（图5-11）

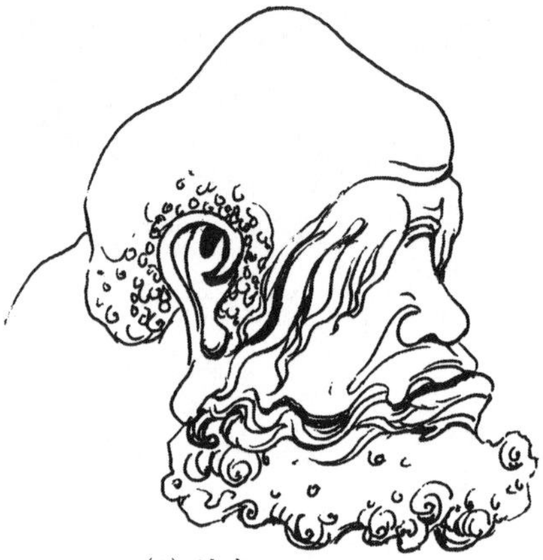

（1）达摩

（2）达摩

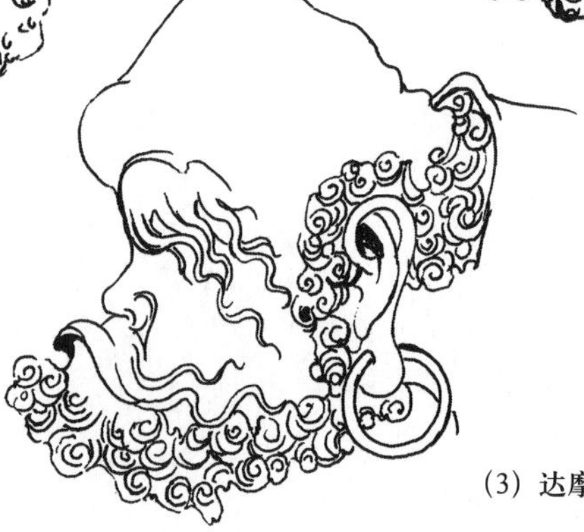

（3）达摩

图 5-11　十八罗汉头像

三、手足

手与足是人体之中结构最复杂，动作最为多变的部分。古人曰："画人难画手"就缘于此，手指各关节灵活多变、姿态各异，在人物雕创作时，通过手的表现，能准确地传达、反映人物的内心活动。

1. 人手

（1）女性手

① 女性手设计时要抓住纤细、柔软、优美等特点，选择手的姿势配在身上要自然协调、恰到好处，切忌生搬硬套。

② 女性按掌式大体分为：展掌、合掌、立掌、盖掌和扬掌五种（图5-12）。

③ 女性按手姿分为：抚琴式、持杆式、撩衣式、持花式、拿珠式、端托式、吹箫式和吹笛式八种（图5-13）。

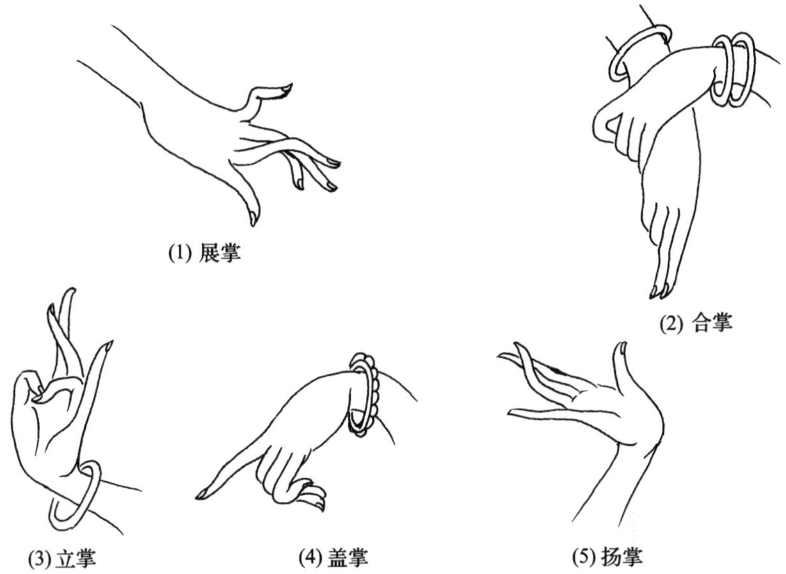

图 5-12　女性手掌

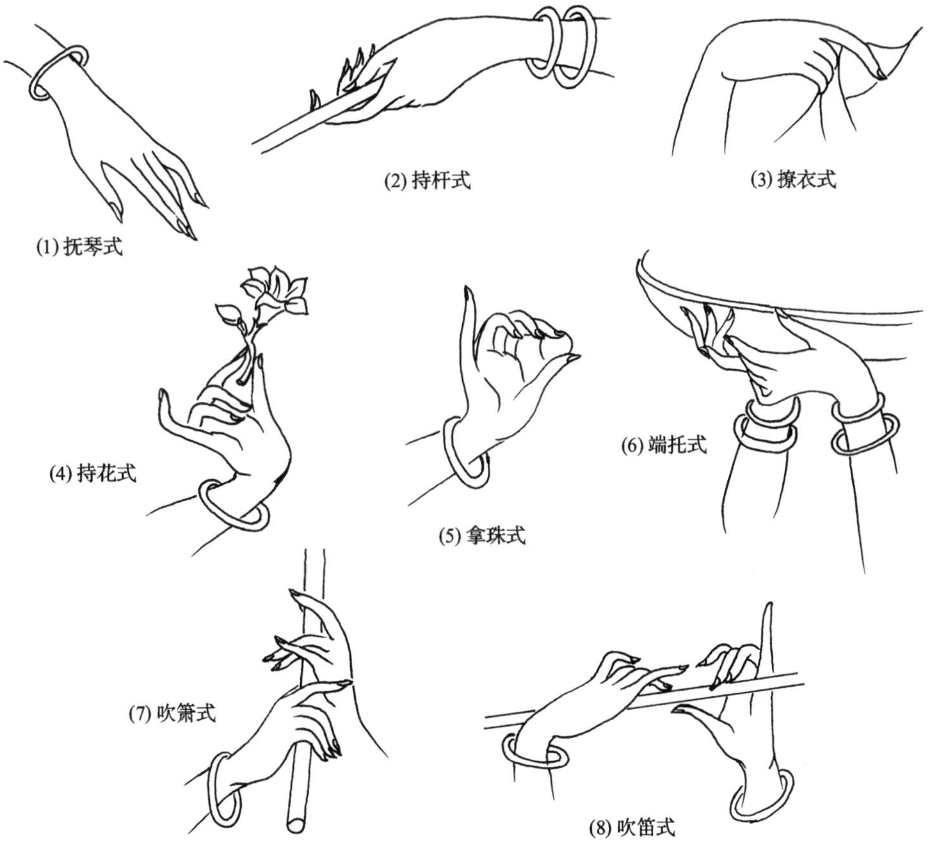

图 5-13　女性手姿

（2）男性手

① 男性手设计时要表现出：结构突出明显、结实有力、富有运动感。

② 男性按手姿分为：手托式、拈须式、附指式、抓住式、抓托式、持杖式、攥握式、单指式、张开式和持杆式（图5–14）。

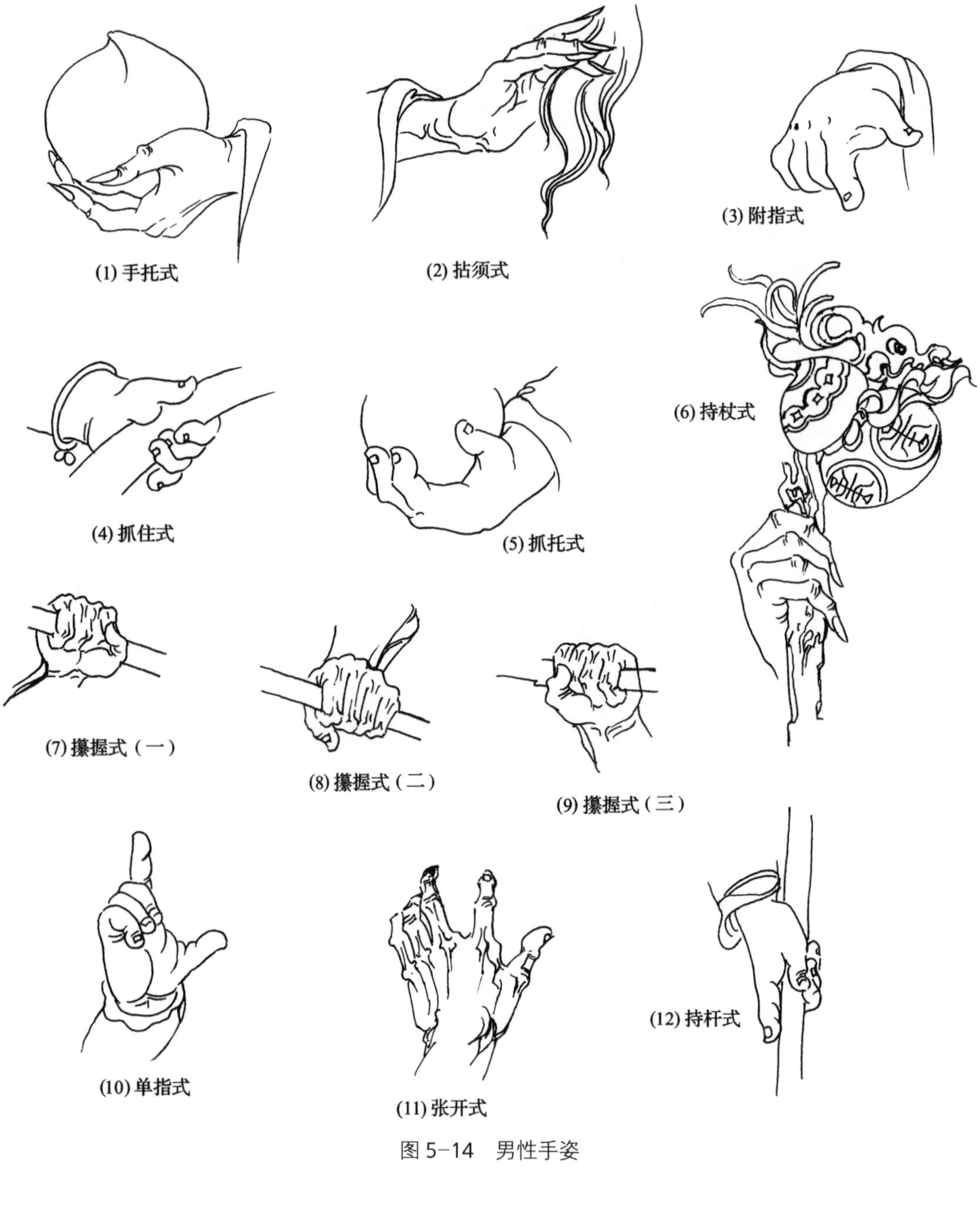

图 5–14 男性手姿

2. 足

俗话说得好，千里之行始于足下。人的脚，在变化上相对要少一些，因为在表现时大部分都是穿鞋的，极少一部分是光脚，如果表现光脚，就要了解脚的基本姿态、结构等。

（1）女性脚设计　女性脚多是以修长、柔和、皮面光滑无过多结构为表现形式（图5–15）。

（2）男性脚设计　男性脚大都是以粗壮、结实、结构关系明显、较突出的一种表现形式（图5–16）。

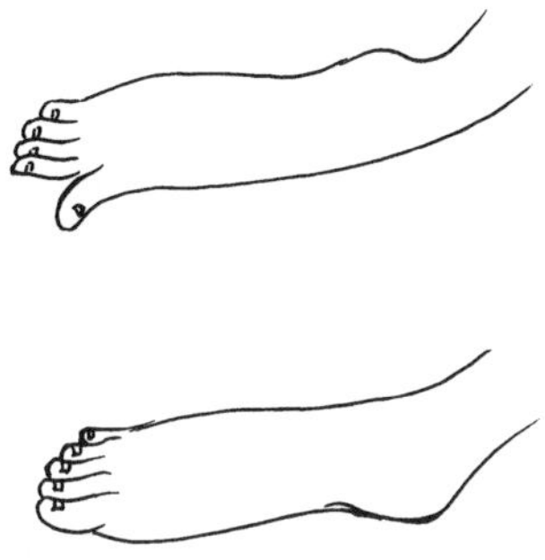

图 5-15 女性脚

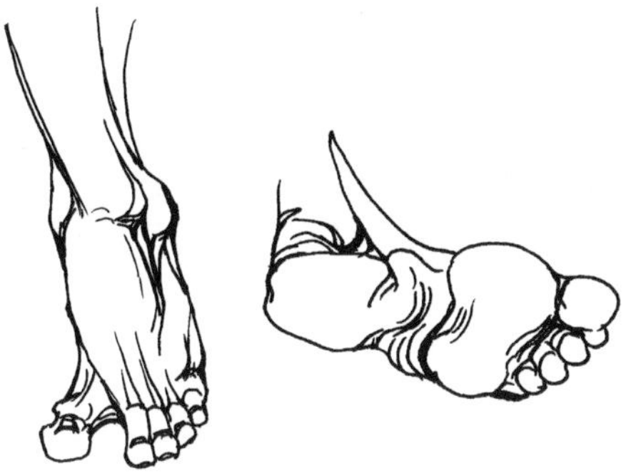

图 5-16 男性脚

四、服饰

1. 衣纹与人体变化

在人物造型中，服饰和人体结构准确才会优美得体，否则即便把服饰雕得多么好看，如果不按服饰里的人体结构去搭配，也是一个空架子。所以在雕刻人物整体造型就必须先了解服饰的衣纹变化与人体的凹凸之间的关系。

（1）衣纹 有刚柔、曲直、虚实、聚散、深浅、厚薄、松紧、动静、繁简、大小、强弱、宽窄等变化。

（2）人体变化 人体变化必然引起衣纹变化、雕刻衣纹必须尊重衣纹里面的人体结构，要适应上肢与下肢的活动点及凸凹上的变化。

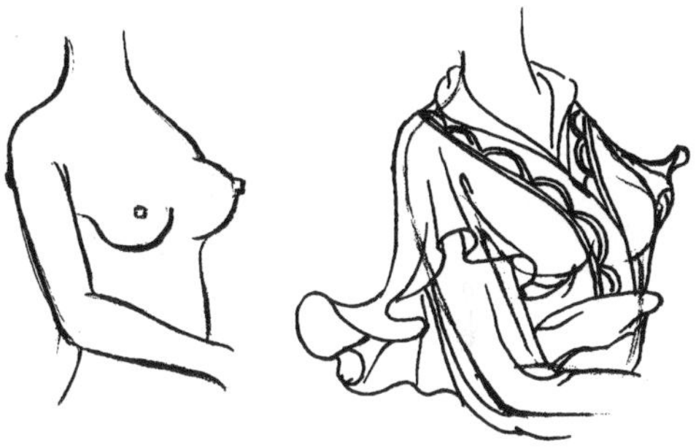

图 5-17 躯干

2. 衣纹与人体变化设计

（1）躯干变化（图5–17）

（2）上肢变化（图5–18）

（3）腰与胯骨变化（正面）（图5–19）

（4）腰与胯骨变化（背面）（图5–20）

（5）下肢变化（坐姿）（图5–21）

（6）下肢变化（站姿）（图5–22）

图 5-18 上肢

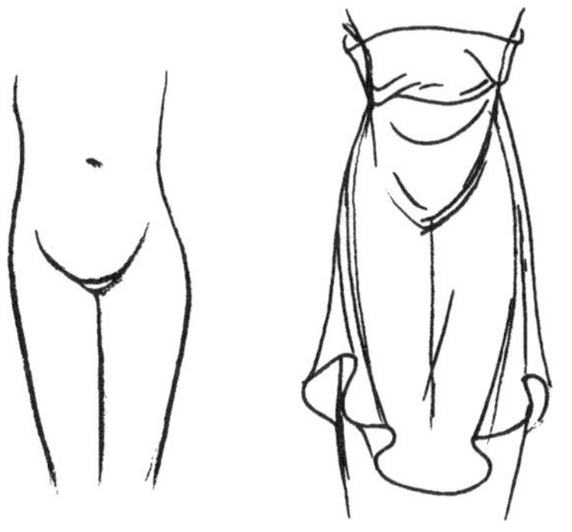

图 5-19 腰与胯骨（正面）

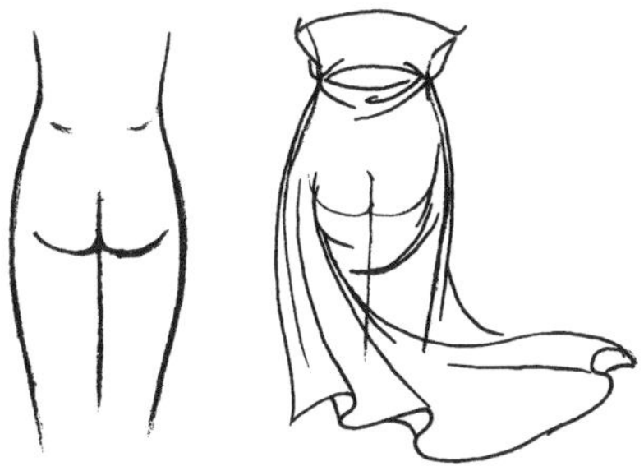

图 5-20 腰与胯骨（背面）

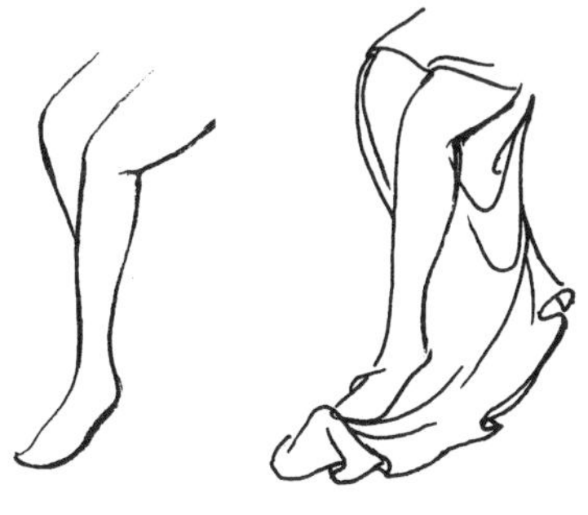

图 5-21 下肢(坐姿）

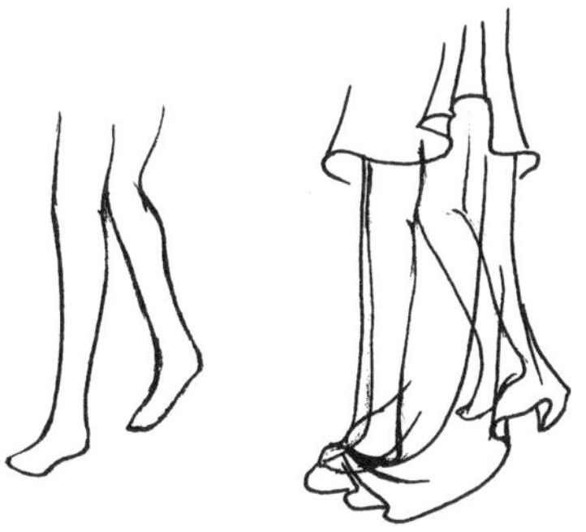

图 5-22 下肢（站姿）

第二节　人物造型设计

一、人物造型雕刻解析

人物的体姿造型，一般拿仕女来做例子。仕女采用侧面势，用半侧面表现较多，脖子略长、突胸、收背、腹线垂直，臀部曲线向下延伸，脚的位置基本上和脑尖保持直线，这样就能充分表现出女性形体的曲线美。

古代仕女体姿一般为坐式、立式、倚式、游式四个基本姿势。

仕女服饰各部分的名称（图5-23）。

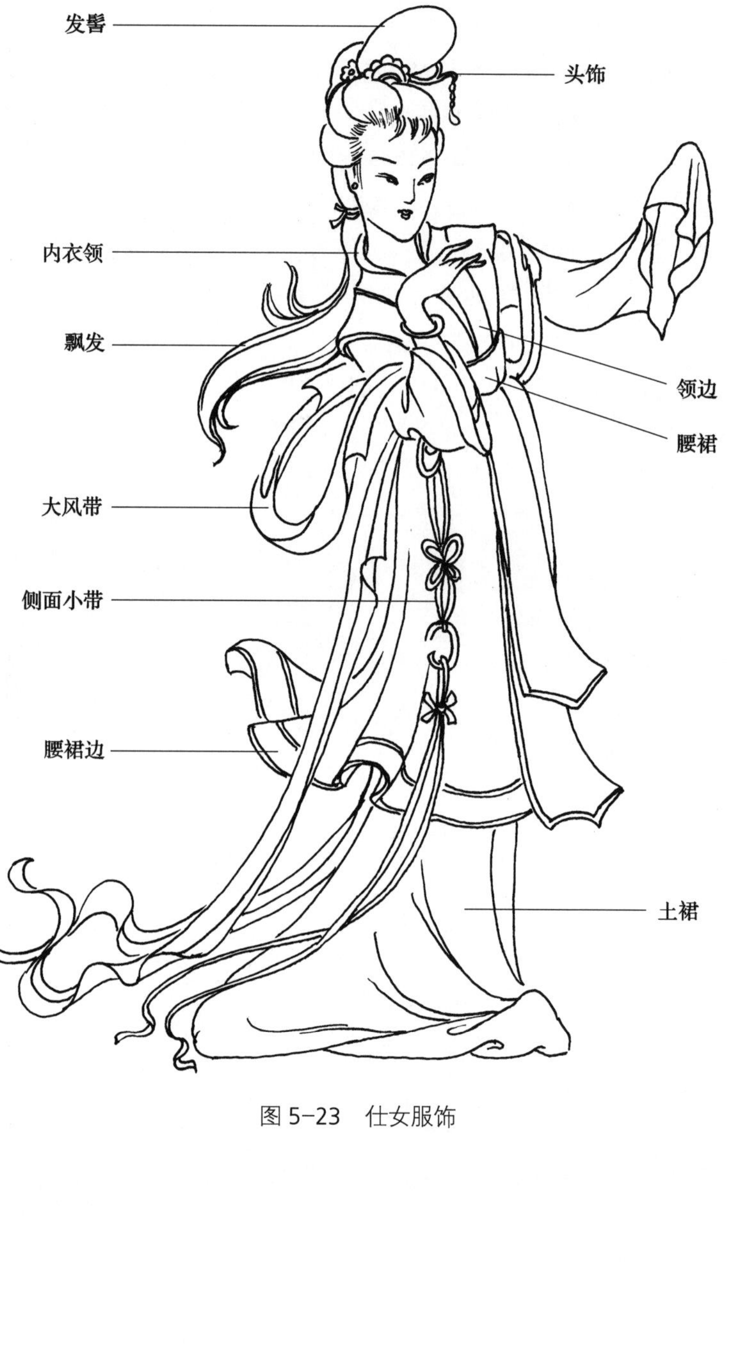

图 5-23　仕女服饰

1. 仕女

（1）仕女概述　这个词代表的是我国古代那些美丽聪慧的女子，也是历代艺术家们所表现的对象。因而我们今天看到的古代仕女大都是平面图像，真正的古代仕女生活是个什么样子，我们很难知晓。

中国画中的美女，宋代以后多叫士女，也叫仕女，历代画家按自己心中“美”的理想来塑造仕女形象，与天理人情棋书画相伴，点缀着历史文人墨客的悠闲生活（图5-24）。

图 5-24　仕女

（2）仕女雕刻图解（图5–25）

① 取一根长原料，将底部削平。

② 先在原料上构思出仕女的基本大形。

③ 采用平口刀，先从原料的最上端下刀，削去两边废料，留出中间头像的宽度。

④ 用平口刀再依次往下将仕女的肩膀宽度及前胸和前面的手臂，用块面的形式划分出来。

⑤ 依次往下将下面的衣裙等大体轮廓雕出。

⑥ 细致地刻画出仕女的五官及整体身形轮廓。

⑦ 取一块薄的小料，用平口刀划出仕女的大风带。

⑧ 再取一块长料，在上边雕出侧面的小带。

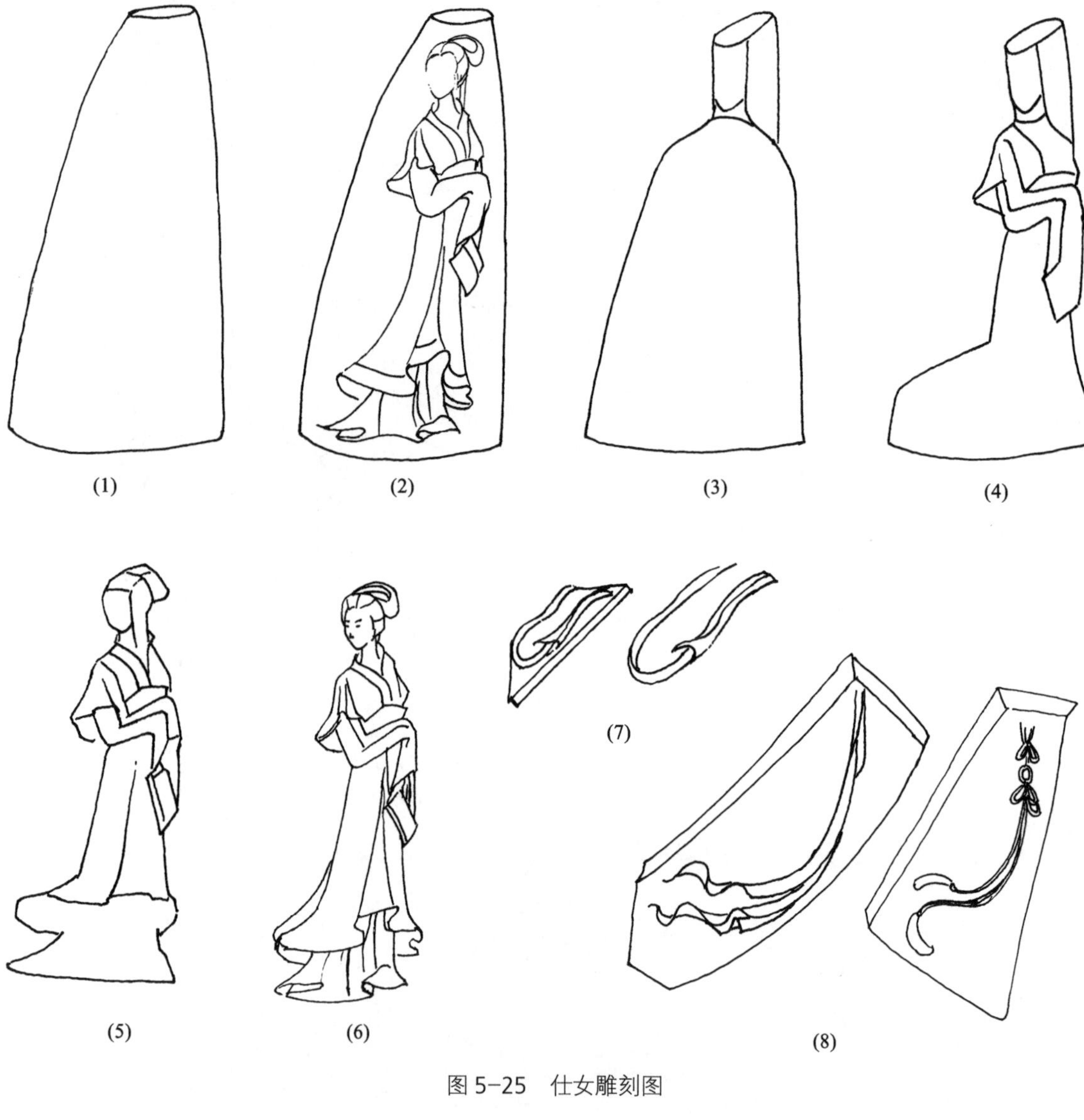

图 5–25　仕女雕刻图

2. 嫦娥奔月（一）（图5-26）造型设计与雕刻图解

（1）主题　画面中一嫦娥舞动身躯，脚踩浮云，甩动两只长袖，奔向月宫。

（2）寓意　嫦娥奔月神话为民间的乐道，始见于《淮南子·览冥训》。后羿向西王母请求不死药、得到药物，带回家，嫦娥趁后羿不在把不死药偷吃了，不觉得身子轻飘飘地飞离地面、奔向月宫。

图 5-26　嫦娥奔月（一）

（3）雕刻图解（图5–27）

① 取一根略粗的长原料，先构思出嫦娥的整体身形的动态与变化。

② 采用平口刀在原料的最上端下刀，雕出嫦娥的衣袖及上身外轮廓。

③ 依次往下用块面的形式雕出嫦娥的下半身及面的云朵大形。

④ 将嫦娥的五官、服饰的衣纹，细致地刻画出来。

⑤ 取一薄方形料，用平口刀划出圆形的月亮。

⑥ 取一长料和一短料，分别在上边划出嫦娥身上的大风带。

⑦ 再取一长方形原料，雕出云朵。

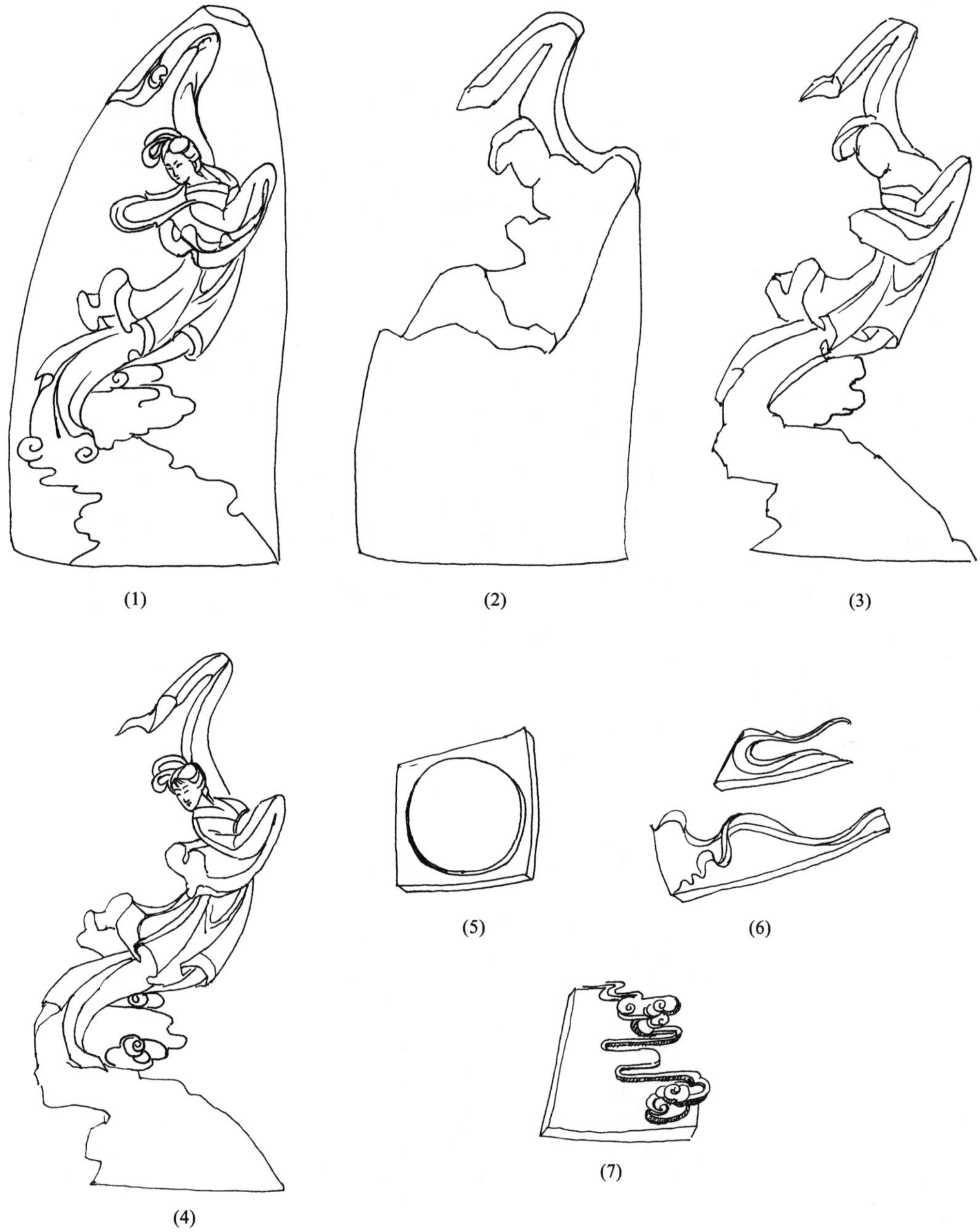

图 5–27　嫦娥奔月（一）雕刻图

3. 渔翁（图5-28）造型设计与雕刻图解

（1）主题 一渔翁右手持渔竿，左手张开往前推的架式，低头、弓着腰，蹲坐在一石头上，旁边放一渔篓，看上去似乎张开左手正在捕捉钩上来的大鱼。

（2）寓意 旧时的商家、偏爱渔翁垂钓，而获得大鱼的图画，挂店铺的中堂或者用做门面的饰物，称“渔翁得利”是做生意人通用的吉祥作品。

图5-28 渔翁

（3）雕刻图解（图5-29）

① 取短粗原料一根，先在上面构思出渔翁的整体姿势。

② 采用平口刀在原料的顶端下刀，下面渔翁中间头像去掉两边废料。

③ 将渔翁头部按四个块面分出，再依次将肩膀的宽度及手臂的动势用块面分割出来。

④ 再往下用刀将下身、腮部雕出，还有岩石及渔篓。

⑤ 采用平口刀去掉渔翁身上的棱角线。修饰光滑，将渔翁五官细致雕出。

⑥ 用U形刀、划线刀、掏刀等，划出自然的衣纹，采用掏刀雕出岩石的凸凹的效果，再用划线刀划出渔篓上的编织纹路。

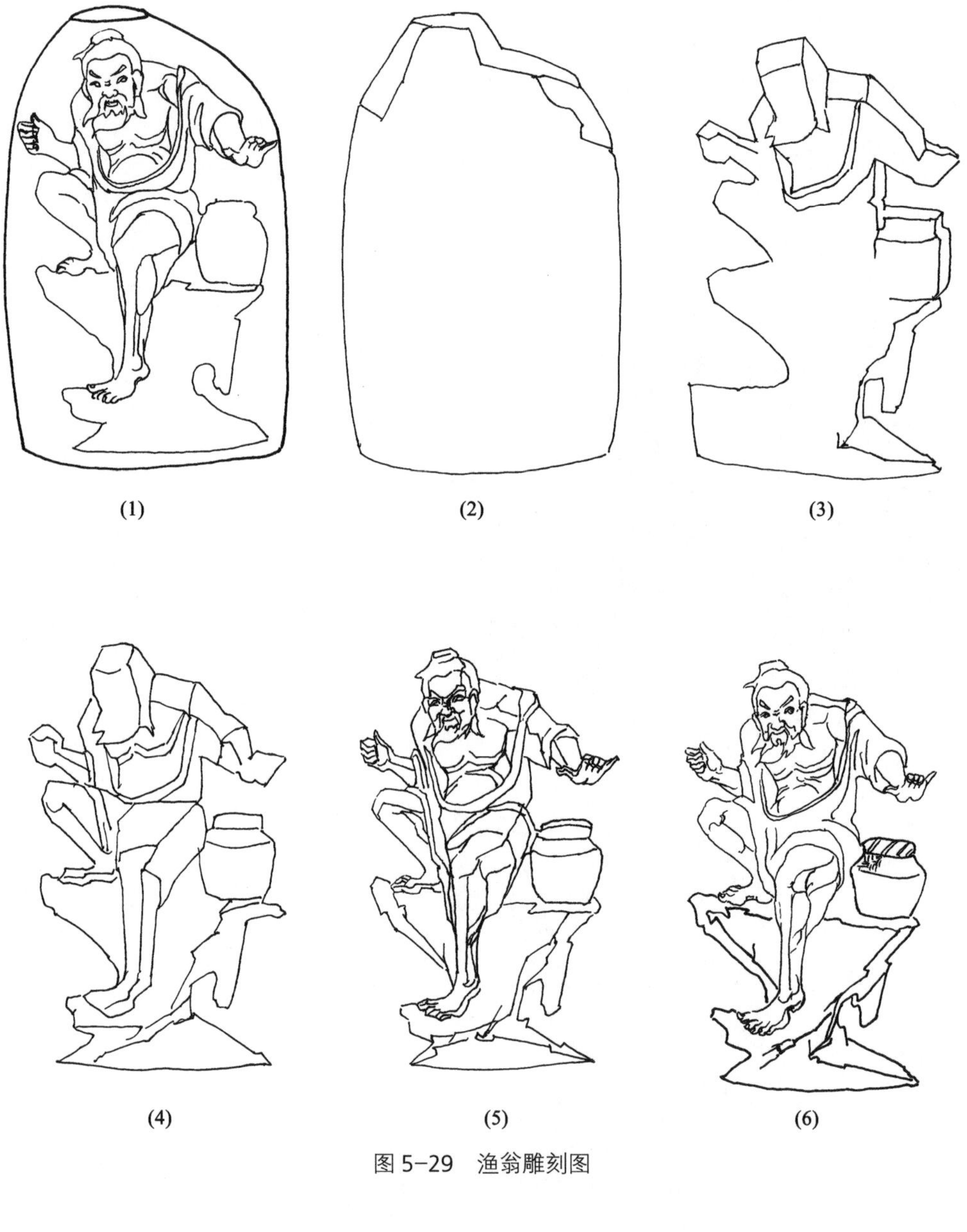

图 5-29　渔翁雕刻图

4. 寿星（图5-30）造型设计与雕刻图解

（1）主题　一老寿星左手持拐杖，右手臂抱一大桃，面带微笑，仰视前方。

（2）寓意　古人星宿崇拜、名目繁多，能流传至今而不衰，且备受民众欢迎。民间长者做寿时，常在屋内正中墙上挂有画着福禄寿的画，两侧则是一副寿联：福如东海、寿比南山或名高北斗、寿比南山。那些高寿者被称做“寿星”“老寿星”“寿星老儿”，既亲切又含有敬意。

图 5-30　寿星

（3）雕刻图解（图5–31）

① 取一根长原料，底部削平、去掉根部先在原料上构思出寿星的整体身形姿态。

② 用平口刀先去掉右边废料，留出中间头部宽度、并留出左侧手形外轮廓。

③ 修出寿星的额头，再往下将抱桃的手臂雕出、分出手型块面结构。

④ 再往下依次分出下身的衣裙大体轮廓，并将整体服饰用块面的形式分出。

⑤ 用平口刀将服饰上的棱角线去掉，修饰光滑后，采用划线刀和掏刀，细致地雕出服饰的衣纹。

⑥ 取一块小料雕龙头拐杖的龙头部分。

⑦ 再取一块三角料雕出葫芦。

⑧ 再将葫芦上的小飘带雕出。

⑨ 将雕好的葫芦与拐杖组合。

图 5–31　寿星雕刻图

5. 迎春纳福(图5-32)造型设计与雕刻图解

(1)主题 一个儿童坐在一个大葫芦上，下边有云彩托起，右手紧紧把住葫芦上的飘带，左手抓一大芭蕉叶扛在肩上，回头展望，这时有三只蝙蝠迎面来与儿童遥相呼应。

(2)寓意 童子抬头仰望从天上飞来的蝙蝠，急切盼望、翘盼福音又叫福从天降，表示希望获得好消息。

图 5-32 迎春纳福

（3）雕刻图解（图5–33）

① 取一根较粗略带弯度的原料，先构思出儿童及大葫芦的整体轮廓。

② 采用平口刀去掉左侧废料，将儿童头部大形保留，再雕出儿童的背部。

③ 依次划分出儿童的四肢及背后和下面的大葫芦，将下面的云彩大轮廓分出。

④ 细致地刻画出儿童的五官，去掉身上及葫芦上的棱角线，修饰光滑。

⑤ 选长薄原料一块，雕出芭蕉叶。

⑥ 再取一块薄料，用平口刀划出葫芦上的小飘带。

⑦ 取一块薄料，雕出云彩。

⑧ 取小薄料三块，分别雕出三只展翅的蝙蝠。

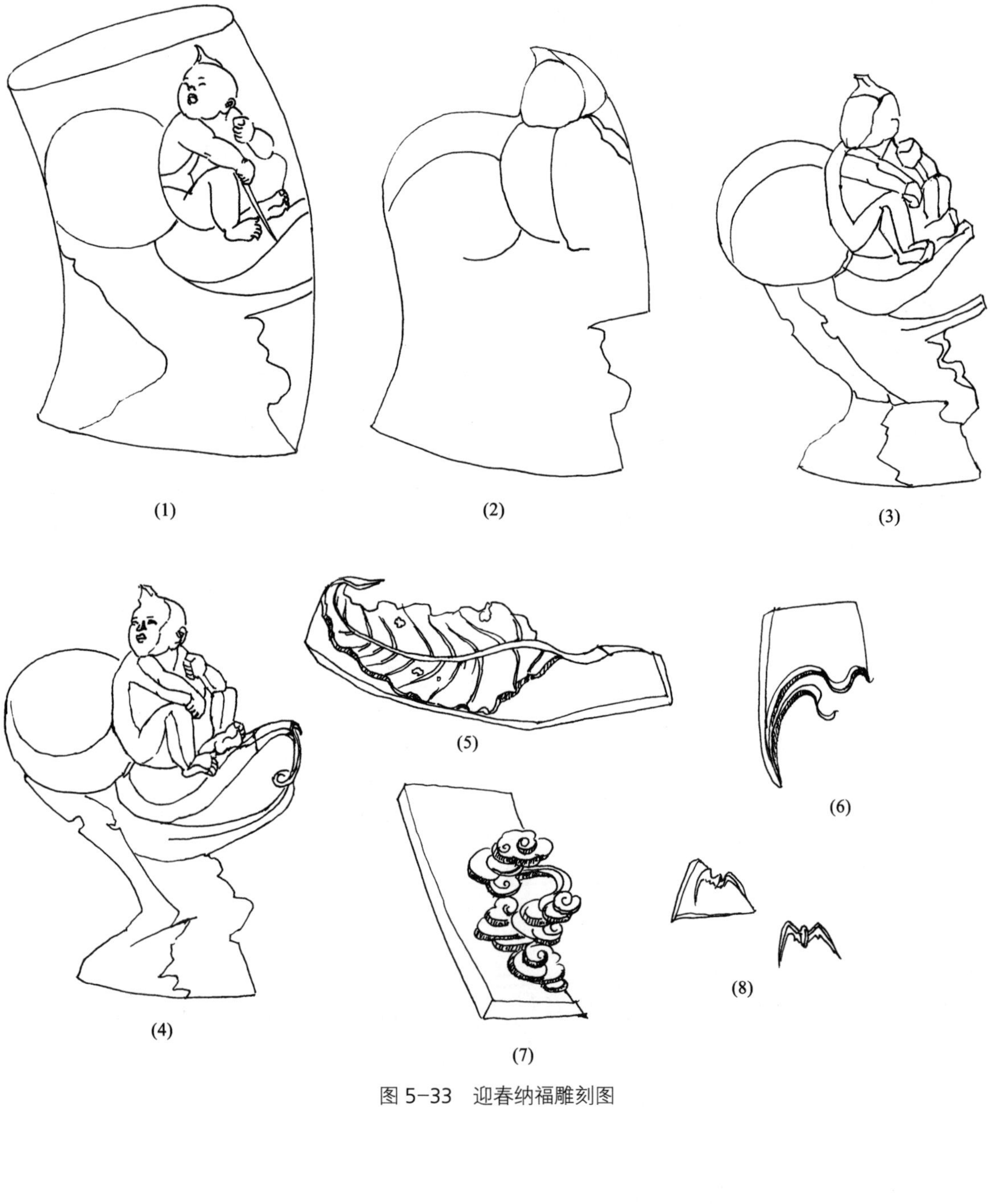

(1) (2) (3) (4) (5) (6) (7) (8)

图 5–33 迎春纳福雕刻图

二、人物造型设计

1. 放风筝（图5-34）造型设计

（1）主题　一仕女手持线绳，站在岩石上眼望天空，空中的风筝随风飘摆，风筝的下边有浮云支撑。人物的动作与环境都有着春天般的生机，充满着青春的活力。

（2）寓意　风筝飞向蓝天，说明人类从古代就有向往蓝天，有飞越时空之意，表达了风筝越放越高，又有步步高升之意，象征着人们对空中畅游的美好期待。

图 5-34　放风筝

图 5-35　飞天

2. 飞天（图5-35）造型设计

古代飞天是甘肃敦煌莫高窟的名片，是敦煌艺术的标志，是不朽的艺术作品。敦煌莫高窟492个洞窟中，几乎窟窟有飞天，总计4500余耳，其数量之多，可以说是全世界和中国佛教石窟寺庙中保存最多的石窟。

（1）主题　此作品表现飞天从高空俯冲往下，手抱花篮，整个身形成“S”形变化、轻柔。

（2）寓意　飞天在空中凌空飞舞，手持鲜花，将幸福的花朵撒向人间，给人间带来美好的祝愿。

图 5-36 麻姑献寿

3. 麻姑献寿（图5-36）造型设计

（1）主题 在空中飞翔的麻姑，双手持托盘，盘中装满了美酒和丰硕的仙桃，回头展望着下面的仙鹤。

（2）寓意 仙鹤象征长寿、仙桃也有长寿之意，代表了麻姑献寿于西王母的主题气氛。

4. 天女散花（图5-37）造型设计

天女散花是一个美丽的传说，人们被天女散花的优美飘逸的姿态和绚丽景象所倾倒，将其作为图案以示吉祥，从中寄托了天花飘撒人间同庆的美好愿望。

（1）主题 一天女在空中手持花篮呈倾倒姿态将在篮中的朵朵鲜花撒向人间。

（2）寓意 象征美好，祝愿人间长久。

图 5-37 天女散花

图 5-38　瑶池进酿

5. 瑶池进酿（图5-38）造型设计

瑶池乃仙池，古代传说中昆仑山上的池名，王母所居之地。“酿”指酒酿，此借仙女麻姑赴蟠桃会为王母进献酒酿的故事，寓对长者祝贺之意。

（1）主题　仕女身背竹篓。竹篓中装满了丰硕的果实，回头展望向前迈步行走，下边的两只小鹿紧紧依靠在仙女的身边。

（2）寓意　西王母每逢蟠桃熟时便于所居的瑶池召集群仙大开寿筵，群仙赶来贺寿，寓集庆、福、禄、寿全，永享富贵。

图 5-39　嫦娥奔月

6. 嫦娥奔月（二）（图5-39）造型设计

（1）主题　嫦娥右手持灯笼，左手托一个玉兔飞向月宫，其身姿优美，皓月当空。

（2）寓意　表现了世人渴望团圆、渴望幸福生活的情感。

图 5-40 精卫填海

7. 精卫填海（图5-40）造型设计

（1）主题 长有一双翅膀的精卫手托石头，将要把石头抛入海中，柔美的身姿和翻起的浪花使作品增加了许多的气氛。

（2）寓意 精卫填海表现了古代劳动人民探索自然、征服自然、改造自然的强烈愿望和持之以恒，艰苦奋斗的精神。

8. 渔之珠（图5-41）造型设计

（1）主题 一海神女俯卧在一条大鱼身上，手托一明珠，仰头观望，身上的衣裙随风飘摆。

（2）寓意 海神女手持夜明珠，在波涛汹涌的大海中前进，象征着勇往直前、奋勇前进，手持的夜明珠仿佛给人间带来光明。

图 5-41 渔之珠

图 5-42　渔翁得利

9. 渔翁得利（图5-42）造型设计

（1）主题　此作品表现出渔翁一手持渔竿、一手扶着渔篓，弯着腰迈步行走在岸边的岩石上。

（2）寓意　此图则喻恭喜发财，招财进宝之意。

10. 迎风破浪（图5-43）造型设计

（1）主题　作品中的渔翁骑跨在一条凶猛的鱼背上，身背渔叉和渔篓，左手臂向后伸展，身披的斗篷，高高甩起，渔翁的两眼目视前方在波涛中前进。

（2）寓意　显示了渔翁在波涛骇浪中无畏惧之感，勇敢的精神，也象征着民族的精神。

图 5-43　迎风破浪

11. 一揽独霸（图5-44）造型设计

（1）主题　作品中渔翁手持渔叉，骑在一条大鱼背上，斗篷甩起，破浪前进，在渔翁的目光中似乎前方又发现了新的目标。

（2）寓意　体现了勤劳的人民为了生活而付出的努力，勤劳与智慧相结合，又象征着勇敢和英雄般的斗志。

图5-44　一揽独霸

图5-45　福寿东海

12. 福寿东海（图5-45）造型设计

（1）主题　此图中的老寿星侧面弯腰俯视前方，左手握着龙头拐杖，右手托桃，慈祥般的微笑和胡须飘摆，动态自然协调。

（2）寓意　民间把寿星与福、禄二星凑成一伙合称福禄寿，他们代表着福运、官禄、长寿，成为最受喜爱的三位神仙。这里象征长寿有福。

图 5-46　喜笑颜开

13. 喜笑颜开（图5-46）造型设计

（1）主题　此作品中老寿星手持拐杖，手托仙桃，一只小鹿守护身旁，身后的大月亮闪烁着光芒，增加了作品的气氛。

（2）寓意　寿代表着寿星，旁边的小鹿、鹿的谐音是禄，葫芦谐音福禄，这样一来就形成了福、禄、寿。

14. 寿星吉祥（一）（图5-47）造型设计

（1）主题　老寿星双手抱着一个大仙桃，面带微笑，腰间的宝葫芦喷洒出一股浪花，浪花中夹杂着金色的元宝。

（2）寓意　此作品代表着长寿，又象征着财富的到来，财源滚滚来。

图 5-47　寿星吉祥（一）

15. 独坐鳌头（图5-48）造型设计

（1）主题　老寿星独坐在鳌背上，手持拐杖左手托桃，面带微笑，鳌在波涛中抬起头勇往直前。

（2）寓意　此作品在科举考中有唯我独尊之意，加上又有寿星坐在上面，又有成功和长寿吉祥之意。

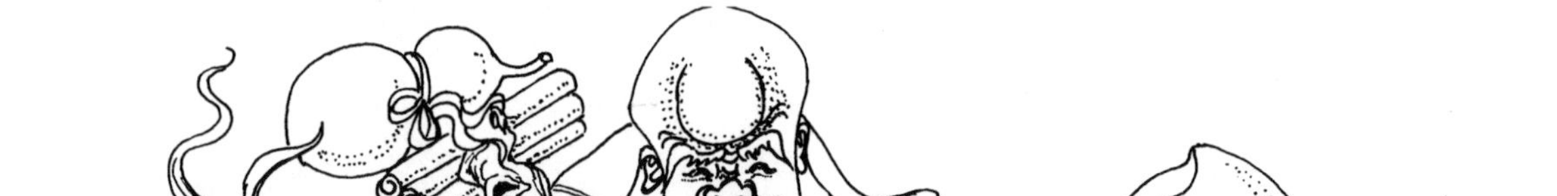

图 5-48　独坐鳌头

16. 老寿星（图5-49）造型设计

（1）主题

①图（1）老寿星右手握拐杖，左手下垂托一个仙桃，端庄站立着，慈眉善目。

②图（2）老寿星右手持一拐杖，左衣袖下垂、身上的衣裙被微风吹动得飘摆起来。

（2）寓意　两个老寿星身姿各有不同，都属于站立姿态，安详自在，象征着中国民间的老人，生活幸福、身体安康、老来富态的形象。

(1)　(2)

图 5-49　老寿星

17. 多福多寿（图5-50）造型设计

（1）主题　老寿星弯着腰抱一个大寿桃，喜气洋洋，脚下有宝葫芦和仙桃及云朵加以陪衬。

（2）寓意　葫芦代表吉祥有福气，仙桃代表长寿与寿星结合在一起形成了多福多寿之意。

图5-50　多福多寿

图5-51　寿星吉祥（二）

18. 寿星吉祥（二）（图5-51）造型设计

（1）主题　一大寿星手托元宝、俯身观望、左肩上扛一仙桃，盘坐在大芭蕉叶子上喜笑颜开、下边的浮云上挂满了铜钱和元宝。

（2）寓意　铜钱和元宝代表财富、芭蕉叶和云彩代表吉祥，桃代表长寿，结合一起象征着聚集财富、吉祥如意。

图 5-52 南极仙翁

19. 南极仙翁（图5-52）造型设计

（1）主题 一仙翁坐在一个大葫芦上手持芭蕉扇，肩上扛着拐杖，头发高高甩起，畅游在天空中，悠闲自在。

（2）寓意 南极仙翁也称寿星，都是古代民间对老人的一种尊敬的称呼，一直流传至今，成为人们对老人祝寿的一种敬意。

20. 福寿千秋（图5-53）造型设计

（1）主题 老寿星肩扛大仙桃，手托元宝，坐在奔跑的马背上、踏着浪，向前奔跑。

（2）寓意 此作品代表着人与兽的完美结合，共同感受人间美景。

图 5-53 福寿千秋

21. 年年有余（图5–54）造型设计

（1）主题　作品中儿童肩扛大鲤鱼，坐在芭蕉叶上，鲤鱼嘴吐玉珠，芭蕉叶的下边有葫芦作支撑，并配有云朵。

（2）寓意　图中童子肩扛大鲤鱼，鱼嘴吐出玉珠。“鱼”与“余”是同音。比喻生活富裕，玉珠和葫芦象征吉祥，这里表达了古代人们追求年年有余、幸福美好的生活。

图 5–54　年年有余

图 5–55　风生水起

22. 风生水起（图5–55）造型设计

（1）主题　图中儿童坐一个大葫芦上，肩扛芭蕉叶，右手抓一飘带，回头观望，在上方由浪花托起一女童，肩扛大桃、遥相呼应。

（2）寓意　民间经常以儿童为题材，大多描绘孩童活泼有趣，逗人喜爱，充满了欢乐祥和的情景，是古代常用的装饰图案，体现了人们从古到今对孩童的无限关爱与期望，也表达了人们对美好幸福生活的无限憧憬。

图 5-56　狮童进门

23. 狮童进门（图5-56）造型设计

（1）主题　图案中一童子肩扛葫芦，面带微笑，骑在狮子背上，狮子爪抓绣球，下边又有浪花、铜钱、元宝、如意作陪衬，起到了画龙点睛的作用。

（2）寓意　象征给人们带来幸福和财富。

24. 财源滚滚（图5-57）造型设计

（1）主题　童子坐在大葫芦上，肩扛大元宝，由远而近，驾云而来，满载珠宝。

（2）寓意　象征着财源广进、招财进宝、官运亨通。

图 5-57　财源滚滚

25. 鱼童（图5-58）造型设计

（1）主题　此作品表现了一鱼童手持渔竿，钓起一条大鱼，大鱼在莲花座上翻起，下边又有浪花陪衬，有风生水起之效果，作品生动，有活泼之感。

（2）寓意　鱼童垂钓大鱼代表喜获丰收，鱼的同音余，象征年年有余之意。

图5-58　鱼童

图5-59　乐逍遥

26. 乐逍遥（图5-59）造型设计

（1）主题　一大肚弥勒佛脚踩浮云，肩扛芭蕉叶，左手拿一串佛珠，右手托一个元宝，开怀大笑。

（2）寓意　神采奕奕的弥勒，开怀大笑，悠闲自在、无忧无虑，看上去似乎有种在世外桃源的感觉，人们似乎也在追求和向往着能悠闲自在的生活。

图 5-60 戏狮罗汉

27. 戏狮罗汉（图5-60）造型设计

（1）主题 一罗汉手拿绣球，手臂高举，目视下方，左手按住狮子，下面又有浮云陪衬，形成了S形构图。

（2）寓意 作品看上去生龙活虎，绣球与狮子构成吉祥，又有罗汉舞狮，更使作品生动有气势。

图 5-61 伏虎罗汉

28. 伏虎罗汉（图5-61）造型设计

（1）主题 一罗汉跨下一只猛虎，右手按住猛虎，左手持项圈，罗汉张开大嘴，虎目圆睁，斗篷高甩，看上去已完全降住猛虎。

（2）寓意 充分展现了一代佛家英勇斗志，不会被任何的困难所吓倒，虽然修身养性，但到了关键时会立刻冲在前面。

29. 武将（图5-62）造型设计

（1）主题 作品中一骑马武将手持长矛，回身转头，在迎接战斗，骑着的马在这时前腿高高抬起，也回头仰望，后面的旗帜迎风飘摆，加以衬托，显示出英雄的威武。

（2）寓意 精神抖擞、英雄斗志、捍卫国家、精忠报国的英雄气概。

图 5-62 武将

30. 横刀立马（图5-63）造型设计

（1）主题 关羽威严地骑在马背上，右手抓缰绳，左手握住青龙偃月刀，马在这时举身站立，马后面关字大旗迎风飘舞，威风凛凛，杀气腾腾，有顶天立地之感。

（2）寓意 在《三国演义》中表现出的关羽是过五关斩六将、战黄忠、手持青龙偃月刀、坐骑赤兔马等英雄形象。这里象征顶天立地之意。

图 5-63 横刀立马

第三节　人物雕刻配饰物件造型设计

福葫芦

寿葫芦

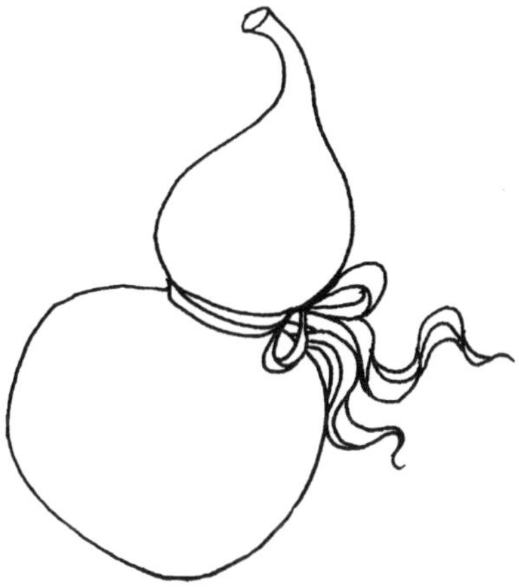

葫芦

龙头拐杖

拐杖

长命锁

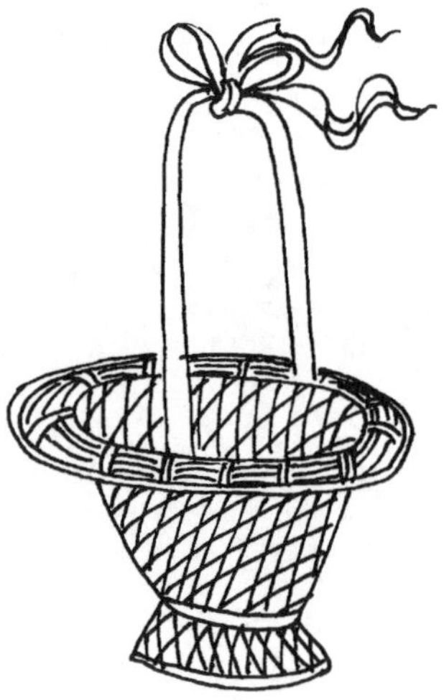

花篮

玉簪

蝴蝶钗

花钗

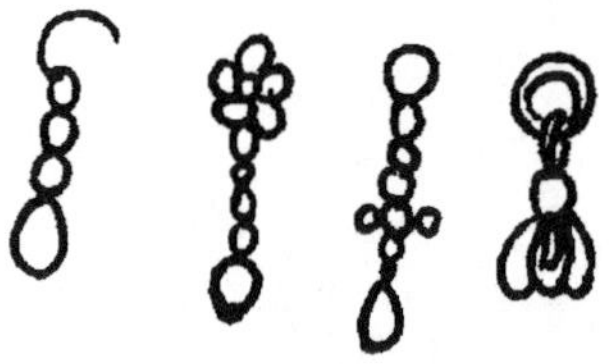

耳坠

长命锁

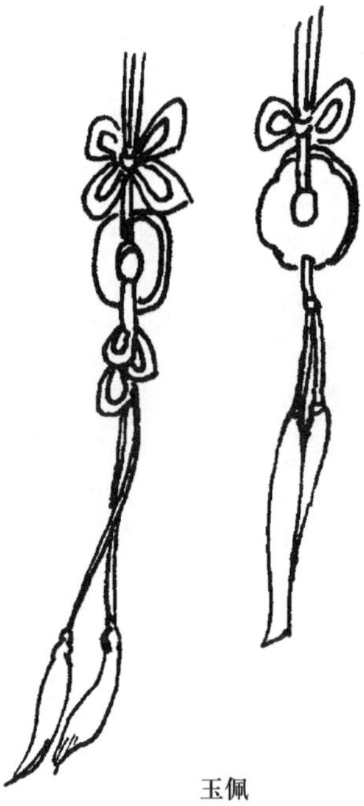

玉佩

凤钗

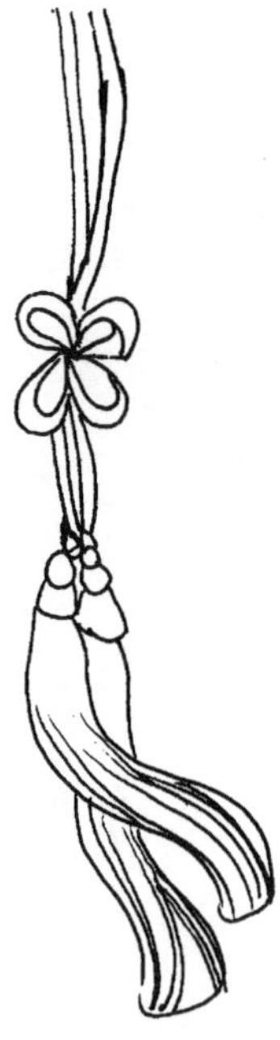

飘穗

项链

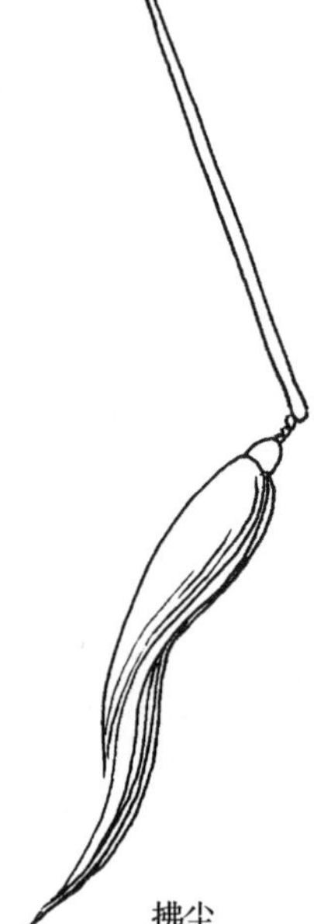

拂尘

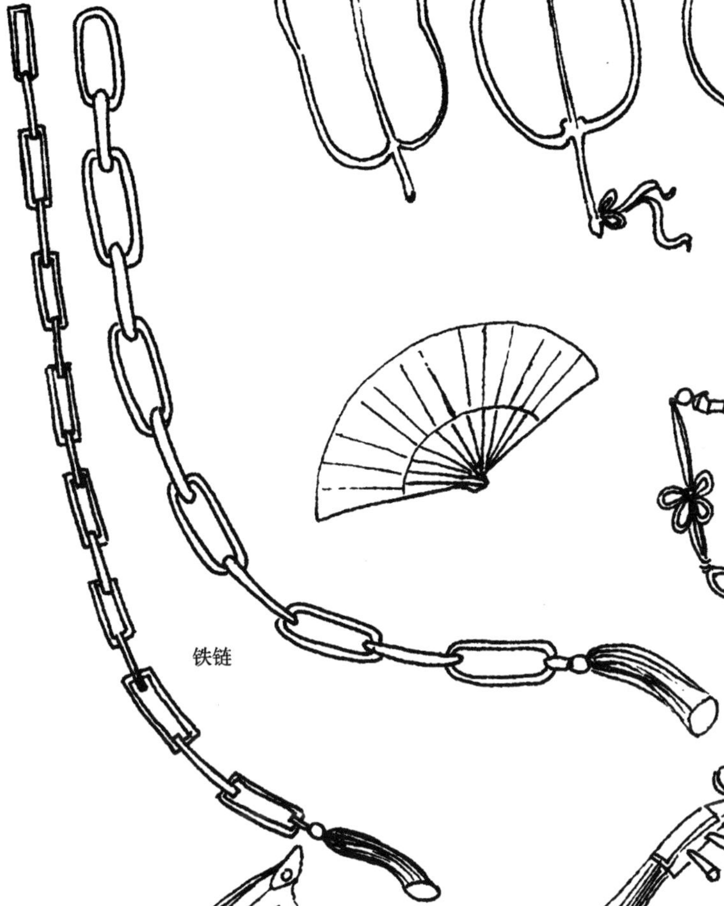

铁链

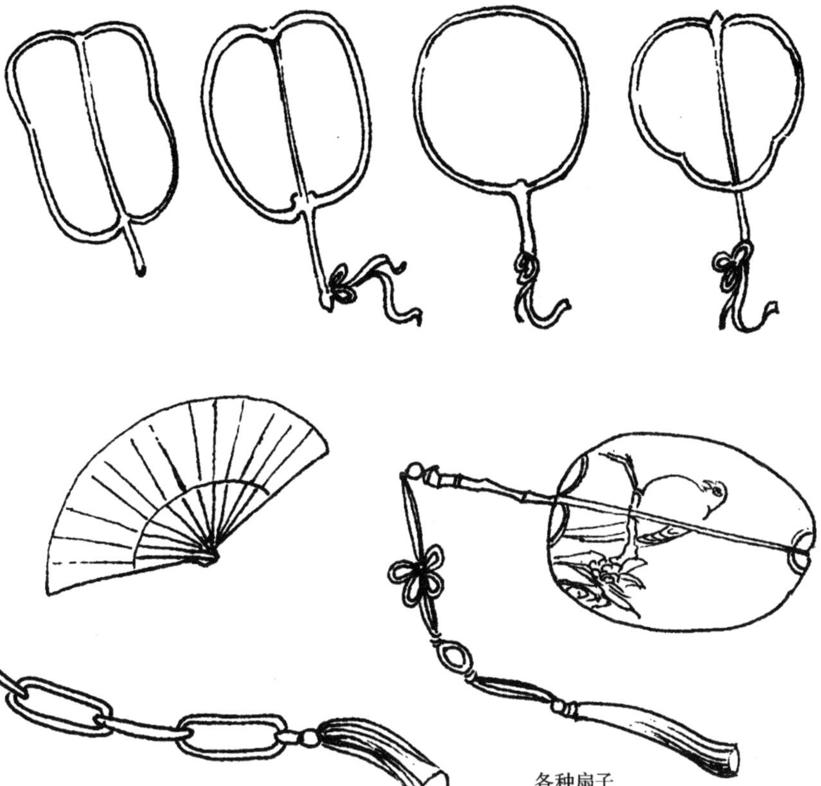

各种扇子

风筝

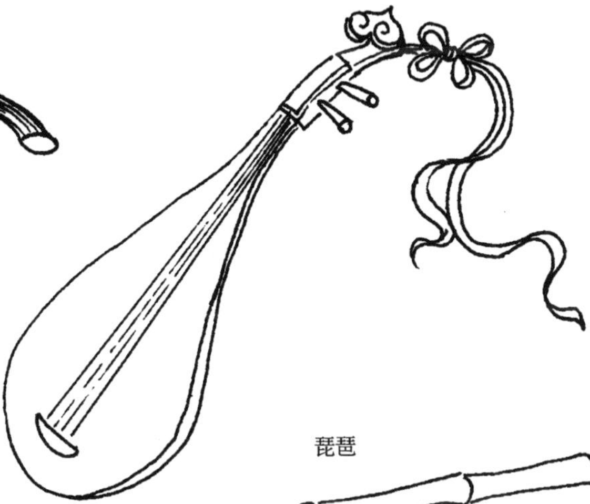

琵琶

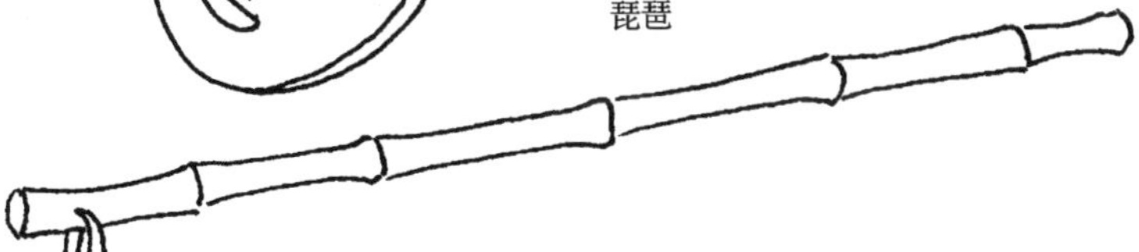

笛子

莲花灯

铜钱

元宝

蝙蝠

铜钱、元宝、
珍珠、云彩组合

铜钱

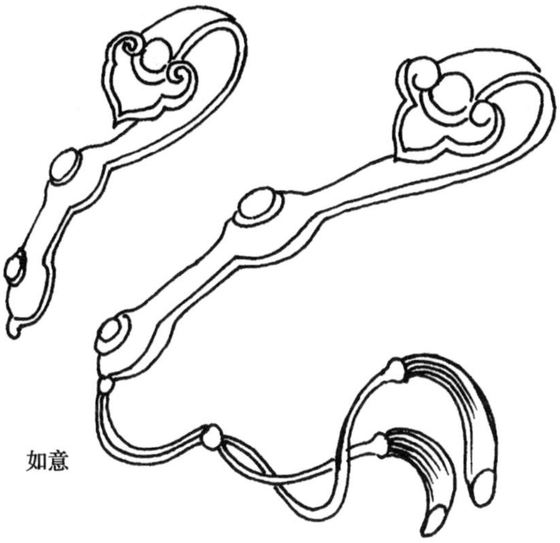

如意

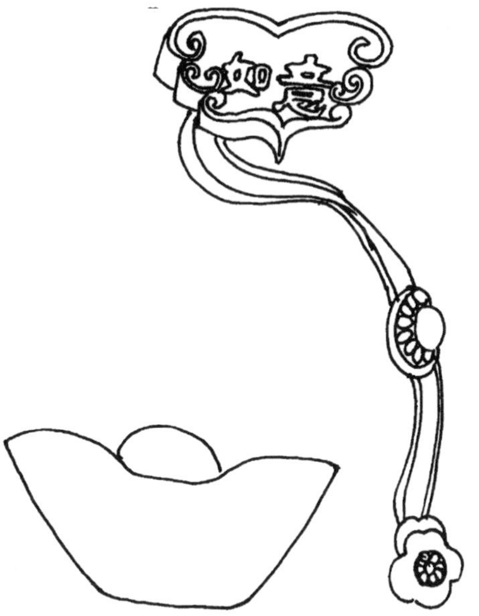

佛珠

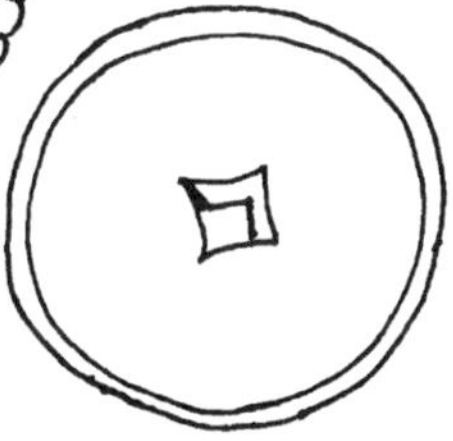

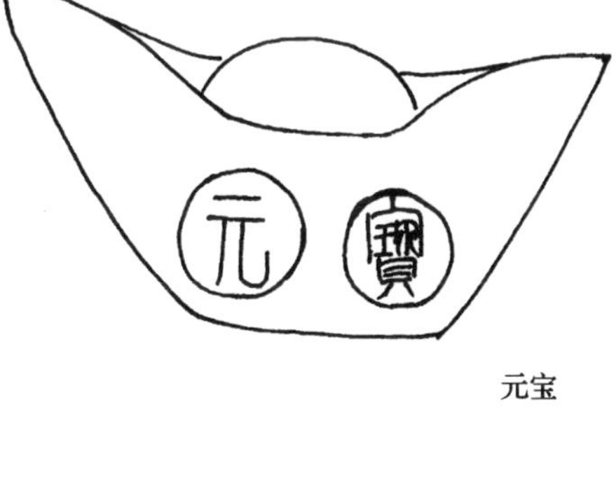

元宝

铜钱

葫芦

果盘

果盘

花盆

篮子

花篮

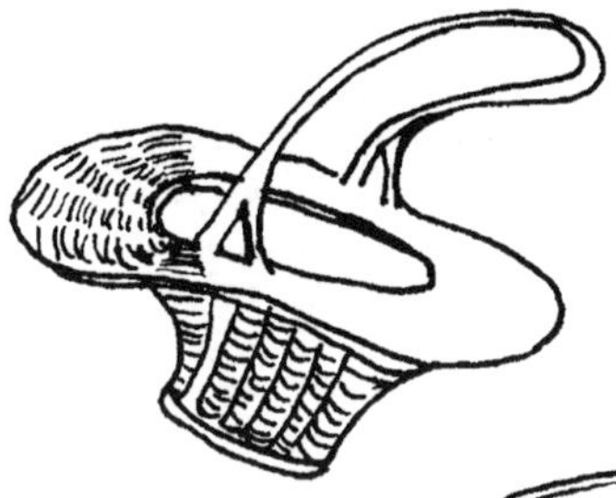

篮子

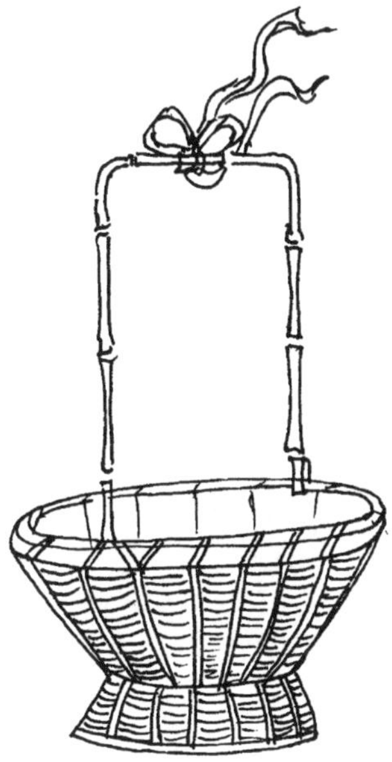

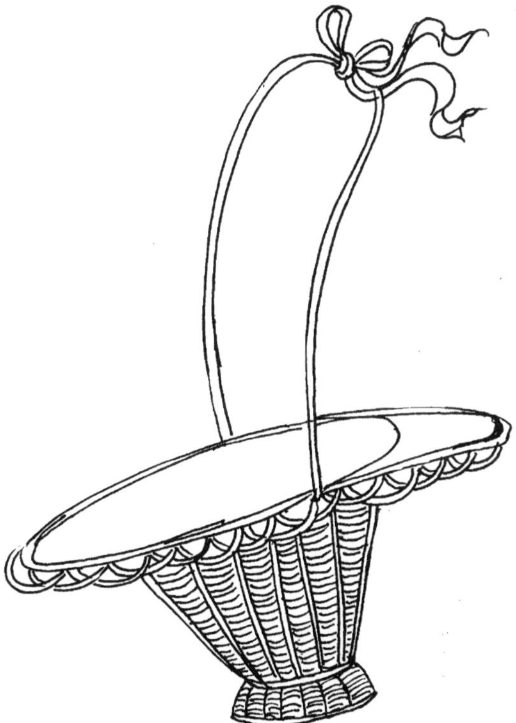

各种花篮

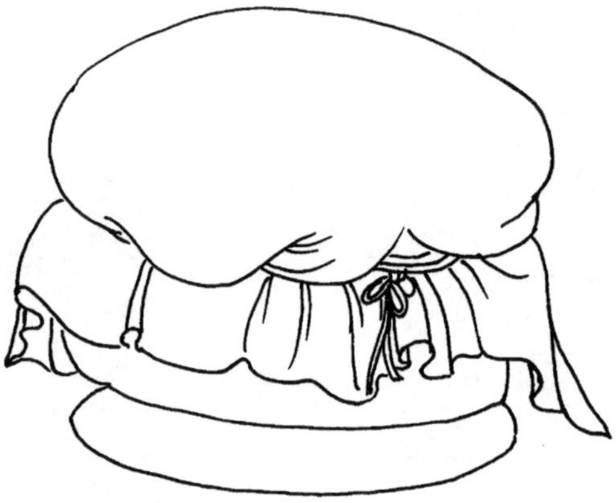

坐垫

荷叶

笔筒、砚台

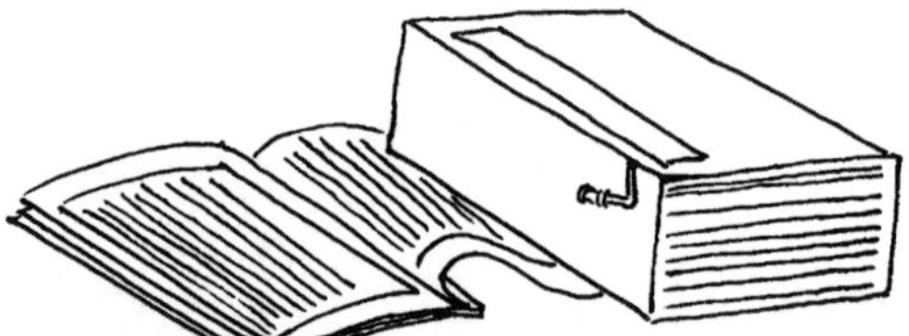

书

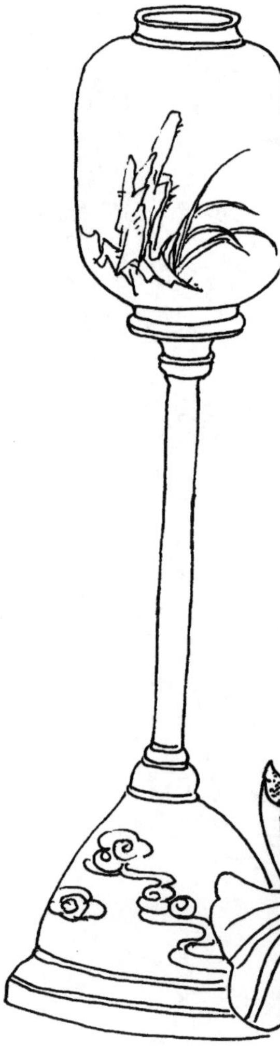

灯

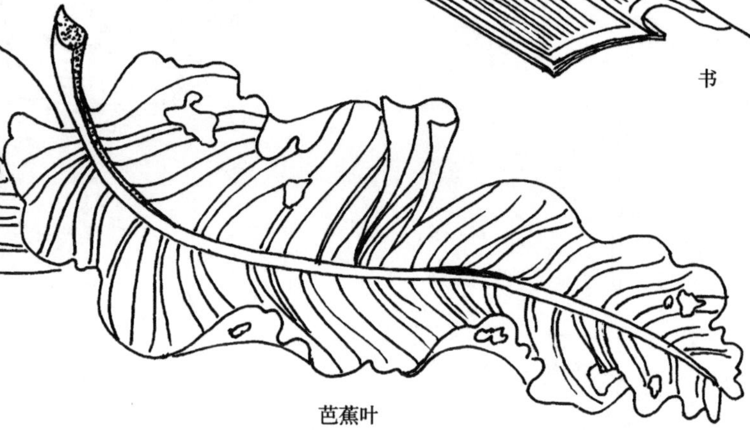

芭蕉叶

书

文卷

各种飘带展示

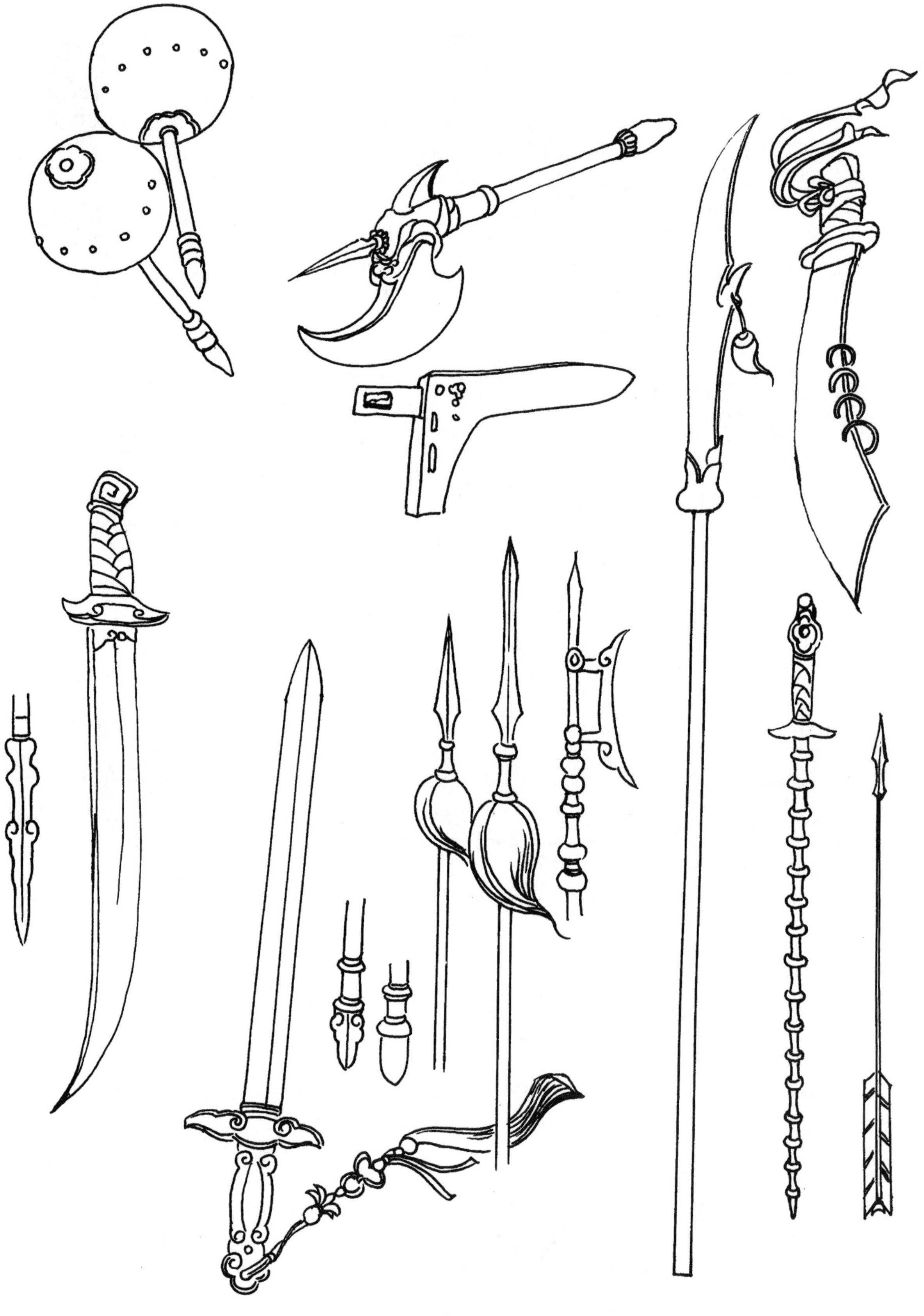

各种兵器展示

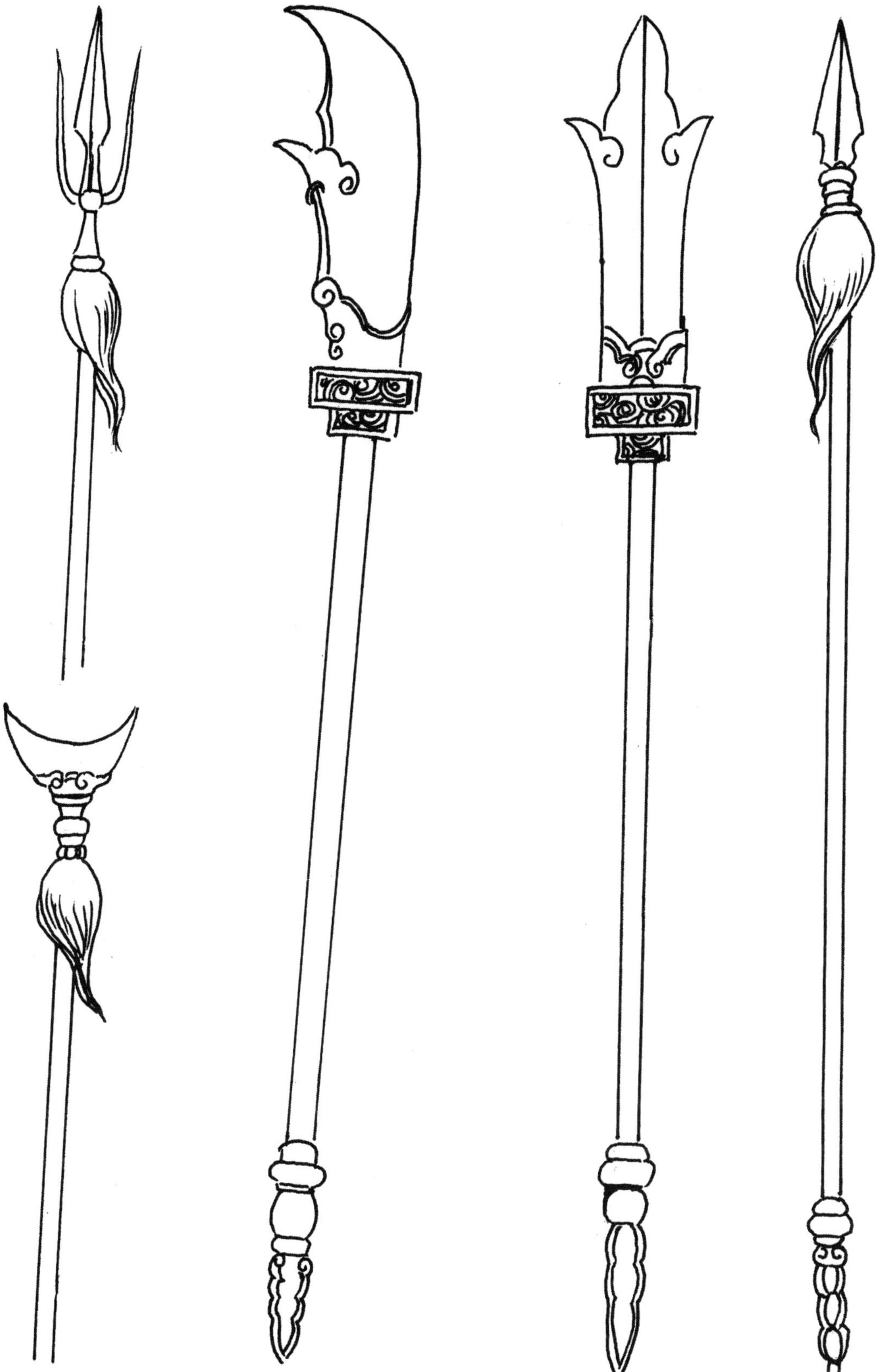

各种兵器展示